シリーズ都市再生 1

成長主義を超えて

大都市はいま

矢作　弘
小泉秀樹
〔編著〕

日本経済評論社

目次

I　成長主義を超えて

IV　都心の暮らしとマンション紛争――事例研究②

I

成長主義を超えて

一　「美しい都市」を希求する――「都市再生」の批判的検討

矢作　弘

自分自身がなにものであるかは、よって来る時間軸と暮らし働く空間軸によってしか固定化できない。人間と同じように都市も歴史と風土を座標軸とすることによってはじめてその位置を確認することができる。東京が東京であること、あるいは以下に記すヘルシンキがヘルシンキであること、すなわち都市の個性やアイデンティティも、歴史と風土環境によってはじめて固定化することができるのである。

しかし市場に空間形成を委ねてしまえば、都市景観は歴史や風土からたちまち遊離しはじめて均質化し、同時に景観の連続性も建築の序列も失われ、単なる「開発」という名前の烏合の衆に零落する。言い古された表現を使えば、高度成長期以降の地方都市駅前景観の金太郎飴化などはその例である。地方都市の郊外を走るロードサイド沿いがファーストフードとディスカウンター、クルマのディーラーショップが並ぶ似たり寄ったりの風景に支配されているのも、「空間の均質化」である。(1) 美しい田園・山村風景だったところに大きな看板が乱立し、醜悪な景観に変貌してしまった。

逆に「美しい都市」を造営するということは、都市空間の形成を歴史と風土軸の交差するところで考え、長い時間をかけて熟成させることである。人口が減少する時代を迎える。環境制約条件も大きくなる。この潮目こそ、従前からの成長主義を脱却し、「美しい都市」を希求する好機のように思える。

1　美しい都市——北欧の二都物語

バルト海を挟むふたつの美しい都、「バルト海の乙女」の愛称があるフィンランドのヘルシンキ、「中世ヨーロッパの真珠」と呼ばれてきたエストニアのタリン——それぞれの都心を訪ね歩きながら「美しい都市」について考える旅をした。持続して「美しい都市」であり続ける条件はなにか、あるいは逆に経済思想をふくめて都市に対するどのような考え方が「美しい都市」を変容させるのか、を思案しながら秋冷の北国の街を彷徨し、翻って東京の、そして日本の都市の街並み景観について思い起こした。

(1)　「バルト海の乙女」ヘルシンキ

北緯六〇度に位置する北欧の都市ヘルシンキの都心は美しい。サーリネン父子、アルヴァ・アアルトなどの著名建築家を育てた街は、一九世紀末から現代までの建築を丸ごと動態保存する建築博物館である。公園などに置かれたベンチやストリートファニチャー、カフェの内装や食器などにも、北欧デザインを先導するフィンランドらしいこざっぱりとした気品を感じる。都心を縦横に走るトラム（路面電車）が市民の暮らしを支えている街景観にも、都市のサステイナビリティに対するこだわりを感じ、心豊かになる。

ヘルシンキの目抜き通り、エスプリナーディが船着場から西に向かって走っている。南北に一本ずつ、それぞれ一方通行の通り二本でエスプリナーディとなっている。その間は、緑豊かな歩行者天国の公園通りである。港に近い公園通りの端には、鉄とガラスで造られた一八四二年オープンの老舗カフェ「カッペリ」があり、エスプリナーディを歩くひとびとの憩いの場となっている。エスプリナーディの両側には、「iittala」印の陶磁器・ガ

❶建物のスカイラインが統一されて美しいヘルシンキの繁華街エスプリナーディ

ラス製品専門店や、テキスタイルの「マリメッコ」、アアルトが設立した家具・照明・キッチン用品の「アルテック」などフィンランドブランドのブティックが軒を並べている。

エスプリナーディの散策が楽しいのは、そうしたしゃれたブティックめぐりのこともあるが、通りに沿って建ち並ぶ建物の軒丈の高さが綺麗にそろっており、街並み景観にスッキリ感があることも、ひとびとの気持ちを和らげる助けとなっている❶。大木に育った公園通りの落葉樹の並木と、エスプリナーディに連続して建ち並ぶ建築群が美しいスカイラインを形成している。ほかの建物を出し抜いて自分を少しでも高く誇示しようというような、不遜なビルは一棟として見当たらない。「都市空間のコンテクスチャリズム（連続性の美しさ）」が守られている。

元老院広場の前を抜けてヘルシンキの老舗百貨店「ストックマン」に通じるアレクサンテリン通りには、石積み建築とガラス張りの現代建築が混在して建っている。そこでも建物の美しいスカイラインはしっかり維持されている。ヘルシンキ中央駅前のカイヴォ通りも、建物の高さは均一である。一直線に建物のスカイラインが走る街並み景観を眺めていると、この北欧の都市には、「自分の利益より、規律と全体の調和を優先する自重の精神」が息づいていることを感じる。

建物のスカイラインと同時に、ヘルシンキ都心の街並み景観を美しくしているもうひとつの理由に、「都市空間のヒエラルキー」が堅持されている事実がある。都市空間の構成で上位にあるべき建物がなにものにも冒されることなく、高い位置を占めている。「建築の序列」を維持することによって街並み景観ははじめて秩序を実現し、安定感を確保することができる。秩序と安定が支配する空間は居心地がよい。ひとびとの気持ちに安心を生む。たとえば、港の近くの高台に建つヘルシンキ大聖堂のことがある。ドイツ人建築家のカール・ルードヴィッヒ・エンゲルが設計し、一八五二年に完成した新古典派様式の白亜の殿堂である。ヘルシンキ大学の学位授与式や議会開会のための礼拝が行われ、ヘルシンキでもっとも重要な教会堂のひとつである。チャペルコンサートが開催されるなど、市民生活とも深いかかわりがある。

トーマス・マンは『ヴェニスに死す』で、ヴェニスへは陸路を経てヴェニス停車場からでは宮殿に裏口から入るようなものである、ヴェニスへは海路が優る、と書いている。バイキングの血を継ぐフィンランド人にとっても、海から眺めたときの港街の風景には特別の思い入れがあるに違いない。実際、ヘルシンキも、海から眺望したときの港街の景観は素晴らしい。船舶がヘルシンキ港に入ると、真正面にヘルシンキ大聖堂の全姿を遠望することになる。大聖堂の前面をさえぎるものはなにもない。大聖堂の背後にも、左右にも、その雄姿を妨げる建物はなにひとつとしてない。

ヘルシンキ中央駅の駅裏に曲線状のガラス壁で構成された超モダニズムのビルが建ち、波止場近くの空き地では建て替え工事がはじまっている。ヘルシンキにも都市再開発の動きはある。しかし少なくても、大聖堂のエメラルドグリーンのドームを超える超高層ビルが都心に建てられる気配はない。「都市空間のヒエラルキー」が時空を超えて完全に持続されている。

ヨーロッパ諸都市への陸の玄関口にあたるヘルシンキ中央駅は、二〇世紀はじめにサーリネンの父親が設計したネオゴシック風の建物である。半楕円形アーチのある中央玄関口から左右両翼が伸び、左翼端に垂直線を強調した高塔が建つ造りである。この高塔はサーリネンが後年渡米し、シカゴトリビューン本社ビルのコンペで二席となったときのゴシック建築を想起させる。そのときの原型になったのではないかと思わせる近代建築の秀作である。中央駅周辺には、この高塔の緑の塔頭を足下に見下ろすような超高層ビルは、一棟もない。歴史的建造物に対する配慮がゆきとどいている。

ヘルシンキ都心の街並みの美しさは、都市に対する考え方のなにがほかの都市と違っているからなのだろうか。そのことを考えながらヘルシンキ市役所を訪ね、ヘルシンキの都市計画に長く携わってきたオルリ・ケイナネン担当官に話を伺った。「もっと大きく成長することよりは、いまの状態の持続可能性を優先することがはるかに大事なのです」。その言葉を聞き、北欧の都市に暮らすことの豊かさの意味を改めて噛み締めたのである。同時に、東京が、そして日本の都市が大切なものをないがしろにしてきたことに対する禍根があった。

(2) 「中世ヨーロッパの真珠」タリン

タリンはバルト三国のエストニアの首都である。かつてハンザ同盟都市として栄華を極め、いまでも「ハンザ」の名前を冠した銀行やホテル、レストランを街中に見掛ける。エストニア人口の三分の一にあたる四〇万人の市民が暮らし、国内総生産（GDP）の三分の二を産する。一極集中型の都市である。一九九一年にソ連邦からの独立を回復し、市場経済の導入によって「都市再生」に取り組む一方、二〇〇四年には欧州連合（EU）に参加し、バルト海諸都市との連携を強化している。

タリンの都心は旧市街（The Old Town あるいは Old Tallinn と呼ばれる）と新市街とに分かれている。[2] 旧市街は僧侶と騎士の街「山の手地区」と、ハンザ商人と職人が暮らした「下町地区」からなっている。全体でおよそ一〇ヘクタールの広さがある。スカンジナビアとロシアの中継貿易で繁栄したハンザ同盟時代以降一六世紀まで、北欧最大級の要塞都市であった。厚さ三メートル、高さ一六メートルの壁が四キロメートル四方を包囲し、往時には四六の要塞塔があった。現在も、およそ二キロメートルの城壁が残っている。

ソビエト赤軍の空爆でタリン市内の過半が焼け野原になったといわれる。旧市街も被災し、戦後、地道な復元作業が続けられてきた。曲がりくねった表道に、裏道が幾重にも交差するラビリンスのような町割である。そこに、石灰壁に漆喰を塗った住宅やゴシック風切妻造りのホテル兼レストランが行儀よく並び、「中世ヨーロッパの真珠」の名声に恥じない美しい街並み景観をつくりだしている。教会建築は天空に向かって限りなく高く、民家は教会の尖塔を仰ぎ見るように寄り添って建っている。タリンの旧市街では、「都市空間のヒエラルキー／コンテクスチャリズム」がしっかりと堅持されている❷。「中世ヨーロッパの真珠」は一九九七年、ユネスコの世界文化遺産に登録された。

城壁はグリーンベルト（公園）に囲まれている。その外側が新市街である。新市街は旧市街とは様子がだいぶ違っている。たとえばブティックなどが並ぶ旧市街のメインストリート、ヴィル通りを歩いてロマネスク風造りのヴィル門を抜けると、箱型の現代建築群が建ち並ぶオフィス・ホテル街に突き当たる。しかし、そこでは、ビルの規模も高さもマチマチである。路面からセットバックして超高層化しているオフィスビルもある。

美しいスカイラインはどこにもない。空が凸凹である。充満する開発のエネルギーはある。しかし、それを規制し、全体の街並みの統一と調和を実現するために都市を計画する、という意志を感

❷「中世欧州の真珠」と称されたエストニアの首都タリンの旧市街風景

じることができない。ソ連邦時代の規格化された無愛想なビルがまだ街のあちらこちらに残っているが、独立回復後に新築された全面ガラス張りの高層ビル群にも、特段、これといった表情はない。目隠しして連れて来られ、この新市街に立たされたとしても、そこが東京だか上海だか、あるいは米国のどこかの地方都市だか、その区別はつかないだろうと思われる。新市街は没個性的な現代建築群が無造作に並び、「均質空間」の支配する街並みとなっている。美しさをそのまま持続している旧市街とは対照的に、市街地再開発が乱雑に進展するタリンの新市街を歩きながら、開発と計画、そして成長主義の都市政策について思いを巡らせた。

「都市空間のヒエラルキー」にも危うさを感じた。旧市街の山の手地区には、下町地区を見下ろす場所に展望台がある。そこからは赤瓦と白壁の家並みや教会の細身の尖塔、ロシア正教会のネギ坊主型のドームを眺望することができ、バルト海貿易で繁栄したハンザ都市の名残を楽しむことができる。しかし教会の背景に、教会の尖塔を超える高さに超高層ビルが建ち並びはじめているのが心配である。旧市街のはずれに建つ聖オラフ教会は、「世界一高い塔の教会を建てよう」という市民の夢を託して一五世紀中葉に建設され、その後、四世紀の間、世界最高を維持してタリンのシンボルタワーとなってきたが、タリン市内でもその孤高の地位を失いつつある。

ただ、お濠端に建って天守閣を真下に見下ろしたり、大寺院の伽藍を足下に眺めるような場所に超高層ビルが建ちはじめた日本の都市の悲惨な状況とははるかに距離がある。タリンでは、少なくとも教会の隣接地に、教会の尖塔よりも高いマンションやオフィスビルが建ち並ぶようなおぞましいことはおきていない。

そのことは入港して来るときの港街の景観を通して可視的に確認できる。船がタリン港に入ってくると、右手に旧市街、左手に新市街を遠望することができる。新旧の市街区が厳格に区分されている。新市街には高層・超高層ビルが建ち並びはじめているが、旧市街には教会を超える高さの建物はない。半面、旧市街と港の間に港湾施設や鉄塔が無造作に建ち並び、「中世ヨーロッパの真珠」に粘りつけられた汚点のように映るのが残念である。タリンもバイキングにつながる海洋都市である。海からの眺望が大切なことはヘルシンキと変わらないはずである。

2　アレグザンダーとチャールズ皇太子の「望ましい都市」

寺院の尖塔や甍などのように宗教的なものであれ、議事堂や革命記念碑のような政治権力に関係したものであれ、あるいは歴史的時間の積層によって醸成される都市の個性を象徴するものであれ、建物とそれによって形成される都市空間に宿るある種の気高き精神性を第一義に考え、それを尺度に街並み景観を序列化する。そのときはじめて都市景観は意味を持ち、個性を発揮し、美しくなる。「都市空間のヒエラルキー」の徹底である。

クリストファー・アレグザンダーは『パタン・ランゲージ』の「パタン24」で、都市空間において歴史性、聖地・聖域を尊重することの重要性を指摘している[(3)]。「精神的ルーツや過去との絆は、自分の住む物理的世界によっても支えられない限り維持できなくなる」。都市は「精神的ルーツや過去との絆」から断ち切られてしまえば、もはやそれを都市と呼ぶことはできず、単なる「開発」という名前の烏合の衆に成り下がる、ということを意味している。

アレグザンダーは建築についてこう書いている（「パタン99」）。「建物の集合体にあってもどの建物がもっとも本質的な機能を備えているか、つまり人間組織としての集団の核になるのはどの建物かを決定すること。次にこの建物を中央に配置し、高い屋根を架け、母屋に仕立てること」。すわわち、「建築のヒエラルキー」の徹底である。アレグザンダーは別のところで、「中心のない建物の複合体は頭のない人間に等しい」と喝破している。

「パタン99」を、「パタン24」を考えながら都市について読み替えると以下のようになる。

「どのような都市であってもどの建物がもっとも本質的な機能を備えているか、つまり人間が住まう都市の核となるのはどの建物かを決定する。次にその建物を中央に配置し（必ずしも地図上の真中を意味しない）……」。

そのとき都市は人間の暮らす住処となる。逆にその序列が崩れれば、都市空間はたちまち混乱を起こし、美しい都市景観のサステイナビリティが失われる。

英国のチャールズ皇太子が著書『英国の未来像――建築に関する考察』でアレグザンダーと同じ主張を展開している[4]。「建築の格づけ（ヒエラルキー）」の項で、建物は公共性の重要さによって格づけされることが大事であると述べたあと、①公共の建造物は昔のように誇りを持って自らを主張すべきであり、ある種の建物はほかを凌駕する大きさであるべきである、②美しい町や村では、一見それとわかる格づけの意識が確かに存在し、教会、公共の建物、集会所、パブなどがすべてそれぞれの尺度であるべき場所に建っている――と書いている。

別のところでは、次のように表現している。「時には立派な公共建築が街並みのうえにそびえていることがある。そうした建物はちょうど大聖堂のようにわれわれの願望をよく反映している。われわれは自分たちにとって価値のあるもの、信仰や啓蒙や政治の象徴を大空に向かって建て上げる。だがこうした光景は、われわれのごく日常的な生活を反映する小さな建物によって支えられなければ生まれてこない」。そして建物がどのような序列で建っているかは、「社会の機構とともにわれわれの価値観を表現している」とまで言い切っている。

「都市空間のコンテクスチャリズム」についても、チャールズ皇太子とアレグザンダーは同じ主張を持っている。『英国の未来像』の「尺度」の項でチャールズ皇太子はこう書いている。「建物は第一に人間の大きさと調和した比率をもち、次に周囲の建物の尺度を尊重しなければならない。個々の場所はそれぞれ独自の尺度とプロポーションをもっている」「市民的な意味を持たない、見かけ上ほとんど区別のつかない巨大建築が無秩序に建ち並び、われわれの町の大半がめちゃめちゃになってしまった。各地域にはそれぞれにふさわしい、節度ある高さを保つための制限が必要である」

また、「調和」の項では、「調和とは部分の競演である。隣接する建物は互いに調和していなければならない」

と述べ、建ち並ぶ建物の間に調和と統一感があることが美しい街景観を実現するために大切であると主張している。建築は新しい都市空間を造り出す。造り出される新しい空間は、その都市の、あるいはその地域の全体構造がより魅力的なものに成長するために寄与しなければならない。チャールズ皇太子が記述している「建築が『市民的な意味を持つ』」は、そうしたことを含意しているのではないだろうか。新しい建築は、歳月を経て養育されてきた都市、および地域の「パタン」と調和することによってはじめて当該コミュニティに受容されるのである。アレグザンダーも次のように書いている。「（さまざまな場所で次々に行われる）新たな建設行為は、すべてひとつの基本的義務を担っている。つまりその周囲に連続した全体性のある構造を生み出さなければならない」。連続性の遮断は、美しい街並み景観のサステイナビリティを危うくする。

すでに読者は理解しただろうが、アレグザンダーとチャールズ皇太子の「望ましい都市」の考え方に沿ってヘルシンキとタリンの街並み景観について観察し、旅の記録として記述したのが「1(1)」「1(2)」である。

3　ヘルシンキとタリンの間の「溝」

ヘルシンキとタリンはバルト海を挟んで八〇キロメートルの距離にある。プロペラ機で二〇分、高速艇で二時間である。最近はヘリコプターがコミューター便として両都市の都心を頻繁に飛んでいる。ヘルシンキの歴史は二〇〇年と新しい都市だが、ソ連支配の時代も含めてこの二世紀の間にも両都市の間に活発な交流があった。特にエストニアがソ連邦から離脱し独立を回復した以降、経済、文化、教育の多分野においてひとの行き来、資本の流れが加速している。EU拡大の流れに乗ってエストニアが二〇〇四年にEUに加盟したことも、両都市の連携強化に拍車をかけている。最近は、エストニア将来研究所（Estonia Institute for Futures Studies）のエリック・テルク博士を中心に、地理的制約（バルト海）と政治的制約（国境）を越えてヘルシンキとタリンをガバナンスするヘルシンキ・タリン大都市圏構想の研究がはじまっている。

両都市の融合を促進する運動体として一九九九年に、ユーレジオ（Euregio）が組織された。両都市圏内の都市が協力活動を強化するために生まれた組織である。国境越えの都市間連携を促進する欧州連合（EU）のプログラムInterreg IIIAから支援を得ている。現在はNPOとして活動している。そのユーレジオの一九九九〜二〇〇一年の活動総括がインターネットに公表されているが、当初計画していたプロジェクトの過半がつまずいたことを示唆している。(5) つまずきの理由を幾つか指摘しているが、すぐ隣同士の都市でこれまでも交流があり、互いに相手を熟知しているという理解を前提にスタートしたが、実際はそれがまったくの誤解であったことが判明し、その思い過ごしが不調の理由のひとつとなったことを明らかにしている。「度重なる会議を、しかもしばしば終日かけて開催したが、相互理解の溝を埋め切れなかった」と総括書は書いている。

「埋め切れなかった相互理解の溝」は、結局のところそれぞれの都市の現状をどう評価し、将来の姿をどのように描くかにかかわる。両都市を訪ねて関係者に聴き取り調査した結果を突き詰めて考えると、結局、「溝」は次のように解釈できる。

1　EUのなかでも所得水準など経済指標では劣るエストニアでは、キャッチアップ型の成長志向が強い。市場メカニズムを導入し、その活用を通して国民経済の、あるいは都市経済の浮揚を目指している。ソ連邦時代の中央統制経済に対する反動がある。価値判断の振り子が市場優先に大きく揺れている。理屈の上でのみならず、皮膚感覚で規制や計画に対するアレルギーが強い。その感性が新市街での都市計画を含む都市政策全般に影響を与えている。都市景観の形成も市場に委ねられる傾向が強い。

2　フィンランドの場合は、ケイナネン担当官の「もっと大きく成長することよりは、いまの状態の持続可能性を優先することがはるかに大事なのです」という言葉に集約されるように、成長最優先の経済社会システムを唾棄する視点から物事を考え、価値判断をしている。エストニアが「生活の量」の充実を追っているのに対し、フィンランドは「生活の質」にこだわっている。都市計画の面でも規制を緩和し、都市の運命を市場に委ねてしまうことをよしとせず、「規律と全体の調和を優先する自重の精神」に従って都市を計画し、開発を規制・誘導する都市政策思想が息づいている。

フィンランドは一九九九年に土地利用・建設法を改定し、大規模小売店舗の郊外立地を厳しく規制している。大型店の出店先を、タウンセンターに誘導するようになった。環境と既存の都市施設の保全・保存に軸足を移している。逆に、エストニアは大量消費社会を迎えようとしている。タリンの郊外では、大規模ショッピングセンターの開発があちらこちらではじまっている。スプロール型開発に対する規制が緩い。この大型店規制に対する両国のスタンスの違いに、「豊かさ」をどう考えるのかをめぐる価値基準の差異が色濃く反映している。同様に都市空間の形成についても、市場優先か計画との調和か、開発の自由か開発の管理か、もう少し本質的には成長か持続か――をめぐる違いが、ヘルシンキの都心の「美しい街並み景観」と、タリンの「変容する新市街の街並み景観」のギャップとして表出してきているのではないだろうか。

4　「美しい都市」造りから距離――日本の「都市再生」

政府のどの文献を精読しても、「都市再生」には都市を造営するという強い意志を感じることはできない。景気対策という近視眼的な視点、都市づくりを市場に任せる、すなわち利益を極大化したいというデベロッパーの資本の論理に、都市の計画・開発を委ねてしまう短絡的な政策があるのみである。

実際、この間、「都市再生」は、成長のための起爆剤としてメガストラクチャーを建て続けるための条件づくりに奔走してきた。「美しい都市」を創造することには、一貫して無関心である。むしろ「都市再生」によって建築のヒエラルキーが崩れ、街並みの連続性が失われ、都市空間の混乱がはじまっている。

(1) 都市景観が混乱しはじめた――国会議事堂界隈

ヘルシンキとタリンの都市調査をしながら東京は、あるいは日本の都市は、そして最近の「都市再生」の動きは、北欧の二都市に対してどのような座標軸上の位置関係にあるのかを考えた。

最近の東京では、「都市空間のヒエラルキー」が逆立ちを起こしている。政府の進める「都市再生」は、その傾向をますます加速している。象徴的には国会議事堂のことがある。国会議事堂の背後に超高層オフィスビルが仁王立ちし、足下に国会議事堂を見下ろしている。国権の最高機関である。デモクラシーの殿堂である。その国会議事堂を真下に見下ろす位置にオフィスビルが建ち並ぶ、という光景を海外ではおよそ見掛けない。新築した首相官邸も超高層オフィスビルに押しつぶされそうな位置にある。比喩的には、ホワイトハウスの背後に超高層ビル――という構図である。東京は土地に余裕がないから、という理由は成り立たない。あの小国のシンガポールも超高層ビルの建設ラッシュである。しかし少なくても国会議事堂の背後には、南国の青空が広がっているだけである。土地が狭いという言い訳は成立しない。

国会議事堂や首相官邸界隈のこの異様な風景は、チャールズ皇太子が掲げる「建物は公共性の重要さによって格づけされるべきである」という「望ましい都市」の原則に違反している。逆手に解釈すれば、東京ではグローバル競争を戦うビジネスのほうがデモクラシーの殿堂に比べて公共性の序列が高い、という判断が働いていることになる。その意味では政治が空洞化する一方で、世界にエコノミックアニマルと揶揄されながら戦後、経済オンリーで疾走しきた日本という国の形を象徴する都市景観であることに間違いない。チャールズ皇太子の言説をもう一度借りれば、建物がどのような序列で建っているかは、「社会の機構とともにわれわれの価値観を表現している」のである。

権威や権力がいつの時代にも、もっとも高い建造物をほっしてきたのは歴史の事実である。大聖堂しかり、王宮しかりである。確かに、現代はビジネスの時代である。しかし、ビジネスが現代の権威であり、その母屋であるオフィスビルがもっとも高い建物となるのは当然である、と考えることはできない。ビジネスは私的利益の追求である。その利益の実現と経営者の自己顕示欲を満足させるために、ほかの意義ある公共建築を凌駕する高さに超高層ビルを許容するほどビジネスに公共性はない。ほかに優先すべき価値がある。とりわけ市民社会にあっては、大資本の権威に優る社会的、あるいは人間的に価値あるものが存在する。そう考えるほうが、はるかに健全である。

タリンの聖オラフ教会が「世界一高い塔の教会を建てよう」という市民の夢を託して建設されたという話は、中世都市の市民パワーを感じさせる愉快な話である。しかし、隣の都市よりも高い建造物を建ててそれを誇示しようという背比べ競争は、いまという時代にはアナクロニズムである。

たとえばロンドンが最近、超高層ビル論争で揺れている。超高層ビル推進派は、「シティの周囲に超高層ビル群を開発し、国際金融センターの地歩を固める必要がある」と主張している。グローバル競争の時代に、ロンドンが世界都市として都市間競争を勝ち抜くためには超高層ビルが必要である、という理屈である。この主張には、ニューヨークと対峙するロンドンの焦りがある。

それに対して超高層ビルの是非を調査した英国議会小委員会は、その最終報告書の中で「超高層ビルがないとシティがグローバル競争に敗北するという証拠はどこにもない。超高層ビルをほしがるのは、権威や地位を誇示したい以上のなにものでもない」と指摘した(6)。また、ロンドン計画諮問委員会がまとめた『超高層ビルと戦略的景観に関する報告書』は、「最近になっても超高層ビルの高さを競っているのは、まだ自分たちに権威付けの必要な発展途上国の都市ばかりではないか」と揶揄していた(7)。小委員会最終報告書は、「歴史を形成してきた都市にはそれにふさわしい熟成した都市の姿がある」、ロンドンの場合は「中世から受け継いできた街並みが財産である。その街並みを持続しながらでも、グローバル競争に十分太刀打ちできる」と述べている。もはや都市のアイデンティティや個性を、ましてや都市の優越性を、超高層ビルを建てることに委ねる時代ではないのである。

(2) 都市景観が混乱しはじめた——全国各地で

「都市空間のコンテクスチャリズム」のうち建築のスカイラインについては、東京の場合、丸の内のオフィス街が高さ三一メートルに統一された景観を失って久しい。最近の「都市再生」ブームに便乗して銀座地区でも容積率の大幅緩和が認められ、銀座通りのスカイラインが近い将来、凸凹になる。大阪でも銀杏並木の御堂筋でビルのスカイラインが乱れはじめている。いずれも「美しい街並み景観」よりは、土地利用の効率アップ、すなわちビジネスを最優先する考え方に支配されてきたことの結果である。

また、小料理屋や料亭が並ぶ東京・神楽坂の街に突然、超高層マンションが出現した。徳川家の菩提寺、港区増上寺の甍を真下に眺め下ろす隣地に超高層ホテルが建設される。同じ港区の愛宕神社はすでに、超高層ビルの足元である。宗教的シンボルも、政治の殿堂も、歴史的空間も、東京ではありとあらゆるものが空間の序列としてはビジネスに従属する位置に追いやられている。

「美しい町や村では、一見それとわかる格づけの意識が確かに存在し、教会、公共の建物、集会所、パブなどがすべてそれぞれの尺度であるべき場所に建っている」というチャールズ皇太子の記述に反し、東京には「一見それとわかる格づけの意識が存在し」ていない。

都市空間の序列が逆立ちし、街並みの連続性が失われはじめたのは東京だけの話ではない。

かつて大阪城の城内だった地区（大阪市谷町）に、天守閣の高さをはるかに超える超高層マンションが計画されている。市有地だった場所である。マンションに住む上層階の住民は、大公秀吉の天守閣を足下に見下ろして暮らすことになる。紀州和歌山市では、ベッドに横になりながら和歌山城の天守閣を眺め下ろせるところ――お濠端に、超高層ホテル兼商業施設が建設された。戦後の復元城だが、徳川御三家、紀州の殿様のお城として和歌山っ子の誇りである。二〇〇五年春に建築工事が完了した。空間のヒエラルキーの最上位にホテルが鎮座し、和歌山城はそれに従う構図となった。デベロッパーに土地を貸与したのは和歌山県である。財政が苦しい、都市間競争に打ち勝つために――の論理がここでもビジネス最優先の都市開発につながっている。佐賀市でも二〇〇四年に復元された佐賀城を借景に、マンションを建てる計画がある。建設予定地は市有地である。市が街景観の破壊でお先棒をかつぐことになりかねない。

京都では町家街並みに無粋なマンションが並びはじめて久しい。宇治では平等院の背後に超高層ビルが建ち、世界遺産の借景を傷めている。大正・昭和期に建った低層の近代建築が並ぶ名古屋の歴史的街並み保存地区、白壁地区では、マンション訴訟がおきている。北九州市門司港界隈は、門司港レトロ事業で近代建築様式の建造物群が甦った。街並みは中層建築の尺度で統一されて綺麗だが、港湾地区にある旧門司税関ビルの背後に建てられた超高層ビル「門司港レトロハイマート」が唯一、その高さと規模において不釣合いである❸。「門司港レトロ」全体の調和を攪乱している。明治、大正、昭和初期の懐かしい空間が、

❸「門司港レトロ」事業で歴史的街並み景観が整備されてきたが，その背後に巨大な超高層ビルが建ち，いかにも不釣合いである

まるで平成の傲慢に蹂躙されているかのようである。

5 「都市再生」は景気対策

人口減少と環境保全――過去に経験したことのなかった成長制約条件を踏まえて「都市再生」のグランドデザインを模索しなければならない。しかしそうした基本的な時代意識は、第一回都市再生本部会合に提出された「都市再生に取り組む基本的考え方」には書き込まれていない。確かに、「都市再生に取り組む基本的な考え方」には「二一世紀の新しい都市創造」という項があるが、「交通基盤や情報基盤も整備、持続的発展可能な社会実現のための環境都市の構築」を通して国際競争力のある世界都市を形成する、と述べるに止まっている。よって「世界都市にふさわしい」超高層ビルがところかまわず開発され、やがて林立し、都市空間が混乱しはじめている。

なぜ、そうしたことになったのか。理由は簡単である。「都市再生」が自民党の選挙対策と、同時に当面の景気対策としてスタートしたためである。「空白の九〇年代」といわれた不況から脱出するための景気浮揚策として「都市再生」が取り上げられた。バブルの後遺症として処理できずにしこっていた膨大な不良債権を、不動産開発先導型の大規模都市再開発によって一掃することをねらった「都市再生」である。「二一世紀の都市を造営する」という長期的な視点に立ってスタートした都市政策ではなかったのである(8)。

その点について政府の「都市再生」は正直である。都市再生本部第二回会合に提出された「都市再生プロジェクトに関する基本的な考え方」は、冒頭に「「都市再生」の意義」を次のように記述している。「九〇年代以降の低迷しているわが国経済を再生するために、大宗の経済活動が行われ、わが国の活力の源泉でもある「都市」について、その魅力と国際競争力を高め、その再生を実現することが必要である。このためには民間による都市への投資など民間の力を都市に振り向けることが決め手となる。この観点から経済構造改革のための重点課題として「都市再生」に取り組む」。

都市再生特別措置法に基づいて「都市再生緊急整備地域」の第一号として二〇〇二年七月、一七地域が指定された。そのうち東京都内から七地域が選ばれた。①大手町、丸の内を含む東京駅・有楽町周辺と日本橋、八重洲、銀座地域②秋葉原・神田地域③新橋、虎ノ門、六本木、赤坂地域④晴海、豊洲、お台場、築地などの臨海地域⑤新宿駅周辺⑥新宿東側の富久地域⑦大崎駅周辺である。そのほか大阪、横浜、名古屋から選ばれた。

東京の指定地域の場合、いずれも超高層ビルの建築ラッシュが起きており、すでに開発エネルギーが充満し、局地的なバブルがはじまっているところである。そこに規制緩和の追い風を送って大規模再開発を刺激することを目指して指定が行われた。民間投資が活発に動いているところにさらに民間投資を誘い込み、それによって景気の底上げ効果をねらったのである。政府の「都市再生」関連文献のどこを探しても、「美しい東京」を希求する姿勢を読み取ることができないのはそのためである。

しかし、それはおかしい。都市は時間の積層によって熟成し、美しくなるものである。性急に造りかえることは都市にはなじまない。ましてや、景気対策という近視眼的な射程で「都市再生」に取り組むということは、都市をもてあそぶことにつながる。

6　珠玉の輝きを失う

最近の地方都市の空洞化は、「美しい都市」を危うくする。

この一五年ほどの間に、日本はおそらく欧米先進国のなかで大型店の郊外進出がもっとも自由自在な国となった。フィンランドは「生活の量」の拡大よりは、「生活の質」の充実にこだわっている。そうした考え方が都市政策の面でも大規模小売店舗の郊外立地を厳しく規制し、出店先をタウンセンターに誘導する開発抑制型の土地利用・建設法の改正に具現化したのではないだろうか、という話を紹介した。

ところが日本では「都市間競争」が喧伝され、都心を犠牲にしてでも郊外に大規模小売店舗を誘致する自治体がある。しかし、歴史的に形成されてきた都心が衰退してしまっては、「美しい都市」は成り立たない。「わが町は郊外に巨大なショッピングセンターがあります」などと自慢するひとの話を聞いたことがない。あの手の箱型の、窓なし大型店を米国では「ビッグボックス（Big Box）」と皮肉って呼び、美しい街並みづくりでは厄介者扱いである。

(1) まず、計画ありき

アレグザンダーの『パタン・ランゲージ』に倣い、都心と開発の関係についても次のように言い換えることができる。「どのような都市であってもどの地区がもっとも本質的な機能を備えているか、つまり人間が住まう都市の核となるのはどの地区かを決定する。次にその地区を中央に配置し（必ずしも地図上の真中を意味しない）……」。そのとき都市は人間の暮らす住処となる。

逆にその序列が崩れれば、すなわち都心が見捨てられ空洞化すれば、都市空間はたちまち混乱をおこし、まちは賑わいを失う。歴史と文化が積層し、風土に育まれてきた都心が賑わいを喪失してシャッター通りと化した地方都市を、けっして「美しい都市」と考えることはできない。もはやそぞろ歩きを楽しめない、女性が夜間のひとり歩きをできない都市が「美しい都市」であるはずがない。

開発は新しい都市空間を造り出す。造り出された新しい空間は、その都市の、あるいはその地域の全体構造がより魅力的なものに成長するために寄与しなければならない。新しい開発は、歳月を経て養育されてきた都市、および地域の「パタン」と調和することによってはじめて当該都市に受容される。「（さまざまな場所で次々に行われる）新たな開発行為は、すべてひとつの基本的義務を担っている。つまりその都市空間に連続した全体性のある構造を生み出さなければならない」。

しかし、田園郊外の緑地を潰して開発される大規模ショッピングセンターは、クルマでの買い物を前提としている。歳月を経て養育されてきた都心、および都市の「パタン」と共存することはけっしてない。むしろ不連続な存在として都市の全体構造に歪みをつくり出しているのが現実である。郊外のスプロール開発は「クルマ依存の、土地浪費型土地利用」と定義できる。そしてスプロール開発は、一般的に無秩序な乱開発のことだと考えられているが、実際には計画的、かつ大規模に行われているのである。優良農地を改廃し、そこに大規模ショッピングセンターを建設することなどは、スプロール型郊外開発の典型である。

大切なことは、まず計画ありき、である。計画を立て、計画に開発を落とし込むのが原則である。しかし日本の場合、都市計画法の対象域内にも、域外にも、計画のない地域が広がっている。したがってそこでは開発はし放題である。さらに問題なのは、開発に計画を従わせることがたびたび行われている。すなわち、開発のために計画を変更する。しかしそれは、アカウンタビリティを問われることになる。開発できない、開発しないと決めたところを開発する。なぜ、開発を計画に優先するのか。その合理的な説明が必要である。それがなければ、そもそも計画することの意味を失う。そして計画と開発の関係が逆転すると、都市空間の序列と連続性がしばしば破綻する。

(2)「珠玉の輝き」が失われ

宮崎市の郊外に、イオングループが敷地面積二二万平方メートル、延べ床面積一〇万平方メートル、売り場面積六万五六〇〇平方メートル（うち小売面積五万四二〇〇平方メートル）の巨大なショッピングセンターを開発する計画を発表した。都市計画法の市街化調整区域である。したがって一民間デベロッパーの開発のために、計画を変更することになる（市街化調整区域規制からはずす）。しかも今後、宮崎市が市街化区域への編入を考えている総面積の過半を、イオン一社が使い切ってしまうことになる。計画を開発に従わせるこの判断に、アカウンタビリティがあるか、甚だ疑問である。

二〇〇二年度の商業統計調査を基に試算すると、宮崎市全体の小売面積の一二・七％を占めることになる。目標の年間販売額は三〇〇億円である。中心市街地の小売総額は七〇〇億円（大型店四五〇億円、一般店舗二五〇億円）と試算されており、それと比較するとイオングループが計画しているショッピングセンターの大きさが如何ほどかがわかる。イオングループのショッピングセンター計画が明らかになったときの新聞には、「宮崎市に九州最大級商業施設」「中心市街地どうなる」などの大きな活字が躍り、地元の驚天動地ぶりを浮き彫りにしていた。

県庁所在都市でも最近は、都心商店街がシャッター通り化しているところを多く見掛ける。しかし宮崎市はこれまで大型店の郊外進出が少なかったために、まだ都心商業がしっかりしている。一番の繁華街、橘通りには空き店舗はまだ少なく、橘通りと交差する若草通りの横丁には、若者向けの個性的な店舗の新規開店が続いている。そうした枝道に並ぶ小さなブティックを見て回るのは楽しい。宮崎市都心の中心商店街には、まだ地方都市中心市街地に活気があったころの輝きがある。若草通りでは店舗の所有と経営の分離が進展しており、八〇％以上の店舗がテナント経営である。しっかりした商売をしないと家賃を払えなくなる。結果的に元気な店が多い。空き店舗はゼロ、空き店舗が出るとすぐに埋まる。

宮崎市の都心全体でも、小売店が店仕舞いし、その後にゲームセンターやパチンコ店が開店する「中心市街地商店街のアミューズメント施設化現象」も、これまでは目立って観察されることがなかった。昼間のひと通りも多い。全国各地の地方都市中心市街地商店街の悲惨な状況を顧みるに、「珠玉の瓦礫にあるが如」の印象がある。しかしイオングループの巨大店舗が計画通りに開店すると、宮崎市の中心市街地商店街が甚大な影響を被り、もはや「珠玉の輝き」を失うのは避けがたい。街が醜悪なシャッター通りになる心配がある。

北陸金沢は「美しい都市」である。都心にある金沢城は春の桜、初夏の新緑、秋のもみじ、そして冬の雪景色と四季折々に異なる表情を見せてくれる。浅野川沿いの茶屋町の風情も贅沢である。武家屋敷もよく残されている❹。まちなかを流れる辰巳用水が金沢の街歩きを楽しくさせる仕掛けとなっている。金沢市は「美しい都市」づくりに熱心である。全部で一六本ものまちづくり関連条例がある。[9] そぞろ歩きを誘う街並み景観を醸し出すために、「金沢市における歩けるまちづくりの推進に関する条例」「金沢市こまちなみ保存条例」などのユニークな条例がある。

❹街並みに連続性（コンテクスチャリズム）が維持され，美しい金沢市武家屋敷の保存地区

金沢の都心商店街も、ほかの県庁所在地の中心市街地商店街と比べると、まだはるかにしっかりしている。空き店舗が目立つということもない。金沢市は大型店の立地をまちなかに誘導する商業立地条例をつくってきた。それでは金沢市の都心商業は安泰か、というとむしろ状況は逆である。商業立地条例があるために金沢市域の郊外に進出し難くなった大型店が、今度は隣接市町に金沢市を包囲するように店舗展開しはじめている。金沢市の都心商店街が打撃を受けるのは必至である。都心商業が衰退すればまちも元気を失い、やがて「美しい都市」金沢を持続するのが難しくなる。

宮崎も金沢も郊外に開発される大型ショッピングセンターは、どこの商業施設とも区別のつかない均質な都市空間をつくり出すことになる。宮崎市は、市街化調整区域の用途規制をはずしてイオンの進出を認めたのは、商業集積を高めて都市間競争に打ち勝つためである、と説明している。しかし成長主義に奔走し都市空間の形成を市場に任せてしまった結果、幾多の「美しい地方都市」が荒廃の憂き目にあってきたことは、過去二〇年の歴史が雄弁に物語っている。金沢市の多彩な都市条例政策には、「いまの状態の持続可能性を重視し、生活の量」の拡大より「生活の質」を優先するヘルシンキ精神に通底するものを感じる。しかしその都市づくりの価値観を、周辺の自治体と都市圏レベルで共有するまでに至っていない。残念だがそのことが、「美しい都市」金沢のあすを脅かすことにつながっている。

7 結 語

座標軸の話に戻る。

競争に打ち勝つために、あるいはもっと大きくなるために都市計画規制の緩和に邁進する日本の「都市再生」を、エストニアの現状と重ね合わせながらエストニアの街を歩いた。そして「都市空間のヒエラルキー」の瓦解や、「建物の美しいスカイライン」の喪失では、東京とタリンを重ね合わせて考えた。タリンの新市街では街並み景観の混乱がおきている。しかし少なくても「美しさ」にこだわり続けている歴史的、宗教的な旧市街が、「開発」という名前の無謀に蹂躪されている現場に遭遇することはなかった。

それにしてもエストニアは、そしてその首都のタリンは、ソ連邦からの解放後、まだ一〇年――「生活の量」を追いかけている国であり、都市である。また、行政、研究者、そして市民レベルに、中央統制に対する本能的な反発がある。その反動で計画に対する拒絶反応が強い。歴史はしょせん螺旋状にしか歩まない。拒否反応の克服には時間がかかる。

少なくとも日本の都市は、そして東京は、「生活の質」を持続することが主題となっているフィンランド、あるいはヘルシンキと価値観を共有すべきところにいる。だが東京は、「美しい都市」を持続させる努力においてヘルシンキとは対極の座標軸にいる。

ロンドンが世界都市の生き残り競争で焦っているように、東京も必死である。しかしロンドンでは超高層ビルは必要か、をめぐって国会をふくめて広範囲の論争がある。一方、東京からはなにも聞こえてこない。ロンドンの超高層ビル論争では、推進派でさえ、セイントポール大聖堂とウエストミンスター(英国議会)の遠望を、その借景をふくめて妨げる超高層ビルの建設を容認するような、無原則的な規制緩和の主張はしていない。そのような開発主義は暴論であり、ロンドンでは通用しない。しかし東京では、その暴論が暴挙となり大手を振ってまかり通っている。東京と日本の「都市再生」は、ロンドンとも異なる座標軸にある。

注

(1) 原広司『空間〈機能から様相へ〉』岩波書店、一九八七年に「均質空間論」(一九七五年)が収録されている。
(2) Tallinn Tourist Information, *Tallinn, The Pearl of Medieval Europe.*
(3) Christopher Alexander, *A Pattern Language*, Oxford University Press, 1977.『パタン・ランゲージ』平田翰那訳、鹿島出版会、一九八四年。
(4) HRH the Prince of Wales, *A Vision of Britain : A Personal View of Architecture*, Doubleday, 1989『英国の未来像——建築に関する考察』出口保訳、東京書籍、一九九一年。
(5) Euregio Management Committee, *EUREGIO : Activity Report 1999-2001*, Oct. 15, 2002.
(6) House of Commons, Transport, Local Government and the Regions Committee, *Tall Buildings*, Sept. 2002.
(7) London Planning Advisory Committe, *High Buildings and Stratagic Views in London*, April 1998.
(8) 大西隆『逆都市化時代——人口減少期のまちづくり』学芸出版社、二〇〇四年、矢作弘「東京のリストラクチャリングと「世界都市」の夢再び」大阪市立大学経済研究所/小玉徹編『大都市圏再編への構想』東京大学出版会、二〇〇二年、矢作弘「グランドデザインなき「都市再生」『都市問題』第九三巻三号、東京市政調査会、二〇〇二年三月号。

（9）矢作弘「まちづくり考「金沢モデル」」『地域開発』四七三号、日本地域開発センター、二〇〇四年二月。

二　空間計画とその制度設計の構想

北沢　猛

1　東京の都市変容と都市計画の解体

東京は、日本のあらゆる都市的な活動の縮図である。グローバルでありローカルであり、西欧の後継であり亜《ア》細亜《ジア》の後継でもある。近代の産物であり伝統の結実でもあり、西欧的な美と日本的な美が共存している。市民的運動の前線であり国家的統治の象徴であり、住民の親密公共圏があり行政的な形式公共圏もある。こうした多層的な様相を東京から読み取ることができるが、高度成長期以後の四〇年の変容とその背景を容易に説明することはできない。多様な空間が魅力を生む、瞬時に変容する空間に魅力があるといった説明もあるが、実態を直視すれば肯定的な見方はできない。生活環境は改善されず、地域の産業や雇用、商店街などの文化あるいはコミュニティの空間は崩壊し、郊外新興住宅地は空洞化している。安定した生活空間はなく、定住意識が高まる一方で浮游化し、生活や社会の将来に対する不安が拡大しているのが現状である。

都市という概念自体が、理論の上でも解体し、実態の都市も、市民的な実感としても解体しているのである。近代という都市の構図、特に物的な意味で都市構造と読んでいたもの、例えば中心と郊外そして田園地域から自然地へという同心円的な構造、あるいは多心型構造、分散的なネットワーク構造と様々な解析や分類がなされてきたが、今日の都市はあるモデルを持って全体を説明することができない、つまり都市を計画する前提となる認識ができない現状がある。

しかし、このことから都市を「計画」することは無理であり、放棄するのではなく、まず正確にとらえうる「実際」から「計画」するという当たり前の地点に戻らなければならない。特に、都市計画法を中心とした現在の私権の制限となる土地利用規制、さらには道路・河川などの都市施設計画と収用権による基幹事業は、それが必要とされた都市の問題は何であり、どう都市は改善されるべきかという本来的な意味での『都市計画』の目的を見失っている。驚くべきことに、現在の「計画」の大半は、旧都市計画法（一九一九年）時代に計画された地域地区と施設計画を踏襲し、新都市計画法（一九六八年）への移行期もさしたる議論がなく、現状が追認されたのである。都市計画の市民的な関与の道がいくぶんは開かれ、スプロール問題への対応として市街化調整区域や開発許可制度が確立したが大きな制度の変更はなく、各都市の「計画」は戦前のまま今日にいたっていると言えるのである。むろん、現状に応じた対処療法として都市の成長に伴い都市計画区域が拡大され、地区計画制度など部分的には詳細な規制が可能となり、高速道路や鉄道など基盤施設が随時加えられてきた(1)。

都市計画図から、都市のビジョンや生活の将来を窺うことはできない。近代都市が引き起こす問題、郊外化、衛生や交通、集中と膨張に対応するための最低限の規制と基盤施設や面整備事業の計画を定めたに過ぎないのである。これは都市計画法という一つの法の範囲の計画であり、そこには都市総体のビジョンはなかったのである。私権制限や公用制限のための民主的手続きと法的根拠を定めたものであるが、施設計画すら、財源は確保されず都市計画道路の五〇％がようやく改良済みとされた段階である(2)。旧都市計画法から考えると八五年が経っているが、計画と現実のギャップはこれだけではなく、計画的土地利用規制も十分な議論がされずに政治的な道具となり実態を越えた意味のない制限が多く、たとえば東京都区部においても指定容積の半分程度が使われているに過ぎないのである。

近代都市計画制度は、問題への対応という点では都市が機能麻痺となることはなく一定の成果があったと言えるが、「計画」については、総合性や実行性に問題があるだけでなく、現状追認となりその目標や目的が見失われてきたと言える。それはとりもなおさず、都市に対する市民的な議論や認識、さらに言えば計画責任をもつ主体が不明瞭であり、したがって複雑化する都市の構成を統合する方法が欠如しているのである。

(1) 空間計画の展望

新たな計画について、概略の提案をしてみたい。その枠組みを「空間計画」としておく。人々の活動は空間に結実し、また空間によって規程されているものである。眼前の空間は唯一のものであり、空間は社会的制度を包含し、時間的変容というダイナミズムを示すことになる。

しかし、都市の領域を規程し、都市を構造化しあるいは構造があるかのごとく見ることは、計画自体の力を失わさせることになる。

都市の諸相における問題をとらえ、そのことに対する合理的な解決の道筋を構想することが計画であり、計画には立案し実現を図る主体と関係する主体間の合意を図る方法が含まれる。諸計画の相互の連携や競合は主体を通して調整されるが、例えば、国土空間に関するものから身体空間に関するものまで、内容においても諸相があり諸計画が立案されるが、調整はこの空間という唯一の存在を通して初めて実感として統合されるのである。空間を計画するのではなく、空間によって計画を統合し実体化するのである。個々の空間において我々は行動し、行動するために我々は空間を創るという繰り返しによって、都市が形づくられているのである。

空間によって調整され統合していく諸相とは、地球環境であり、産業や交通、文化、人間の活動であり、さらにこの過程により、参加や共同、あるいは管理や経営といった社会空間もより鮮明なものとなるのではないだろうか。

空間計画の主体は、当面二つに集約されるであろう。自治体（地方自治体、あるいは今後、今後ある広域的な自治組織やさらに小さな自律的に形成される自治組織も含む）と市民組織（個々の組織だけでなくネットワークよって全体を担うことも可能）がある。前者は地方分権の進展によってより鮮明な自律的組識となることが期待され、後者は今後力を持ち新たな公共圏を形成すると予見されるがすでに実態として都市や地域運営に相当な役割を担うようになっている。

住民活動や市民活動は高度成長期の体制批判運動とは違った形で、戦後最大の広がりを見せていると言える。法人化した活動組織だけでもこの六年間に一万九五二三（東京都では三八五七）[3]あり社会的にも大きな力となっている。

小布施や湯布院、長浜などの地域の「まちづくり」とみると、空間を通して様々な主体や力、資金や制度が再編され、人間にとって価値ある場と活動、生活が再生されてきたのであり、その過程から「空間計画」のあり方を学ぶことができる。複雑な都市とその課題に対応するために、実は生活空間の構想計画が重要である。

さて、東京という巨大化し断片化した都市の側面を考えてみる。まず、都市が情報化などにより実態からは予見できない要素が多くなり、経済メカニズムの拡大と不可視化が進み人間の手から離れ、目に見えない力として機能していること、逆にこの経済メカニズムの前で市民的運動や政治は新しい状況を創る役割を失いつつあり、社会を動かす主体や理念が見えないのである。

実際の空間の変容も同様に、『都市再生』という言葉に勢いを求めて集まってはいるが主体は誰かがまず見えないのである。政府は「民間でできることは民間で、聖域なき構造改革」と言葉の勢いはあるが、全体像はなく個別具体的な権限委譲の議論となり、都市再生は、開発の公的権限の委譲にのみ特質があり、民間企業の意欲は大きいように見えるが、新しい土俵で切れ味のよい取り口を見せるほど確信がないか、構想がない。

(2) 都市再生の目的

東京の再開発ビルや高層マンションの建設は、供給過剰と言われながらも現在も続いている。東京圏（四県）のオフィス床面積は、バブル崩壊後二〇〇二年までの一〇年間で約六五〇〇万平方メートルも増えている。(4) また、東京二三区では、居住人口が減少していたが、一九九七年から増加に転じており東京圏全体の人口増加率を越え、マンションの着工戸数は一九九二年の一万戸余りから二〇〇一年には五万戸を越えている。(5) 通勤や買い物の利便性や医療などのサービスを求める市民が多くなっている背景もある。(6) こうした傾向は都心の空洞化に歯止めをかけたと評価もできるが、どうも新しい生活像というイメージもなく空間的にも一九七〇年代あたりとそう変わらない建築が建てられている。

東京都心やその周辺地域の「都市開発ブーム」は、バブル経済期とは逆に、地価と建設コストの下落が大きなインセンティブとなってきたが、需要に応えた単なる個別開発に過ぎない。都市を再生するビジョンもないにもかかわらず、「民」の「公共」への参画として、建築や都市計画に関する様々な社会的規制緩和が実施されてきた。一九九五年の街並み誘導型地区計画を初め、高層住居誘導地区や敷地規模別総合設計制度、共同住宅の容積率制限緩和、一九九八年に連担建築物設計制度などが続々と創設されたのである。

不良債権という負の遺産処理の加速が、経済活性化の鍵となるという視点から一気に土地の流動化と高度利用促進のための社会的規制緩和へと進むことになったのである。これらの一連の制度設計は、その全体がもたらす効果と問題の発生について、つまり公共性についての十分な検証や議論があったとは思われない。

国鉄清算事業団の売却等国自体の負の遺産処理、大都市での公的投資を民間に肩代わりさせた政治主導の開発促進などの背景もあるが、汐留や品川、丸の内さらに六本木等で大規模再開発はあるが、東京都心全体の再生への工程は見えないままである。無論、最近の丸ビルや国鉄本社跡のオアゾ、六本木ヒルズはこれまでにない複合建築としては、様々な工夫により、賑わいもあり成果があるといえる。

しかし、多くの開発は、地域のコンテクストを読むこともなく、地域全体の空間の質を高め、優良なストックとなるような計画は立案されずに、周辺住民や市民、自治体とさえ十分な議論もない。総合設計制度の確認化などの制度設計としては矛盾したものまで導入して、手続きの簡略化と時間的リスクの回避という新たな護送船団方式となる危険性すらある。構造改革のめざす本来の「経済規制解除」に便乗した乱開発といっても言い過ぎではない。

国立景観裁判が物語るように、景観権という生活空間の質が認知され、景観法によって人間の生存に関わる重要な権利として認められた。都市再生は、まさに人間のための都市を再生することに他ならず、「環境」や「生活」を主軸に次の世代に引き継ぐことのできる空間を計画し、社会的なシステムや制度を再編していくことが目的であろう。「都市再生」を進める空間計画や制度設計を具体的な場で構想していく必要がある。企業と市民の活動にとっても、環境負荷という観点からも効率の良いそして人間的に魅力ある都市を再生するための計画と規制の構造改革が必要なのである。

(3) 地域空間のフィルター

二〇〇四年暮れの新聞(7)に、銀座通りの大規模再開発の構想が紹介されていた。記事によれば、複合開発であるが、現段階では、低層と高層との組み合わせと低層だけの二案があり今後地権者と商店街などとの調整を図るとある。大規模開発で、地元と議論をするために代替案を作成して計画を進めるのは始めてのことではないだろうか。地域の考え方やルールと違う計画が、議論により調整がうまくできたケースも極めて少ない。例えば、谷中地域でのマンション問題があったが、ここでは地元側の専門家が果たした役割と企業側の発想の転換などにより、地域の空間計画としていい解決が行われた。銀座のケースはよりよい計画を結実させるだろうか。全く違う町ではあるが、共通する点は町に歴史的蓄積があり、まちづくり組織や計画を巡る議論があったことである。

銀座は、一九六四年の容積率制度導入前の建築が多く、建替えにより床面積が狭くなるという課題があり、「機能更新型高度利用地区」（一九九七年創設）により、最大三〇〇％の容積率割増とあわせて「街並み誘導型地区計画」を適用して、容積率規制と斜線制限適用を除外した。容積は最大一・四六倍になったが、逆に高さは五六メートルとし壁面の位置をそろえるなどの銀座独自の方式をあわせて採用している。

銀座商店街連合会の三枝進氏は、銀座の独自の暗黙のルールを「銀座フィルター」と呼んでいるが、「商売は自由なのが銀座であるが、同時にそぐわないものを篩にかけるということがある」と言う。地区計画は、暗黙のルールを顕在化させたものであると言える。(8) 今回の開発事業者も、計画には「フィルター」を考慮して、二案をつくり議論するということであろう。東京全体の計画あるいは東京都心の計画、銀座という地区の計画、それらが具体的な空間計画まで高まり合意形成システムも成熟すれば、開発主体にとっても計画リスクを抑え長期的に安定した事業が可能となるはずである。住民や商店街関係者にとっても同様に安定した長期的な視点で生活や商売を行うことができる。

都市再生には、都市全体としての環境志向の空間計画と地区としての生活志向の空間計画が必要であり、それぞれに具体的な空間性を規程し、実現方策として都市計画等の社会規制を再構築する必要がある。いずれにしても、都市再生特別措置法による緊急整備地域が五三地域に六一〇三ヘクタールあり、「官民共同の都市開発」という期待は裏切られており、むしろ「市民と企業と自治体の協働による都市再生」へと転換が必要であると考える。

2　都市再生は、都市開発を超越する概念

本来的な意味での「都市再生」は、二〇世紀型の「都市開発」という言葉に対置する新たな概念である。「成長拡大時代」から、「均衡縮減時代」という新時代に移行しつつある我々の社会にとって「再生」は、重要な視点であり発想の転換であると言える。今日では、都市再生は政府の経済政策や行財政制度の「構造的改革」の大きな柱となっているが、「都市再生のための都市開発」などと概念の混同があるのも事実である。ここではその目的に関する議論と、開発ではなく再生という方法論に注目したいと思う。

「再生」という言葉は、生物の蘇生、廃品の再利用、記録の再現などという意味で幅広く使われている。「都市再生」という場合には、衰退した町の蘇生あるいは地域資源の再利用、都市文化の再興などが目標とされるが、最終的には市民が快適に暮らし充実した生活と実感できること、つまり都市での人間性を回復することが目的となるはずである。生活環境の蘇生、自己実現の場の回復、そして人間に内在する歴史や記憶の再現と未来に対する夢や責任が再構成されることが、都市再生の目的であると考えている。本来的な意味での「都市再生」は、人間とその生活という観点から都市を再編成する目的を持ち、一人ひとりの構想や社会への期待が都市に結実する工程を描くことにある。

「都市再生」の方法は、先人達が築いた都市構造や人的文化的資源などの社会構造を踏まえた上で、自然や人工の空間をできうる限り生かし使いこなすことが前提であり、自然や歴史を軽視してきたこれまでの「開発」や「再開発」とは全く異なるものである。

「都市再生」を如何に構想するかが次なる課題である。まず、これを計画することの意義を考えてみる。成長型の社会では、特に市場原理という「見えざる手」が人間活動あるいは企業活動を公益に向けて調整していくと

いう説明が受け入れられた。「価格という信号」が、悪しき開発を排除し、市民が望む方向に示すという主張があった。これらは、市場の動向を、市民がすべて把握し評価しうるという機会平等の理想システムがあり、市民が受け取る情報がすべて信頼にたるものであるという公正性や公開性が十分に発揮されるメカニズムという前提が必要であった。

さらに言えば、市場に商品を並べた開発者が最終的に、市場の結果に責任を持つのであれば、市場メカニズムも自ら完全なものに向かうのであるが、現実には「開発商品」は販売され製造者としての責任は限定されており、長期的価値についての責任はなく、製造商品のような原理は働きにくい。

例えば開発が続いた場合、どのようなインパクトをもたらすか、その総和をどう予測するかという技術も制度も整わない状態で、市民が価格の妥当性を判断することはできないのである。例えば、既成市街地の開発は、周辺の開発を刺激し連鎖を生むことになるが、林立する高層建築群が安定的な市街地の環境をも悪化させることになる。結果として、以前の住環境と比べて人口は増えたが、環境としては満足なものではなく、購入した市民も以前から住む住民やコミュニティにとっても大きな損失となってしまうのである。開発者が別な場所でこれを繰り返し問題は再生産される。日照問題に対して住民の反対運動が広範に起こり、日影規制などの法的規制となって、ようやく最低限の解決が図られたというようなことが繰り返されるのであった。これが成長期時代の都市開発から学習した事柄である。

3 都市再生のための空間計画

都市再生の計画、特に空間計画は、成長時代の遺産である基幹施設や住宅などの建築ストック、残された緑地を有効に使いこなすなど、環境の付加の小さな効率的な都市を描くことが第一の目標となろう。ただ良質なストックとは言えないものも多く建替えなどの更新や開発も行う必要がある。その場合に、確実なストックとして市街地環境の質的向上という全体性、公共性を守り創造してくための原則を明確にしておくことが、第二の目標となる。

その上で、より身近なコミュニティなどの小さな単位において、暮らしやすい環境を自らが選択し、そして自らが創り運営していくための空間が第三の目標である。

空間は、いま我々の目の前にあるただ一つの存在であり、すべての活動がそこに集約されている。大気や水の汚染や資源の循環、福祉や教育、移動や娯楽、あるいは文化などの諸活動までを、空間を通してその総体を認識することが可能となるのである。さらに、我々はこの空間を通して、歴史的な蓄積や課題を知り、将来の夢や問題という可能性を予知することもできるはずである。

私達自身、実はそれぞれの生活を通して、将来に対する構想をもっているはずである。それは不鮮明なものかもしれないが、個々人の構想があることで、社会には活力が生まれ、また公共性が認識され、社会が持続しているわけである。それを具体的な空間を通して描くことで、実感でき共有できるものとし、計画への合意となるのではないだろうか。

都市再生の空間計画としては、どのような実行手段が必要となるのであろうか。都市によって求められるものも違うであろうが、ここでは、都市での様々な活動特に物的環境を改変していく活動に対する再生のための「規制」というシステムに焦点をあててその制度設計を考えてみる。

結論から言えば、二つの計画が必要となる。都市の固有性や市民的理解から設定される「都市空間の計画」がある。これは、適切な環境や活動を保障できる許容量の設定と都市の特質を維持する原則が描かれる。また、市民が自らが地域の将来を選択する「生活空間の計画」がある。前者は、主として言葉と数字、模式図によって描かれ、場所による濃淡などが地図上に示されるであろう。後者は、具体的な場所において、可能なかぎり分かり

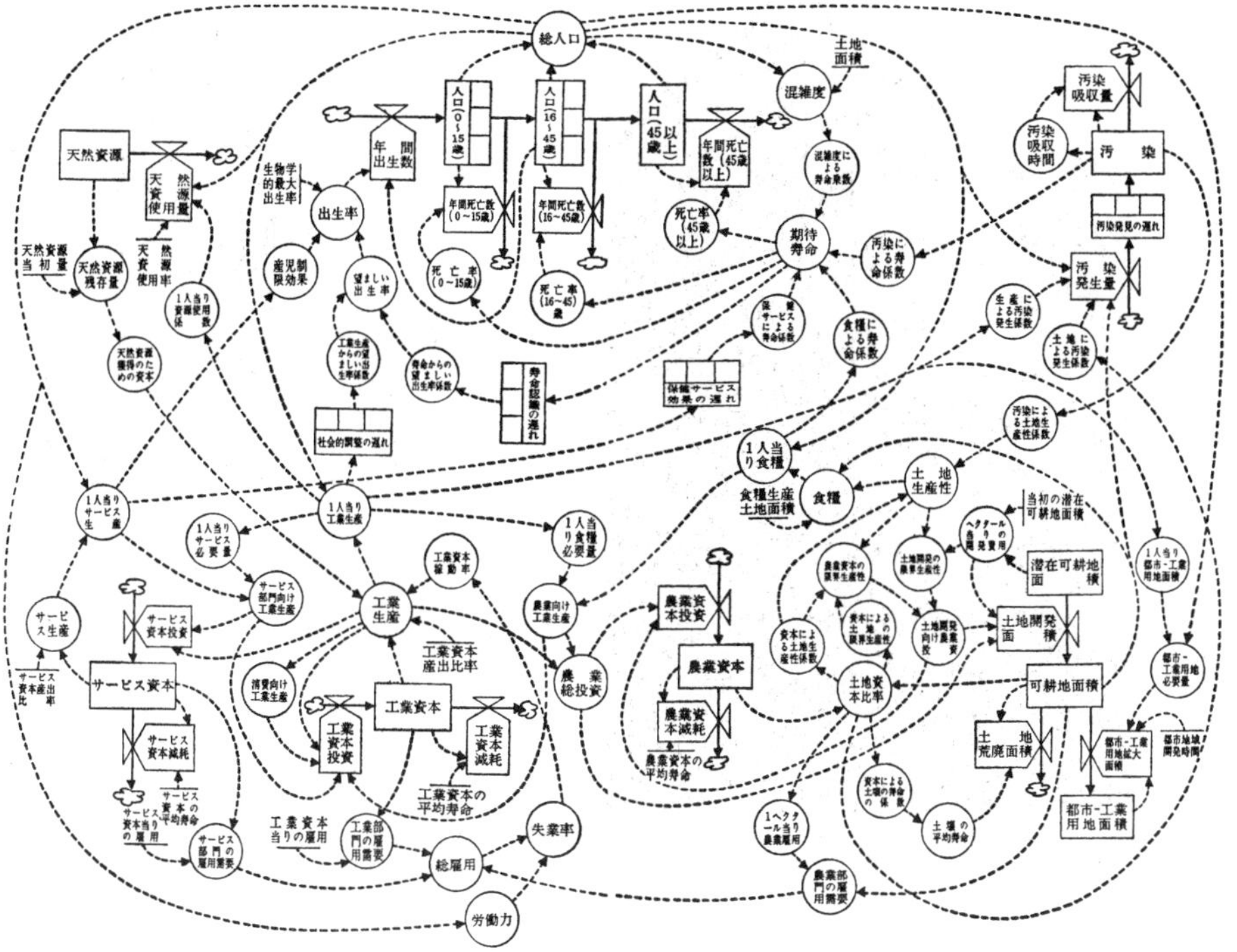

❶世界システムにおける成長モデル（出典「成長の限界・ローマクラブ『人類の危機』レポート」大来佐武郎監訳，1972，The Limits to Growth a report for the Club of Rome's Project on the Predicament of Mankind, Donella H. Meadows, Universe Book.）

やすい説明と詳細な図として示されるものであろう。

まず、「都市空間の計画」である。ここで言う都市は、社会的な空間として統合可能な自治や経営の単位、現在のところは自治体の行政区域となるが、自律的に政策や制度の選択が可能な空間において描かれるものである。特に、全体像として、長期にわたり持続可能な社会や生活像を前提として描くことが必要となる。ここでは、まず都市の空間を構成する諸要素や主体の行動様式を把握し、相互に依存した関係であることをまず理解しなければならない。それぞれが引き起こすインパクトが、環境への負荷や生活の負荷となり、全体としてこれを最小限に抑えるための方法を理解することが必要である。図の「世界モデル」は、ローマクラブが、一九七二年にまとめた「成長の限界」[9]から引用したものである❶。それぞれの都市において、何が起こっておりそれぞれがどの方向に向かうのか、それによってどのようなことが引き起こされる

❷都市計画規制による空間（出典：「都市ビジョンの科学」西山夘三・片方信也編著，1988，三省堂，82ページ京都市の「現行の都市計画による建物容積指定」）

❸京都伏見地区．地域文脈を反映できない都市計画規制が生みだした風景（1998年撮影）

のか、それを回避する選択はどこで行うべきか、詳細ではなくとも関係を理解する必要があろう。

都市の空間には、環境や生活から考えればおのずと許容量がある。それを理解し、相互のより良き関係を築いていくことが、都市再生のベースになるであろう。

次に都市空間の実態的問題や特質を把握することになる。自然や地形、歴史的な蓄積、あるいは現在の空間、生活空間から社会基盤施設にいたるまで、その特質と問題を適切に評価する必要がある。これをもとに守るべき視点を整理し、都市空間の「原則」を示していくのである。サンフランシスコの都市デザインプラン（一九七一年）は、「特質と原則」を、「空間の構成」「空間の保全」「開発の制御」「近隣の環境」という四つの視点から整理している。それぞれに、時間がたってもその継承されるべき基本方針が示されている。都市デザインに関わる様々な計画や規制、事業がまもるべき内容となっており、ある意味では常識的な事柄であるが、詳細な規程となり、サンフランシスコが高めるべき価値を現しているとも言える。この空間計画は、数年にわたる調査と市民との徹底した討議によってまとめられたものである。

「都市の空間構成」については、都市全体あるいは近隣地区に特別なイメージや役割を与えている特徴を強化するとし、「保全」については、自然、過去からの連続性、過密からの開放といった感覚をもたらす資源をすべて対象とし、「新規開発」はこれら資源を守り補完するためのものであるとして、基本的には現在の環境を保全し資源を再生利用するという姿勢である。ただし、近隣環境については、安全や快適性、プライド、様々な機会を増強するため積極的な改善を計画している。

具体的な方針は、可視化して明確に述べられており、例えば「本来の地形を強調しない街路の配置や建物形態は、空間のイメージを低下させるもので、細い高層建築は丘の上に、低層建築を坂や谷に配置すること」としている。さらに量感のある建物は、自然景観や街区景観を圧倒するとして、「低層建築の地域に高層建築がほどよく混在できるのは、その規模がそれほど大きくなく、形態や壁面が既存街のスケールを反映している場合である」と明示している。これらは、都市計画の規制として、建築物の高さや量感、用途の制限を詳細に指定していくための原則となっているのである。アメリカのどの都市でもこうした空間計画が整理されているわけではない。しかし、空間は一度できあがればなかなか改善することのできないものであるだけに、こうした丁寧な調査と議論に基づき、法的な拘束力をもった計画として定着させていく努力が必要である。

空間の原則は、都市の維持や経営にも重要なことであり、これを市民とともに探し共有することからすべてが始まるといっても過言ではない。実際には、それが理解され努力が払われている街が数多くある。

一方では、実際の都市計画などの社会規制が、市民が思い描きあるいは努力している方向とまったく違うという実態を描く必要もある。これを西山夘三らの「構想計画」の試みなどにみることができる。❷は、京都に関する一連の研究や提案に際して描かれたもので、都市計画規制である容積制限がつくる空間の将来像である。西山は、中曽根民活路線など一連の規制緩和を批判しているが、構想計画は時には「地獄絵」として起こりうることへの警鐘となることも必要であると主張した❸。

空間計画の本質は、市民に近い視点で描かれる点である。地区や街区、近隣コミュニティレベルで、具体的に描かれる「生活空間の計画」については後述する。

4　公共政策の断片化がもたらす危険性と自治体の可能性

空間計画の概略を述べてきたが、ここではその背景となる公共政策と社会規制の現在を分析し、実現手段としての規制を中心に制度設計を考えることとする。

再生という言葉には「心をあらためる更生」という意味もある。都市再生に置き換えれば、都市社会を成長拡大時代に主導してきた「経済」あるいは「政治」「行政」の理念や原理、組織の体質や行動様式、あるいはそれらを定式化した制度自体が陳腐化しており考え直す必要がある。我々は「まともな生活に戻る」ための更生過程にあると言える。つまり、経済や政治、行政はまともな生活を送るための道具に過ぎないという認識が薄れたことに最大の原因がある。それら自体の存続が目的化していることが、人間の生活を抑圧する危険性をもたらすのである。経済や政治、行政が、社会的な力学の中で生成してきたものが「公共政策」である。都市の経営や福祉などの生活環境に関する政策の全体を都市政策としているが、どの分野においてもどの課題に対しても国が主導する形で生成してきたシステムは、「省庁あって国家なし」とまで言われる政府の行政構造によって総合性を失っている。これが産業界も政界も含めて縦型社会構造と整合している。この構造が経済成長を支え、なおかつ噴出する問題に、例えば住宅問題や公害問題、過疎問題などに、個別的な対処療法をとった結果が今日の都市を出現させることになった。公営住宅供給を主とした住宅政策や公害環境政策、個別法制度の規制によって最低限の生存権を保護することにはなった。

しかし、我々が考えるまともな生活、快適に暮らしやすい環境において、自らの価値観をそこに実現するという質的な向上にはほど遠い状態にある。人間生活を取り巻く環境は一つであるが、「総体を把握し評価する視点」や「課題の重要性と政策（投資）効果という科学的判断」、さらには「政策決定に関する市民参加や合意形成」といった統合された政策や計画、制度の構想が欠落していたと言える。国における公共政策は、問題が複雑化し需要が多様化すればするほど、その断片化は進行するものであり、法制度も数が増え、あるいは内容が詳細化し輻輳してくるものである。

本質的な問題の所在を不明確なものとし隠ぺいすることになる最大の要因である。実態としての都市や地域においては、これらの制度の詳細化による対応によって、かえって混乱を招いているのである。結論から言えば、都市自治体への分権によってさらには、より市民に近づく都市内分権によってのみ解決可能である。つまり「権限と財源、責任」の三位一体の分権、自治の回復が徹底して行われることで、市民の視点、市民の議論や評価により、徐々に都市や地域の目標が見え、政策や計画、制度が統合されていくと期待できる。

市民生活を扱う「まちづくり」、都市経営の基礎となる「都市づくり」、さらに環境など一自治体を越える課題に対応する「連携地域づくり」などが、それぞれの自治組織によって構想され運営されることになると予見できる。この点に関しては、一九六三年に革新自治体の横浜市長となった飛鳥田一雄の就任演説において早くも都市経営と市民生活を基本に、政治家としての都市計画の改革を示したことが注目される。まず、基盤施設計画や住宅政策などを総合的に捉えて「都市づくり」という言葉で示し実行性あるものとするとし、一方で既成市街地や生活環境の整備や公害対策、保健衛生、防犯を「町づくり」として行うと整理し、その上で「都市の全体計画をできれば都市設計という段階まで具体化して、市民の協力を求める」と都市設計は都市計画を民主化させるためのツールとして考えている点も飛鳥田の計画に対する考え方を表している。

「都市づくり」においては「住民の日常感覚からでてくる志向」をどのように取り入れるかが極めて重要であり、その道具立てとして「市民参加」と「都市設計」が位置づけられていた。その後、田村明らが横浜市に入り理論的でかつ実践的な計画構想を作成し、公民連携のプロジェクト方式（「六大事業」）や都市開発を制御する規制制度（「宅地開発要綱や公害防止協定等の横浜方式」）と連携した都市デザインを実践することとなった。特に、都市デザインと諸規制の創造的な運用は今日にも通用するものであった。これらの計画や制度は、欧米から移入したものではなく、乱開発時代に起こる様々な問題に対して、あるいは創造的に構想され、実現が図られたものである。自治体という現場において、市民や民間企業との議論、あるいは政治的な議論から生まれたものであった。自治体という主体によってこそ、断片化した公共政策を統合し実体化できるものである。

地方分権を含む所謂「構造改革」[10]は遅々として進まないという批判もあるが、現在政権の下でようやく具体的に着手されたことは評価できる。政治主導の改革と言われてはいるが、実のところは閉塞感から脱し新しい流れを望む市民の志向と選択がもたらした改革というべきである。また、従来の「政官業」の利権集団に、新たな参入を求めるベンチャー企業やＮＰＯという新社会組織、改革を進める自治体が生みだした流れである点に着目しなければならない。

(1)　まちづくりの主体と権限

政府の都市再生政策は、都心地域[11]や中心市街地[12]に力点が置かれたが、東京都心の大規模再開発地域を除けば、特に地方都市の中心市街地の衰退現象は深刻であり再度の法改正が議論されている。土地問題という基本課題、再開発や区画整理という従来型事業の課題など、事業制度の抜本的見直しが取り残されており、都市再生政策も実践段階で有効な計画や事業効果をあげることができない。

最も重要な議論は、再生の担い手に関する議論である。計画や実現の手法が旧来の延長上の展開でしかないという課題もあるが、むしろ地域を総合的に扱うことのできる組織としてタウンマネジメント組織（ＴＭＯ）の権限と責任が不明確であったことによる問題が大きい。政府主導から、「民（市民・民間企業）」主導への転換は進んでおらず、主役となる新興の企業やＮＰＯは確実に力をつけ活動を拡大しようとしているのにもかかわらず、その力を存分に生かすことができない状況である。

この状況を打開する方法として注目される「構造改革特区」[13]は、公的事業への「民」の参入、公共サービスの改善、産業や市民の活動の自由度といった観点から、従来は公共が独占して事業あるいは保護された活動への参入に関する規制に関する緩和を実験的ではあるがスピーディに行ってきた。

こうした「公共性」をめぐる行政と「民」との新しい関係は、さらに展開が必要であるが、こうした議論を活性化するためにも、「公共性」の具体的な判断が政府の構造改革特別区域推進本部、実質的には各省庁の議論の中で進むのではなく、自治体という具体的に公共性を体現する場面で、議論され、それが認定されるような大きな枠組みの設定が必要である。例えば、公民の協働組織（現段階ではＴＭＯ）が、中心市街地再生についてどれだけの計画権や実施の判断を持つのか、どの公的領域（事業や規制）を分担するのかという、判断はそれぞれの自治体にゆだねられるべきであろう。

(2) 社会的規制の緩和

都市再生に関する課題として、開発や建築に関する都市計画法や建築基準法などの「社会的規制」の緩和問題がある。社会全体の維持のために必要な規制であるが、これが企業活動に関する規制と同じように規制緩和という概念でくくられている点に問題がある。

規制緩和は、政府が独占していた公的事業を民間化し、市場への新規参入の開放対象である。しかし省庁の思惑によって妥協的にしか進んでいない現状がある。現行の規制自体に内在すべき公正性や透明性も整備されておらず、適切な分析や外部からの評価も行われていないのが実態である。そこに市場の力が都市環境を自然淘汰的に好ましい状態に導くという誤った見方や便乗した考え方が、一連の社会的規制の緩和政策を生み問題を深刻化

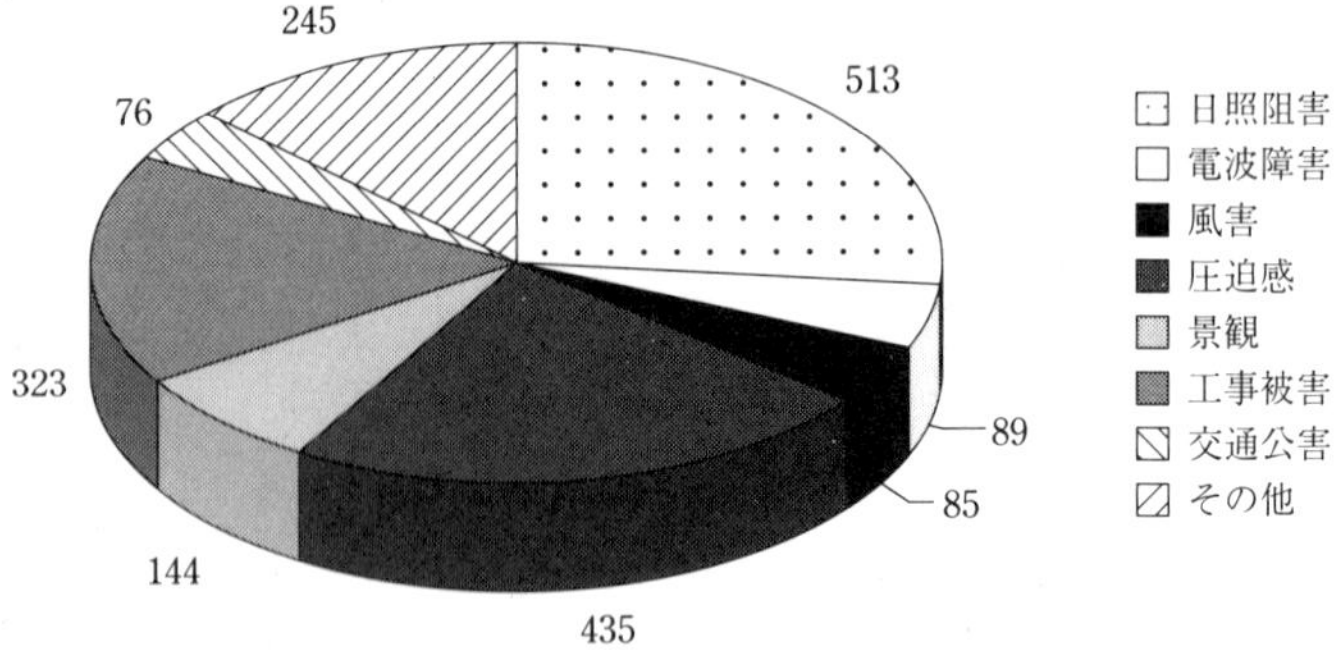

❹東京都特別区の建築紛争の要因：2003年度（特別区調停委員等連絡協議会からの資料をもとに作成）

させたのである。

規制改革の推進に関する第一次答申（二〇〇一年）によれば、それぞれの分野のあるべき姿を念頭に置き、「システム全体の変革」についての取り組みを強化していく、「民間でできることは、できるだけ民間に委ねる」との基本原則としているが、重点分野の六番目に「都市再生」を扱い、不動産市場の透明性の確保などをあげるが、一方で唐突に「都市に係る各種制度の見直し」として、建築基準法集団規定を仕様規定から性能規定へ移行するとして「天空率の導入」や「採光規定の緩和」、民間主導型の都市計画を提案している。これらがもたらす影響はごく一部という見方があったと思えるが、これを契機に都市計画規制の緩和が、影響の検証や都市の本来の計画への危険性を検討せずに進められることになったのである。

(3) 建築紛争から規制制度を見直す

多発する建築開発紛争をみても明らかであり、市民やあるいは地域に定着した企業にとっても深刻な問題を引き起こしたことが理解できる。特に建築基準法の共同住宅共用部容積非算入から地下室容積緩和や総合設計制度の確認化といった改正は、議論もなく行われたものであり、大きな問題を残した。自治体は防衛的に紛争予防条例、高度地区等高さ規制、斜面マンション規制条例などを次々に制定している。

❹は、東京都内の特別区で行っている建築紛争に関する条例により、調停に持ち込まれた紛争をその要因別に整理したものである一九九二年から二〇〇三年までの統計であるが、建築紛争件数は年間約一〇〇〇件程度と横ばいであるが、同時期に建築着工数（全国ベース）が約四〇％も落ち込んだことに考慮するとむしろ紛争の比率

は多くなっていると推測される。また、紛争調停委員からは問題が深刻となっており対応に苦慮するという意見もある。紛争の要因をみると、二〇〇〇年から新たに分類項目となった「景観」がすでに相当の件数となっている点、さらには圧迫感が大きな比重を占めることから分かるように、建築の高さや量感が問題となっている点が指摘できる。

横浜市の「中高層建築物等の建築及び開発事業に係る住環境の保全等に関する条例」（一九九三年制定）に基づく相談件数は各年度二〇〇〇件と多いが、あっせんや調停にいたった建築紛争は、一九九四年から二〇〇二年の九年間の総計で二一三件であった❺。紛争建築の立地を調べると住居系用途に次いで商業系用途地域で多くなっているが、逆に調停等を求めた住民が居住する周辺用途地域は、これと異なる用途地域が多い。これを地図上で整理すると用途地域境に多いというはっきりとした傾向を読みことができる。用途地域が細分化あるいは詳細化していないために、用途地域間で大きな規制のギャップがあることが要因である。

横浜市の場合は、工業地域を除いて全市に高度地区が指定されており、東京都に比べれば厳しい制限がかかっているが、それでも隣接する用途地域で容積率制限などの差が、建築の圧迫感や日照阻害などなどの紛争を引き起こすのである。具体的には、路線型の商業

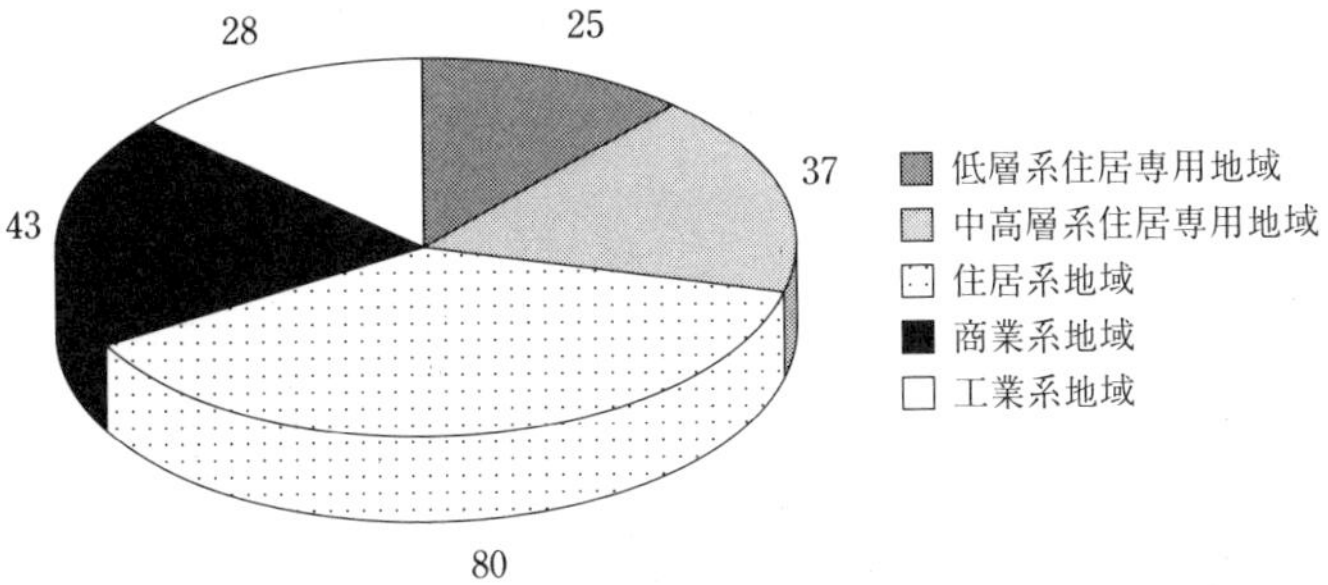

❺横浜市用途地域別建築紛争：1996年度から2002年度まで全件数213件の分類（横浜市「よこはま・まちなみ研究会」資料より）

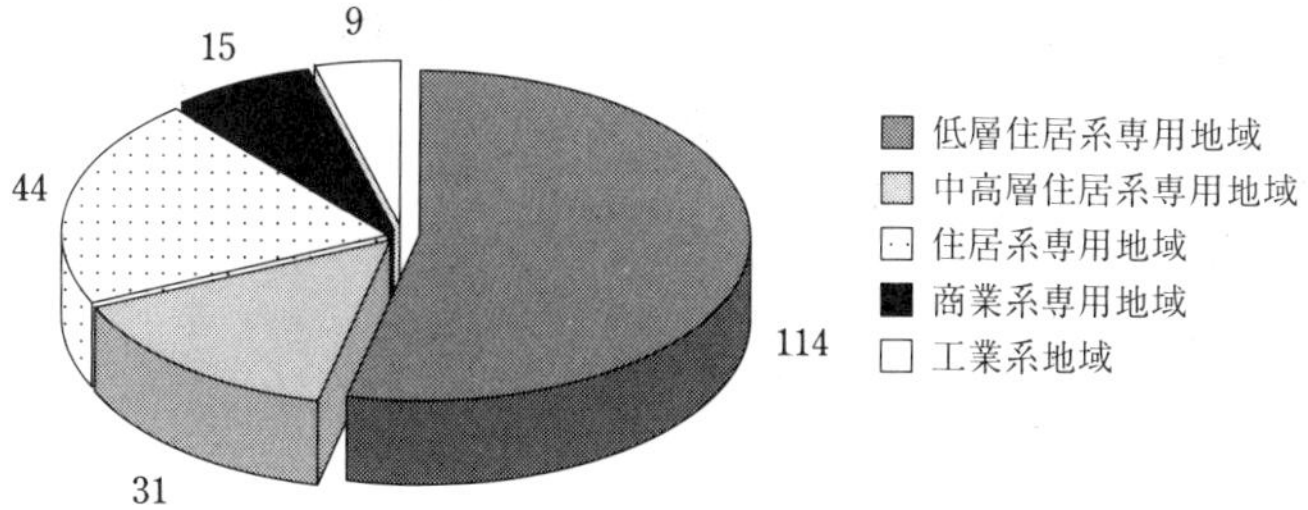

❻建築紛争の提訴側用途地域：横浜市建築紛争1996年度から2002年度の全件数

や住居地域に立つものが、背後の住居専用地域に住む住民と紛争となるケースが多いことが分かっている。紛争建築が建つ用途地域と周辺の用途地域が違うケースだけを比較すると、周辺が低層住宅系用途であったものが、全体の七割をしめている❻。

全体に、紛争という相互の関係を悪化させる要因としては、路線型の用途地域指定、規制のギャップ、あるいは戸建て住宅と共同住宅の容積消化率の違い、共同住宅の共用部分床面積緩和や道路斜線制限の緩和（後退緩和・天空率緩和）などの規制緩和による建築の量感の増加、さらには総合設計制度（横浜市は市街地環境設計制度により高度地区の制限緩和を含む）による容積の緩和も要因となっている。また、工場移転に伴う大規模敷地開発が、低廉な地価と工業系用途地域の緩い規制で、周辺と異なるスケールの建築を生み、町並みの混乱を引き起こしているといった点が指摘できる。

5　現場から再編成する空間計画

(1)　自治体の構造改革と計画規制制度

横浜市は、二〇〇二年に中田宏市政となり、「地方から日本を変える」として「民の力が存分に発揮される」都市経営改革に取り組んでいる。「横浜リバイバルプラン」を策定したが、これは中期的な見通しと確実な実行を前提とした「政策ビジョン」「財政ビジョン」そして「新時代行政プラン」の一体的運用である。

従来の行政の行動様式の改革と国との関係においても自治体の主体性をさらに強化するものである。しかし、最も基本的な原則は、市民の視点で行う行政や市民生活の改善にある。積極的にタウンミーティングやシティフォーラムなどで、市民との直接対話を行っている。建築紛争の現場に直接市長が出向き反対住民と対話することもある。

中でも、斜面地マンションによる紛争は、住宅の地下室容積の緩和が生んだ問題であり、まさに近年の社会規制が何の検証もなく進められた典型であった。建築基準法の不備もあり、当初は法改正を国に求めていた。しかし、法改正に至る時間もあり、住民の要請を重く受け止め、条例による規制を検討したのであった。「横浜市斜面地における地下室建築物の建築及び開発の制限等に関する条例」が二〇〇四年に公布されている。その後、斜面地が多い横須賀市や川崎市、世田谷区などで条例化が進められた。自治体が、市民生活を擁護する観点から、合理的な判断で条例を制定していくという積極的な姿勢が重要であり、これは市民や議会からも支持を得たのであった。

また横浜都心では、まちづくり計画に大きな影響を与える建築に対して地元から、適切な規制を求める声もあり、元町商店街では地区計画の指定を行い、また馬車道商店街では高さ規制やマンションに対する抑制策が提案されている。二〇〇四年一一月に「都心機能のあり方委員会」が設置され、都心機能と都心居住のあるべき姿への誘導に、公共公益性や将来的な街の価値を高めていく基本ルールを検討していくとして、就業と居住などの機能や容量に関する基本フレームを設定し、市街地像、居住環境の質について議論している。翌年三月に委員会は住居容積率の制限などを求める答申を市長に提出した。特別用途地区による規制が考えられている。

また、二〇〇四年七月に市街地環境設計制度と関連する規制施策の体系を再度整理するために「よこはま・まちなみ研究会」を設置して、先程の建築紛争の実態を調べ、関連する諸制度の検証を行っている。また、都市美対策審議会と都市景観形成研究会においては、景観法を契機として、都市の空間に関わる計画やシステムの検討を行っている。国の進める規制緩和に対して、再度横浜という自治体から計画や制度のあり方を見直していくという動きが始まっている。

これらは、問題への対応ということであるが、それぞれの問題に対応することで、横浜にあったあるいは市民生活に相応しい解決や計画への展望がある。横浜独自の制度を総合的に組み上げていくことが当面の目標である。

❼横浜 Bankart 1929：旧第一銀行の歴史的建造物を保存活用したアートプロジェクト

あわせて、横浜の個性を強め、人々の活力を生みだす戦略的な構想にも着手している。その一つが都心再生を担う「創造都市構想」であり、これは空洞化した都心や埠頭地区における空間計画でもある。文化や芸術を通して、創造的な活動が広がり、新たな産業や豊かな市民生活の場を形成するものである。すでに、構想は二〇〇四年一月に発表され、現在は具体的な政策や制度、空間計画が検討されている。中でもナショナル・アート・パーク計画は、国や県、民間企業や芸術関連機構の共同で実現する構想であるが、全く新しいもので前例がないことから、二〇〇四年三月から実験事業として「Bankart 1929」（アートセンター）を開設している❼。歴史的な建築物を活用し、あらゆる創造活動の拠点を形成しようというもので、その運営は公募選考されたNPOが行っている[14]。

新しい都市の機能や活動、そしてその主体に関する実験事業でもある。これらを通してあらたな計画が構想されていくと期待している。

(2) 空間計画と実現方策の実際

優良でかつ地域に活力が戻り、継続的に投資が行われる「持続的な開発」こそ、市民にとっても企業にとっても利益がある。その道筋を我々は考える必要がある。第一には、どこにどれだけの開発を行うかという空間容量の計画であり、第二には、どのような産業や生活を育成するかという空間利用の計画である。これらは、規制という手法により実現されるものである。第三には、公民のそれぞれの投資と協働であり、どうつくり運用するかという空間経営である。

第一、第二の課題に関して言えば、どう将来の生活空間を構想するか、そのヒントが、各地にみられる新しい試み、つまり地域資源の活用や地場産業の再興や起業、あるいはNPOや市民の新しい活動である。空洞化した街を既成の産業や商業によって埋めるのではなく、地域の生活に必要な活動を自らの空間や資源から生みだそうという動きである。

空間計画と規制については、容量や密度自体はこれまでの成長時代とは違い全体としては大きな変化はないが、粗密ははっきりとするはずである。また、現在ある資源としての空間の再生利用が進められる他、都市内での自然空間の再生や復元が行われるなど、質的な転換が進むと予想できる。空間構成も大きな変革がもたらされるはずである。都市空間は単なる活動のための器ではなく、創造のための空間、つまり活動を生みだす空間がより必要とされるであろう。

その大きな構想にそって、ばらばらの政策や計画、事業あるいは企業や市民の動きを統合していく、規制や事業、資金や人的資源を有効に活用する空間計画が重要となるのである。環境問題への取り組みという観点からも、有限な資源を適切に保全し、活用していくための空間計画と規制のあり方について抜本的な見直しが望まれるのである。

(3) 空間容量規制と質的転換プロジェクト

EUでは、質の高い環境（High Quality of Environment）の実現をめざす方針や計画が、持続可能な開発の有効な手段となっている。つまり、既存の都市空間の再生によって、より効果的に改善を進めることで、周縁の田園地域やさらに地方や農村地域、あるいは自然地域へのスプロールや無駄な公共投資を抑えることができ、環境負荷への地域行動計画がより実効性を高めるとしているようである。

例えば、ドイツ連邦においては、不況もあってかすでに新しい空間利用が減少に転じていると言われている。環境省は、持続可能な国土や都市の形成に向け二〇二〇年までに開発面積を一日あたり三〇ヘクタール（現在の三〇％程度）に削減することを目標としている。新たな開発ではなく、既存の都市空間の有効利用や質的向上により新たな需要に対応によるとして、規制や誘導方策を幅広く検討している。

一方で、オランダ政府は、都市における有害な公害や環境負荷の大きな土地利用を削減し、都市及び周縁地域で緑を再生するために、二〇一〇年までに五〇〇億円程度の公的投資を行うとしている。工場の移転や道路の地下化などが計画されているが、再生のための投資が、長期的には魅力的な市街地が活力を生み、一度拡散した市街地をコンパクトな構造に再編するという期待がある。

ボストン市のグランドアーテリィ・プロジェクトでは高架高速道路の地下化と上部の緑地等の活用、あるいは韓国ソウル市のチョンゲチョンにおける高架高速道路の廃止と河川の回復、中国杭州市の西湖の埋立部分を湖に再生するプロジェクトなど、現在進行中の挑戦的な試みが世界にみられる。

これらの空間計画は、規制という手段もあるが、同時に関係する行政や企業、あるいは市民の行動の基本原則として定着していくように政策的な支援がある。また、公的な再生プロジェクトもあるが、それらは環境にやさしい輸送や産業の改善、汚染地帯の再生、緑地や植生など回復などが、含まれており、文化、生活や観光や産業にも活力を与え、長期的な経営からは十分に評価ができるものであるとされている。

環境問題に対応する空間容量は、国土政策や地域経営に関わる重要な課題となってきた。広域圏の環境対策も、自然保全や開発抑制、効率的市街地の再編などの空間計画とならなければ、実効性を持たないのである。シアトル都市圏の成長管理型の広域計画は、広域や都市レベル、地区や近隣レベルの計画が相互に連動することで実効性を担保している。広域レベルから近隣地区レベルにいたる空間計画は、上位下位の関係ではなく水平的な関係を持つことで、有効な調整が可能となっている。

つまり、今後持続可能な開発や社会は、マクロな量的な問題と施設の配置が議論され、かつミクロな生活空間と関連して、総量規制と実際の空間規制が行われる。また、質的転換を促すプロジェクト計画も必要とされている。地球レベルでの環境の目標を達成することと都市の生活空間の質を高めることは連動している空間計画である。

(4)　生活空間の計画主体

市民参加型のまちづくりは、世田谷区を始め都市デザインが身近な生活環境に取り組み始めた一九八〇年代には飛躍的に進展した。「ワークショップ」をはじめ参加手法や合意形成手法は、市民が主体となる計画やその実現へと移行を促した。

身近な生活における空間計画は、「生活風景」が一つの尺度となり、普通の町にも多様性や個性が充分に読み取れることとなった。一九九八年に世田谷区で「風景づくり条例」が制定されたが、実質的な運用は「地域風景資産の選考」から始まった。選考は市民の手で進められ、二年に及ぶ作業や議論により三六件が選定された。「区民および事業者が地域の個性や魅力を共有し、風景づくりを推進する手がかりとなる」[15]ものを選定しており、調査から評価や保全プランをめぐり市民主体で整理が行われてきた。最終的には公開討議で選考が行われたが、資産は多種多様であり条例制定時に想定したものより広範な資産が対象となった。河岸、緑地、農地、並木、石垣、公園、住宅地、坂道、野草の径、など、いずれも地域の価値として共感されたものである。

地域風景資産や選考のための基準は、逆に「達成目標といっていいかもしれません」とあるように、今後の地域でのまちづくりの方向性つまりは計画となるものでもある。この一連の過程は、徹底した市民参加そして市民主体の運営で行われて、環境や空間の質は、市民自らが評価し、これにより生活空間の目標が描かれ、生活空間の計画として定着していくと考える。二〇〇五年には、市民参加をベースに全区にわたって「風景計画」を作成する予定である。

(5) 規制制度の設計

自治体などの計画主体が、「環境の保全」や「空間の質的改善」を図ろうと計画しても、手段としての規制（基準）を自由に設定できなければ、実現は難しい。都市計画法用途地域と建築基準法の集団規制は、低層住居専用地域を除けば、空間の質を決定するような建築物の形態、つまり高さや量感（かさ）を規制することができない。

用途地域は相互関係に問題を起こしやすい用途のみを排除し、容積率制限は発生交通などの原単位から基盤施設負荷に許される最大値で決められてきた。決定的な問題がない限り、成長する都市に必要な開発可能空間を最大限に確保するという「高度利用」を目的化してきたのである。

横浜市では、法律が認める私権の制限との調整、あるいは既存不適格問題や市民特に地主層との調整を図りながらも、独自の規制制度を重ねあわせてきた。宅地開発要綱や用途別容積制（住宅用途制限）、日照指導要綱などが制定された。特に高度地区の全面的な指定は、いくつかの都市で検討されたものの、容積制への移行が法律の趣旨（国の方針）でもあったため、絶対高さ制限（商業・工業地域も含めた全面適用）は横浜市と京都市だけであった。高さは容積に置き換えられるものではなく、都市の環境や空間を決定づける大きな要因であり、今日でも高さ規制は大きな意味を持っている。

これら独自の規制は三〇ほどだったが、その後規制緩和の流れにより一つの体系をなすまでにはいたらなかった。しかし、その適用を通して、都市の特性に応じた制限が有効であることを示した。それでも建築紛争はあり空間の質までを向上させたとは言えない。

現状の体制の中で考えうる制度設計としては、空間計画に沿って法律による「一般規制」を体系的効果的に整える。これは最低基準である。次いで不足する事柄や都市の固有性に合わせて、独自の条例などにより「都市的制限」を加える。これにより環境容量や都市の個性を損なわない程度の質が確保されることになる。

さらに、地域や身近な生活空間などにおいて、質的な転換を促す「目標水準」を設定することが必要であろう。環境や産業、文化、風景や景観、安全や衛生など多面的な視点から構築されていくべきであり、単に建築の外形的な水準ではない。ガイドラインというべきもので、到達するには時間や労力、あるいはコストを必要とするものである。一般規制や都市的制限とは違い、全員があるいはすべての建築が到達できないことも含めてフレキシブルなものである。まちづくり協定などはその例であるが、こうした全員合意型のものあれば、ある程度の合意のもとに設定し例えば七割程度がその目標に到達することでも町は変わり生活空間が豊かになる。

横浜市が、都市的な制限として加えた高度地区と同時に導入された横浜市市街地環境設計制度は、高さ緩和により建築の質の確保を図るインセンティブ制度である。「基本的に一定以上の空間は、公共的空間である」から、この限度を越えたものは公共的な観点からこれを審査する必要があるとしている。[16] 緩和の原則は、まず公開空地の提供であるが、その後、歴史的建築物の保存、文化的施設の建設、自然緑地の保存などが対処となった。しかし、それらを含めた空間の質を期待し、それを審査するというデザインレビューであり、また、ガイドラインの実現を促すものであった。

横浜の場合は高さを一面的に規制しようという発想ではなかった。京都の場合と違い低層に街並みが古くから連続しているという特性があるわけではなく、例えば当初の想定した商業地での建築は、当然に高度制限の三一メートル以上を望むものが多くなるとし、これを一つの目安として、質の高い建築は、都市の公共性ある空間（上空）の占有と引き換えに、利益に応じた空間や公共的課題への貢献があるべきという立場をとっていた。

この背景には、建築の確認という制度的な不備もある。つまり法律に規定する最低基準さえ満足していればなんら議論もなく、地域性を考慮せずに建築がたってしまうのである。戦後、建築基準法の制定にあたり、運用面において地方への分権や都市計画との一元的な運用などが議論されていたが、結果として基本は法律への適合を確認するという方式が採用され、またこれを行う建築主事は自治体の一部機関でありながら、独立した主体として確認を行うという変則的な制度である。

建築物の質は、一元的な制限によっては高まらないものであり、固有の空間計画によって評価されまた逆に建築設計者が提案することで、空間計画自体が充実したものとなっていくのである。個々の質的転換が全体の質を明らかにするのである。

(6) 空間計画と形成方策の多層性がもたらす力

都市デザインは、実態の空間を通して議論し、再度空間計画を高め、普及させるということを繰り返していくものである。完成した姿はない、また空間計画は最低限の安全や衛生などを確保するものから、環境などから規程される空間容量などを規程するもの、生活の場面を豊かにする質に関わるものと、多層な計画となる。

多層の空間計画をすべて完ぺきなものとして同時にそろえて更新していくことは難しい。ニューヨークやサンフランシスコなどの先駆的都市でも全体に重点がおかれる時期もあれば、個別地区やプロジェクトが重要となる時期もある。しかし、実践の積み重ねによって、空間計画自体も進化し、それにより実現手段も改善されていくと考える。

空間計画の主体も多様であろう。しかし、都市を取り巻く多様な側面から考え、計画化し、ここの建築のデザインを評価し、市民や企業との信頼によって協働に体制を組むためには、その計画主体は、資金や人的資源、権限を持つ必要もある。当面は、自治体がこれを行い、それぞれの地域においては自治組織や市民組織、ＮＰＯが主体となるであろう。しかし、これを長期にわたり持続させるには、専門家を雇用し一定の水準で空間に関われる中立的な組織が行うことも可能であろう。

注

（1）大塩洋一郎『都市の時代』新樹社、二〇〇三年。建設省で都市計画法一九六八年法成立に携わった当時の背景が詳述されている。

（2）（財）都市研究センター「都市計画道路の都道府県別の整備率等について」、都市計画協会・国土交通省「都市計画年報」、東京都は五三・四％、区部では五六・五％の完成率（二〇〇三年）。

（3）特定非営利活動促進法に基づく認証数。内閣府国民生活局の集計（一九九八年一二月一日より二〇〇四年一一月三〇日）。

（4）東京ビルヂング協会「ビル実態調査」。

（5）国土交通省『平成一五年度版　国土交通白書』。

（6）読売新聞東京本社広告局、二〇〇二年、一般個人調査「多様化する都心の居住スタイル」。都心と郊外のどちらに住みたいかを尋ねた結果は、「都心派」と「郊外派」の割合はほぼ同程度、「どちらともいえない」が四一・三％で、住宅供給状況などによっては今後「都心派」が増えることも考えられるとしている。「都心派」の都心に住みたい理由は、「買い物など日常生活の便利さ」が九〇・八％と圧倒的に多く、次いで「通勤の便のよさ」（六五・九％）、「医療施設に恵まれている」（四一・八％）となっている。

（7）朝日新聞「銀座・松坂屋、ホテルなどの複合施設に変身一〇年開業」二〇〇四年一二月二五日。

（8）銀座憲章。

（9）『成長の限界―ローマクラブ「人類の危機」レポート』大来佐武郎監訳、一九七二年、The Limits to Growth a report for the Club of Rome's Project on the Predicament of Mankind, Donella H. Meadows, Universe Book.

（10）（財）日本都市計画学会地方分権小委員会編『都市計画の地方分権』一九九九年。

（11）都市再生特別措置法（平成一四年四月）。

（12）中心市街地における市街地の整備改善及び商業等の活性化の一体的推進に関する法律（略称、中心市街地整備改善活性化法）（平成一〇年七月）。

（13）構造改革特別区域法（平成一四年一二月）。

（14）　Bankart 1929 主旨文「横浜市が推進する歴史的建造物を活用した文化芸術創造の実験プログラムです。『BankART 1929』に、様々な場所からものや人が集まり、流通すること、すなわち『交易』することで、変化し、包容し、成長していくプロジェクトにしていきたいと考えています。」http://www.h7.dion.ne.jp/~bankart

（15）　世田谷区風景づくり条例、第三章第一二条地域風景資産。

（16）　横浜市市街地環境設計制度、一九七三年制定。

II　都市再生の諸相

一　超高層マンションをめぐる紛争の諸相

藤井さやか

1　都市再生と生活環境

現在、小泉内閣は「構造改革」政策の重要な一環として「都市再生」政策を掲げ、様々な政策を打ち出している。大西は、「(都市再生とは) たんに現状や過去を保全したり復元することにとどまらず、今後の変化に対応して積極的に都市をつくり変えようとする意味合い (がある)」とし、現在進行している都市再生プロジェクトは、現在の都市が置かれている状況と将来のあり方を見据え、それに向けた取り組みとはなっておらず、「不良資産対策に目を奪われ、規制緩和によって大手開発業者の所有する土地の高層利用を可能にしようという、まさに近視眼的な政策に矮小化されているといわざるをえない」と批判している。すなわち、大企業の目玉となるような大規模プロジェクトを、規制緩和や金融支援など様々な優遇措置を用意し開発しやすくすることで、経済活動の活発化を促進することに主眼が置かれているのである。

それでは、そのような大規模プロジェクトによる開発はどのような街となるのだろうか。そのイメージは、二〇〇三年に相次いで完成した、六本木、汐留、品川などの大規模プロジェクトにみることができる。都心の大規模プロジェクトの完成が集中し、オフィスの供給過剰が空室率や賃料の下落を引き起こす「二〇〇三年問題」が騒がれたのは記憶に新しいが、現在、これらの街がどのように人々に受け止められているのかは、メディアでのこれらのプロジェクトの取り上げられ方が象徴している。

メディアは六本木のショコラ専門店の一粒一〇〇〇円以上もするチョコレートの魅力をうたい、フラワーショップのオーナーをカリスマと持ち上げる。レストランの最新メニューから、ラグジュアリーなホテルのサービス、ホテルにいるようなマンションの居住など、輝かしい、人々の憧憬を集めるイメージであふれている。マイナスイメージといえば、六本木ヒルズの回転ドアの不幸な事故くらいで、直後から緊急対策が各部署で採られているが、徐々にその話題も過去のものとなりつつある。

小泉内閣が打ち出した都市再生は、これらの大規模プロジェクトを活性化させるというものである。大規模プロジェクトの多くは、最新設備を備えた環境に、流行の先端のレストランや店舗が入居し、話題性に富み、頻繁にメディアに登場している。きらびやかな映像は、人々の関心を引き、あんな街で生活するという幸せのかたちを人々に印象づける。このようなプロジェクトを促進し、日本の各地にこのような開発を行おうとするのが、都市再生プロジェクトの狙いであるように思われる。しかし、これだけがあるべき都市のかたちなのだろうか。金ぴかの新しい超高層ビルが林立する街が、人々の求めている生活の形なのだろうか。大西は、大規模プロジェクト重視の都市再生の傾向を次のように批判している。「日本の都市再生制度が、都市に高層の建物が建つことが近代化だ、進歩だ、というような、単純な発想からぬけられないままに進めば、米国のアーバン・リニューアルの二の舞を演ずる恐れがある」「一方的に高層化が進めば、社会的な軋轢を起こすのは必須である」と。

話題の大規模プロジェクトは、休みの日に遊びに行くことはあっても、自分の生活には関係ないと思っている人も多い。特別なところでの話。都市再生は日常生活とは関係ない……。だが、本当にそうなのだろうか。輝かしい大規模プロジェクトの影で、私たちが日常生活を営む住宅地にも確実に都市再生の影響は忍び寄っている。

その顕著な例が、超高層あるいは高層のマンション開発による、周辺住民の住環境や景観の破壊であり、それに対する紛争の激化である。そこで本章では、都市再生プロジェクトによる大規模な開発ではなく、日常の生活の場への都市再生の影響について考えることとしたい。

2 都市再生による規制緩和

❶は、都市計画法・建築基準法に関連した規制緩和の沿革を整理したものである。

都市政策は、戦後の国政の重要課題として三回取り上げられている。最初が一九六八年の「都市政策大綱」、二回目は一九八二年の「アーバン・ルネッサンス（都市再生）」、そして三回目が二〇〇一年の「都市再生」である。これらの都市政策が提起された時代背景はそれぞれ異なっているものの、その内容にはいくつかの共通点がみうけられる。

一つ目には、都市問題の解決を目的とした政策ではあるものの、その根底には、都市問題それ自体の解決というよりは、当面の経済対策が目標となっている点があげられる。二点目としては、都市の開発・再開発の推進力として、民間大資本に望みを託し、開発利益を最大限に追求する方策として、市街地の高層化が都市政策のイメージとして掲げられている点である。

しかし、魅力ある都市空間の再生という視点からみると、開発を経済の道具としてみる「都市再生」政策には、日本の都市をどうするかというグランドデザインが欠如しているといわざるをえない。このような「都市再生」は、局所的な開発適地にのみ単発プロジェクトが集中する歪んだ開発を促進してしまう。虫食い状に出現したこれらの高層建築群は、周辺の環境を搾取することで自らの良好な環境を享受しており、街並みの連続性を遮断し、地域の調和した発展を妨げる可能性がある。近年、各地で起きている高層マンション紛争は、偏った都市再生による規制緩和が実際の市街地で不適合を起こしたひとつの現象として捉えられるのである。

このような虫食い状の開発を可能にした規制緩和には、大きく分けて二つの種類がある。一つは建築基準法の改正を中心とした規制緩和で、建物の形態をコントロールする容積率や建蔽率、道路斜線・隣地斜線・北側斜線といった形態規制に関する緩和規定の創設及び算定方法の変更である。もう一つは、特定のプロジェクトに対し、特別な許可や認定などの手続きを経て、条件に合致したものは規制が緩和されるという緩和手法による規制緩和である。

(1) 一般規制の緩和

一般規制による開発コントロールを行う際に、具体の開発計画が法律や規制に適合しているかの判定が必要となる。この判断の基本的な仕組みは、都市計画法で市街地目標像の設定や地域指定を行い、建築基準法で個別建築物が都市計画に適合しているかを確認するというものである。しかしその実態は、建物の用途と高さの混在を許容する極めて緩い地域指定と、個々の敷地形状と道路付けに応じてかかる容積率や建蔽率、斜線制限や日影規制、用途規制といった規制の内容を敷地ごとにチェックするだけの確認作業にとどまっている。この判断は、画一的で事前確定的な基準にしたがって、開発計画が規制に適合しているかを機械的に確認するのみで、市街地状況を考慮し、関係主体の意向を調整するような裁量的判断を行う余地はないとされている。

一般規制の緩和は、この画一的事前確定的な基準を緩めるというもので、いったん基準が緩和されると、すべての敷地で開発可能な建築形態が変化するという特徴を持つ。これまでの規制緩和の中でも、特に建物形態に大きな影響を及ぼしたのは、容積率と斜線制限の緩和である。これらの規制は、市街地の基盤の整備状況に応じて立ち上がる市街地の形態をコントロールしようとするものであるが、その基準は徐々に緩められてきており、それに伴って、建設可能な建築物の規模は拡大してきている。また基準の算出方法は、敷地が広いほど有利になる

都市計画法	建築基準法
旧都市計画法制定	
	市街地建築物法改正（空地地区導入）
	建築基準法制定
○特定街区創設	
○特定街区改正（公開空地の確保に応じた容積率制限の緩和）	容積地区導入（指定地区の絶対高さ廃止） 前面道路幅員による容積率低減
新都市計画法制定	
○高度利用地区創設	
用途地域の細分化（4 種類→ 8 種類）	用途地域の細分化（4 種類→ 8 種類） 用途地域に応じた建ぺい率・容積率指定 容積率制限の全面適用 1 種住専における 10m 絶対高さ制限導入 北側斜線制限創設 ○総合設計制度創設
	日影規制創設
地区計画創設	地区計画創設
	○市街地住宅総合設計制度創設
	●特定道路までの距離に応じた容積緩和 ●第 1 種住居専用地域内の高さ限度 12m 追加 ●道路斜線適用距離と後退距離による緩和 ●後退距離による隣地斜線の緩和
○再開発地区計画創設 ○立体道路型地区計画追加	●用途・容積率両制限緩和可能に ○一団地認定制度改定（適用要件緩和）
○住宅地高度利用地区計画創設 ○用途別容積型地区計画追加	
市町村マスタープラン 用途地域の細分化（8 種類→ 12 種類） 特別用途地区追加 ○誘導容積・容積適正配分型地区計画追加	用途地域の細分化（8 種類→ 12 種類） 低層住居専用地域内の敷地面積の最低限度 ○工区型 1 団地認定制度創設
	●住宅地下室の容積率不算入
○特定街区・高度利用地区改定（住宅供給を伴う場合の容積緩和） ○街並み誘導型地区計画追加	●幅 12m 以上の道路に面する建築物についての道路斜線制限緩和 ●住居系用途地域内の壁面線指定等による前面道路幅員容積率緩和 ○都心居住型総合設計制度創設
○沿道地区計画改定	
○高層住居誘導地区	●共同住宅の共用廊下・階段の容積率不算入 ○敷地規模別総合設計制度創設
特別用途地区の権限委譲	●法 30 条（地階における住宅等の居室の禁止）条文削除
	建築確認・検査の民間開放 ○連担建築物設計制度創設
都市計画区域マスタープラン 準都市計画区域 特定用途制限地域 ○特例容積率適用区域	●壁面線指定による建ぺい率制限緩和
○都市再生特別地区創設（都市再生緊急整備地域内に指定）	
都市計画提案制度の創設 ○地区計画制度の見直し（統廃合と再開発等促進区の追加）	用途地域における容積率・最低敷地規模等の選択肢拡充 ●総合設計等による審査基準の定型化による容積率・斜線制限等の緩和 ●住宅系建築物の容積率制限緩和 ●天空率による斜線制限の緩和 ○総合設計と 1 団地認定の手続き 1 本化

○：緩和手法　　　　●：一般規制の緩和

❶規制緩和の沿革

	政策・関連法の動き
1919	
1947	地方自治法制定
1938	
1950	建築基準法制定
1961	
1963	
1968	新都市計画法制定
1969	■自民党「都市政策大綱」 都市再開発法制定
1970	
1976	
1980	
1982	■「アーバンルネッサンス」政策
1983	
1987	
1988	
1990	
1992	
1993	行政手続法制定
	環境基本法制定
1994	ハートビル法制定
1995	地方分権推進法 建築物の耐震改修の促進に関する法律
1996	
1997	密集市街地における防災街区の整備の促進に関する法律 環境影響評価法制定
1998	大店立地法制定 中心市街地活性化法制定
1999	地方分権一括法制定
2000	
2001	■都市再生本部設置
2002	都市再生特別措置法制定 都市再開発法改正（再開発会社）
2003	

■：規制緩和を進める政策

という特徴があるが、現在の制度の中では、敷地の統合に関する規定がないため、まとまった規模の敷地が用意できれば、周辺と著しく異なる規模の開発が可能となる。そのため、これまで開発不適地として放置されていた敷地で、突然大規模な開発が行われることもある。しかしながら、規制の緩和によって建築形態がどのように変化するのかを、十分に周知・説明しないまま緩和を重ねてきたため、以前の基準では建ち得なかった規模の開発が、突然、建設可能となり、周辺住民に大きな衝撃を与えるケースも少なくない。そして、その多くで建築紛争が発生しているのである。

(2) 緩和手法の拡充

一般規制による建築物の規制誘導は、最低限の環境確保を目的とし、敷地単位で建築物の形態をコントロールしている。しかし、敷地が細分化されている市街地の現状からみて、その敷地の中で法規制に違反することのない建築物のみが建設されたとしても、そのような建築物の集積が理想的な都市のあるべき姿を現しているとは思われない。すなわち、消極的な規制の積み重ねのみでは、無秩序な市街地の形成という最悪の事態を防止するこ

❷住宅地に出現した超高層マンション

❸土地利用転換により開発された大規模マンション

とはできても、決して良好な市街地の形成ができるとは限らないのである。これに対して、街区ごとに具体的なプロジェクトを作成し、それを都市計画的な見地から審査し、適切なものについては、一般的な建築基準法上の規制の多くを適用除外とする代わりに、別途、そのプロジェクトにふさわしい制限を都市計画に定めるような仕組みが、都市計画法や建築基準法には用意されている。ここでは、そのような仕組みを総称して、緩和手法と呼ぶ。

緩和手法は、一九六一年の特定街区制度の創設に始まり、総合設計制度、再開発地区計画などの各種制度が次々に創設され、現在では多種多様の仕組みが用意されている。緩和手法による開発では、例えば、建築基準法等で定められている規定に関して、交通上、安全上、防火上、衛生上の観点から支障がない場合、許可・認定・

認可などによって特別に禁止を解除するといった裁量を伴う判断が、特定行政庁の権限で行われる。また、特定の手続きによって都市計画を変更するといった仕組みも用意されている。

しかし、特別な手続きを経ているとはいえ、これらの手法で認められる規制緩和の幅は非常に大きい。また、より質の高い市街地形成に資する開発を対象とした規制緩和の手法とはいうものの、開発のメリットは敷地内に留まり、周辺の街並みとの調和は考慮されていない。したがって、緩和手法による開発の多くは、周辺の市街地から著しく突出しており、建築紛争へと発展することがある。

そこで以下では、一般規制の緩和と緩和手法それぞれが、建築形態をどのように変化させ、その結果、住宅地の環境がどのように影響を受けたのかをみていきたい。

3　一般規制の緩和とマンション紛争

(1)　一般規制の緩和の影響

一般規制の中でも建物形態に関連が強いのは、容積率と斜線制限である。容積率は、地域の市街化の状況に応じて制限が決められるほか、前面道路幅員に応じた制限が行われる。これに対して、斜線制限では、接道の状況や壁面後退に応じて制限が決まる仕組みとなっている。そしてこれらを組み合わせることで、市街地の基盤整備状況に応じた開発コントロールが可能となっている。この二つの制限の緩和が、市街地と建築物の形状の変化にもっとも大きな影響を与えると考えられる。

これまでに行われた規制緩和では、指定されている容積率の値を大きくするといった直接的な緩和だけでなく、特定の条件にあった開発で、床面積の一部を容積率の計算から除外するといった間接的な緩和が行われている。斜線制限については、十分な壁面後退をとるなどすれば、制限が緩和もしくは適用されなくなるといった緩和が行われた。これらの緩和は、特に接道条件のよい大規模敷地でメリットが大きいものとなっている。またバブル経済期の土地価格高騰による都心の人口減少に対応するといった理由から、マンション開発が優遇される内容となっている。その結果、基盤が整備されておらず、接道条件や敷地の規模が一様でない市街地では、前面道路幅員が広かったり面積が大きかったりという一部の敷地のみ、規制緩和のメリットを享受し、著しい高層化が図られる一方で、高度利用困難な周辺の大半の敷地では低中層の開発にとどまる現象がみられるようになってきた。周辺の高度利用が進まないため、突出した開発自体は非常に良好な居住環境を得ることができるが、周辺には日照阻害や圧迫感などの大きな環境上の負荷をもたらすため、周辺との軋轢が生じ易い。しかし、敷地や基盤状況が混在したこのような市街地形態は、日本の既成住宅地の一般的な状況であるため、日本の各地で同様の問題が起きることとなった。

(2) 一般規制の緩和とマンション紛争

このような問題が発生する具体的な地区イメージとしては、実態として戸建住宅を中心とした低層建築物が集積しているにもかかわらず、現況に比べて高い三〇〇%以上もの容積率が指定されている地区があげられる。また、このような地区を通る幹線に沿って五〇〇%や六〇〇%といった非常に高い容積率が部分的に指定されているケースも想定される。これらの地区では本来は高度利用にそぐわない地域に過大な容積率を指定している可能性があり、そのような地域の中の条件のよい一部の敷地で、壁面後退による斜線制限の緩和と共同住宅の共用部分の容積不算入などにより、太いタワー状の超高層マンション開発が可能となっている。

高度利用可能な敷地の属性としては、複数の敷地が統合されたことによって接道条件が改善された、または大規模敷地となったものと、もともと敷地が大規模、または広幅員道路に接していたが、それまで大規模な開発が行われていなかったものの二つが考えられる。

前者については、地上げによって敷地が統合されたり、再開発等の共同化によって敷地が統合されるなどのケースが想定される。これらはどちらかというと中高層化が進行しつつある市街地や、バブルの時に地上げ途上で放置され、不良債権化していた敷地での開発に多くみられる。今後、不良債権処理が進むと、密集市街地の一部での共同化や再開発事業等に伴う共同化で、紛争の発生することが懸念される。

後者については、学校や病院、工場など土地利用形式から高度利用を図る必要がなかったものが、土地利用転換に伴い、敷地一杯の高度利用を図ることになったケースがある。特に、比較的住環境のよい郊外の住宅地の中にあるこれらの施設が、社会経済状況の変化によって閉鎖され、土地利用が転換される場合に、周辺との紛争へと発展しやすく、今後もこのような用途転換が問題となる可能性がある。また、かつては開発に適さないとされていた斜面地でも、地階で住宅の用途に供する部分の容積不参入により、開発可能な建築物の規模が拡大、マンション開発が増加し、問題となっている。斜面地の多くは自然的土地利用となっており、低層住居専用地域や風致地区に指定されていることも多い。そのような地域に突如、出現する中高層マンションは、緑の多い低層住宅地としての環境を著しく変化させることになり、問題となっている。

このように、規制緩和の結果、突如、大規模な開発が行われた地区では、多くの建築紛争が生じている。紛争でもっとも問題となるのは、高さが周辺から異様に突出しているという点である。紛争が生じている多くの開発では、容積率をもっとも有効に使うため、各種の高さ制限を避けて、高度利用できる部分にできるだけ容積を集中する形態が採用される。例えば、タワー型の細く高くした開発形態や、ヘクタール単位の大規模敷地では南側に高層棟を集中させる開発形態といった具合である。これらの開発形態は、周辺の建築物の形態との格差をより大きくさせるため、周辺への影響も大きくなるのである。

しかし、高さのみを低くすれば紛争にならないのかというと、そうとはいえないところにこの問題の複雑さがある。仮に同じ容積率を、建物の高さを抑えて消化しようとすると、横に幅広い壁状の形態や、敷地境界ぎりぎりに迫った開発形態とならざるをえない。しかし、そのような開発は周囲に与える圧迫感が大きくなり、抵抗を感じる人も少なくない。高くしても低くしても、過大に指定されている容積率を使い切るような開発を行う限り、周辺に多大な影響を与えることは免れないのである。これは、そもそも建物が集まっている市街地の中で、それだけ大きなボリュームの開発を行うということ自体、無理があることを示しているのではないだろうか。

4　総合設計制度とマンション紛争

(1)　緩和手法の類型と総合設計制度の特徴

次に、緩和手法を用いたマンション開発の問題を考える。緩和手法は、都市の課題や社会の要請に応じて類似の制度の整備が進み、現在までに様々な制度が用意されてきた。それらを整理したのが❹である。

これらは、その特徴から大きく四つのグループに分けられる。一つ目のグループは、空地の整備に対して緩和を認めるもので、都市計画法上の特定街区、高度利用地区、街並み誘導型地区計画、及び建築基準法上の総合設計制度があてはまる。都市計画法上の制度は、壁面をそろえるなどにより、地区内で連続した空地が確保される仕組みとなっているが、建築基準法上の緩和手法である総合設計制度は、連続した空地の整備という特徴が抜け落ち、空地確保に対する形態制限の緩和という仕組みに単純化されている。二つ目のグループとしては、一体的な計画により、保全すべきところから開発すべきところへの容積移転を認める制度があり、一団地認定制度、連担建築物設計制度、特例容積率適用区域がある。これらは、街区内で容積率と高さを定めることにより、未利用容積率を街区内の別な敷地に移転して、容積率を有効に活用しようというものである。三つ目のグループとしては、事業プロジェクトの内容に応じて都市計画を見直すものがあり、再開発地区計画（現在は地区計画に統合）と都市再生特別区がある。これらは、地区をどのようにするかを提案する創造的なプロジェクトの事業計画に応じて、指定されている一般規制を廃止して、プロジェクトにあった都市計画を指定することができるもので、大掛かりな規制緩和も可能となる制度である。最後のグループとして、住宅の確保に対して規制を緩和するものがあり、用途別容積型地区計画、総合設計制度の一部、高層住居誘導地区が該当する。これらは、商業や業務といった用途に比べて、住宅用途が道路などのインフラに与える負荷は低いとの観点から、住宅開発を行う場合に対してのみ規制を緩和するもので、都心居住の推進という政策意図を受けたものでもある。

これらの緩和手法の中で、もっとも適用件数が多いのが総合設計制度である。また他の制度が街区や地区を対象とした緩和制度であるのに対し、総合設計制度は単一の敷地のみを対象とした緩和であることから、周辺との関係性が十分考慮されていない可能性のある、よって、紛争が生じやすい制度でもある。そこで、以下では総合設計制度を対象に、緩和手法の問題を整理する。

(2) 総合設計制度とマンション紛争

総合設計制度とは、公開空地等を備えた市街地環境の向上に資する建築計画に対して、特定行政庁の許可により、斜線制限等による高さ制限の緩和、公開空地や公益施設確保に対する容積率の緩和を行う緩和手法である。

総合設計制度は、本来、既成市街地の過密化が進む中で、公共投資による空地の整備等の市街地環境の確保が追いつかないことから、民間開発に合わせて空地を確保していけるような仕組みとしてはじまった制度である。それが時代の変遷とともに、許可基準の変更や見直しが行われてきた。規制緩和と引き換えに整備する施設としては、広場状の空地だけでなく、歩道状空地やアトリウムなども加わっている。また時代のニーズに合わせて、住宅、福祉施設、屋上緑化などの整備も規制緩和の対象となった。さらに許可基準の緩和も進んできたため、従来は総合設計制度が適用されなかった敷地や建築計画に対しても、総合設計制度による開発が行われるようになった。周辺に十分なゆとりもなく、わずかな公開空地の整備で形態制限が緩和されることから、隣接建物からみ

緩和を受ける手続き				周辺環境への影響の配慮	緩和をうけるための基本要件		
個別建築物					適用街区・敷地の要件		
許可申請	認定申請	建築確認	備考		敷地規模要件	空地要件	接道条件
△（斜線緩和）	—	○（斜線以外）	・地区の制限に適合すれば，規制を緩和	・都市計画決定の手続きで対応	○（容積率緩和の要件）	○（空地確保が斜線緩和の要件）	×
—	—	○	・地区の制限に適合すれば，規制を緩和	・都市計画決定の手続きで対応	○（街区面積要件）	○（有効空地の確保）	○
—	—	○	・地区の制限に適合すれば，規制を緩和	・都市計画決定の手続きで対応	○（敷地面積制限あるときは従う）	×	
—	—	○	・地区の制限に適合すれば，規制を緩和	・都市計画決定の手続きで対応（手続き期間は大幅に短縮される）	○（都市再生緊急整備地域内であること）	×	×
○（移転先の建築計画）	○	—	・区域内の土地所有者等が利害関係者の同意を得て移転を申請 ・移転先の計画は特例許可	・区域外への影響は一般規制の範囲	○（特例容積率適用区域内であること）	×	×
△（斜線・用途地域制限の緩和）	—	△（建築条例があるとき）	・届出・勧告 ・建築条例制定で建築確認となる ・斜線・用途地域制限緩和は特定行政庁の許可	・都市計画決定の手続きで対応 ・関係者の合意	○（最低限度が指定されているとき）	○（地区施設，2号施設の配置・規模）	○
—	—	△（建築条例があるとき）	・届出・勧告 ・建築条例制定で建築確認となる	・都市計画決定の手続きで対応 ・関係者の合意	×	×	×
—	—	△（建築条例があるとき）	・届出・勧告 ・建築条例制定で建築確認となる	・都市計画決定の手続きで対応 ・関係者の合意	×	○（工作物の設置の制限）	×
—	○	—	・区域内土地所有者等の同意必要 ・同時期の開発であること（地区計画内では工区	・区域外への影響は一般規制の範囲	○	○	○
—	○	—	・区域内土地所有者等の同意必要 ・既存建築物を含むことができる	・区域外への影響は一般規制の範囲	○	○	○
○	—	—	・建築審査会の同意により特定行政庁が許可	・公聴会の開催 ・交通等の影響評価	○	○	○

❹緩和手法の種類

	容積緩和手法	概要	根拠法	指定状況	地区街区 都市計画決定	地区街区 備考
地域地区等	①高度利用地区 (1975)	・建築物の敷地等の統合を促進 ・小規模建築物の建築を抑制 ・建築物の大規模共同化 ・敷地内に有効な空地を確保 →土地の合理的かつ健全な高度利用と都市機能の更新を図る	都市計画法第8・9条 建築基準法第59条	258都市 1,665.5ha (2001年3月末)	○	・土地所有者等利害関係者全員の同意が必要
	②特定街区 (1961)	・良好な環境と健全な形態を有する建築物の建設 ・有効な空地の確保 →都市機能に適合した適正な街区を形成し，市街地の整備改善を図る	都市計画法第8・9条 建築基準法第60条	107地区 (2002年3月末)	○	・土地所有者等利害関係者の同意が必要
	③高層住居誘導地区 (1997)	・都市における居住機能の適正な配置を図るため，高層住宅の建設を誘導すべき地区を都市計画において位置づけ，容積率の引き上げ，斜線制限の緩和，日影規制の適用除外等を行う	都市計画法第9条第15項 建築基準法第57条の2	2地区 (2001年3月末)	○	・第1種・第2種・準住居地域，近隣商業地域，準工業地域で容積率400%または500%の地区に指定
	④都市再生特別地区 (2002)	・都市再生緊急整備地域のうち，都市の再生に貢献し，土地の合理的かつ健全な高度利用を図る特別の用途，容積，高さ，配列等の建築物の建築を郵送する必要があると認められる区域に指定	都市再生特別措置法第36条 建築基準法第60条の2	2002年7月に17地域，同年10月に28地域，特区は2地区（2003年）	○	・国が認定した緊急整備地域内 ・土地所有者等の2/3の同意により都市計画を提案
	⑤特例容積率適用区域 (2000)	・商業地域内にあり適正な配置及び規模の公共施設を備えた土地の区域において，総指定容積の範囲内で建築敷地間の容積の移転が特例として認められる	都市計画法第8条の第3項 建築基準法52条の2	1地区（東京・丸の内） (2002年6月)	○	・商業地域に定める都市計画 ・特定行政庁が商業地域内で指定
地区計画等	⑥再開発地区計画 (1988) ※類似制度として住宅地高度利用地区計画	・土地利用転換の方向に係る都市計画上の位置づけの明確化 ・必要な公共施設を整備 ・一体的に再開発 ・一定規模の公開空地の確保 →工場跡地，倉庫跡地等の大規模低・未利用地を活用した土地利用転換・都市基盤の整備	都市計画法第12条の5 建築基準法68条の3 都市再開発法第1章の4	47都市 126地区 2045.5ha (2001年3月末)	○	・関係権利者の合意により市町村が都市計画を決定 ・必要に応じて地区整備計画や条例を制定
	⑦用途別容積型地区計画 (1990)	・住宅の容積率をそれ以外の用途の建物の容積率より高く設定することにより，住宅の建設を促進	都市計画法第12条の9 建築基準法68条の5の3	19地区 (2002年3月末)	○	・関係権利者の合意により市町村が都市計画を決定 ・必要に応じて地区整備計画等を制定
	⑧街並み誘導型地区計画 (1995)	・区域の特性に応じた建築物の高さ，配列及び形態等の街並みを整備し，建築物の高さの最高限度や壁面の位置の制限等を定めることで，形態制限を緩和	都市計画法第12条の10 建築基準法68条の5の4	31地区 805ha (2002年3月末)	○	・関係権利者の合意により市町村が都市計画を決定 ・必要に応じて地区整備計画等を制定
建築基準法	⑨1団地認定制度 (1970)	・一定規模の空地の確保を条件に，複数の敷地全体を1つの敷地としてとらえることによって緩和 ・一団の土地としてみた場合に一般規制を超えるわけではない	建築基準法第86条第1項	16284件 (2002年3月末)	—	—
	⑩連担建築物設計制度 (1999)	・一定規模の空地の確保を条件に，既存建築物を含む2以上の敷地全体を1つの敷地としてとらえることによって緩和 ・一団の土地としてみた場合に一般規制を超えるわけではない	建築基準法第86条第2項	193件 (2002年3月末)	—	—
	⑪総合設計制度 (1970)	・土地の適切な高度利用 ・敷地内空地の確保 ・住宅や公共施設等の整備 →市街地環境の整備改善及び良好な市街地形成を図る	建築基準法第59条の2	2469件 (2002年3月末)	—	—

ると目の前に壁ができるような開発計画も可能となっている。

　一方、総合設計制度の許可手続きについてみてみると、こちらにも問題が存在する。まず、総合設計制度を開発に適用する際の許可基準については、市街地の属性に応じて、多少の緩和要件や基準の違いはあるものの、商業地や業務地だけでなく、住宅地でもほぼ同じような緩和が受けられる仕組みとなっている。また許可を受ける際の手続きについては、建築計画が固まった段階で公聴会等を実施して関係主体の意向を聴取し、建築審査会

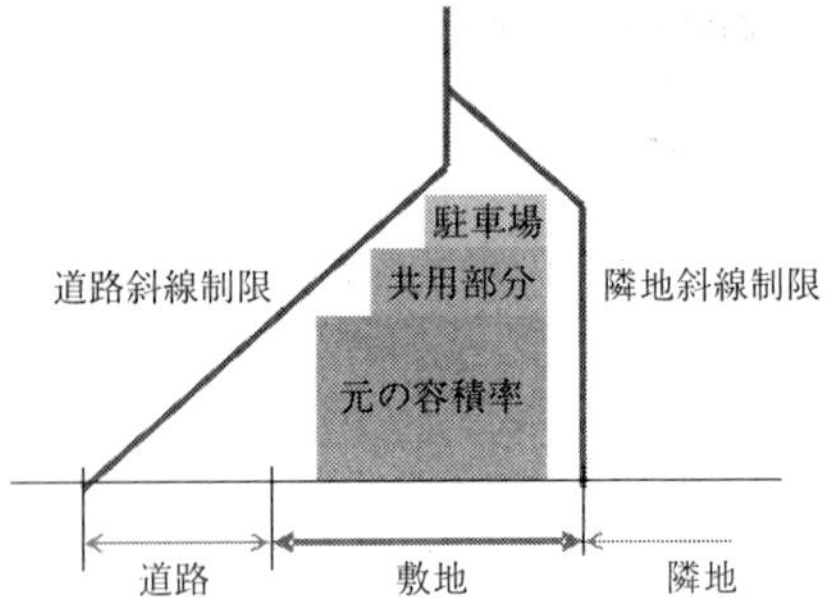

通常，建物の形態は容積率制限や斜線制限による高さ制限により規定されている

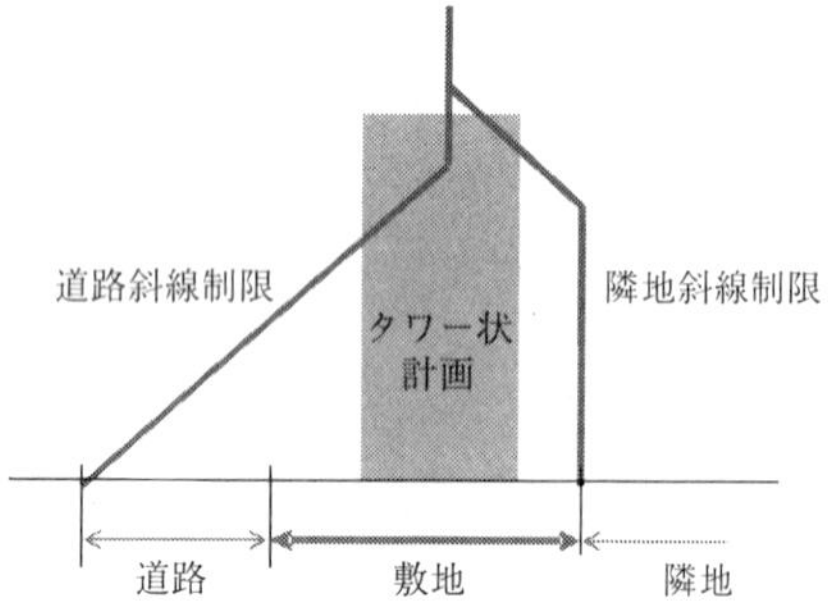

総合設計では，タワー状などの総合的な建築計画を採用する場合，斜線制限等の緩和が受けられる

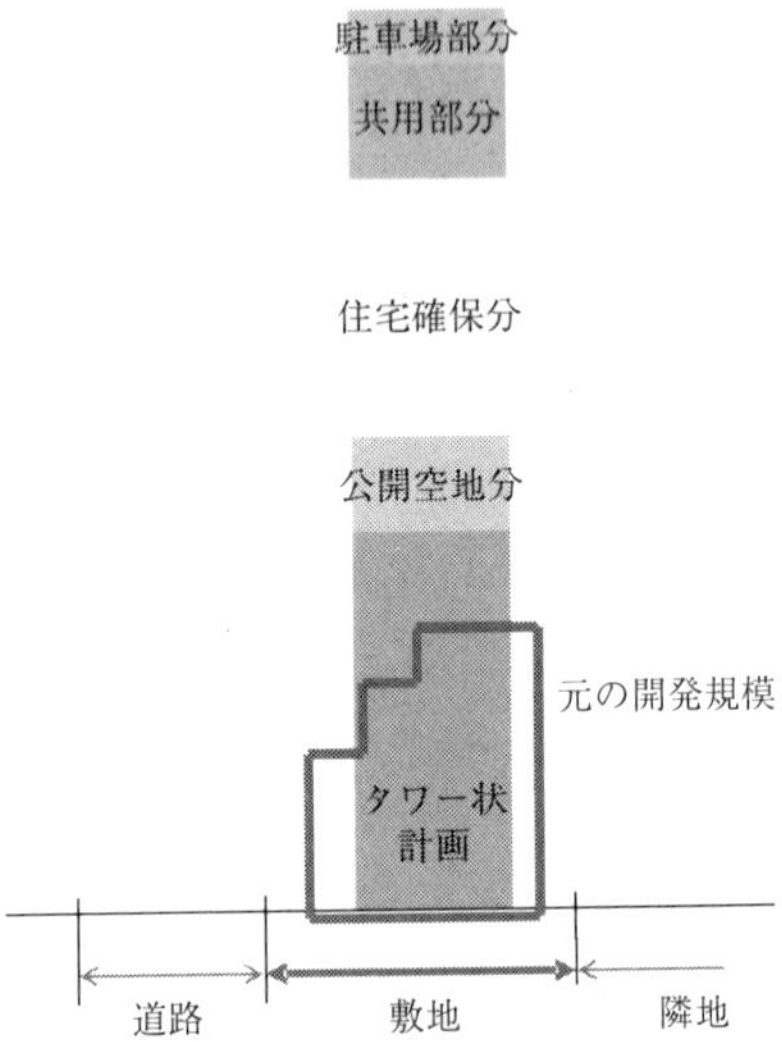

さらに住宅確保等に対しても容積率が緩和されるため，元の開発規模と比べると著しく大きな開発が行われている

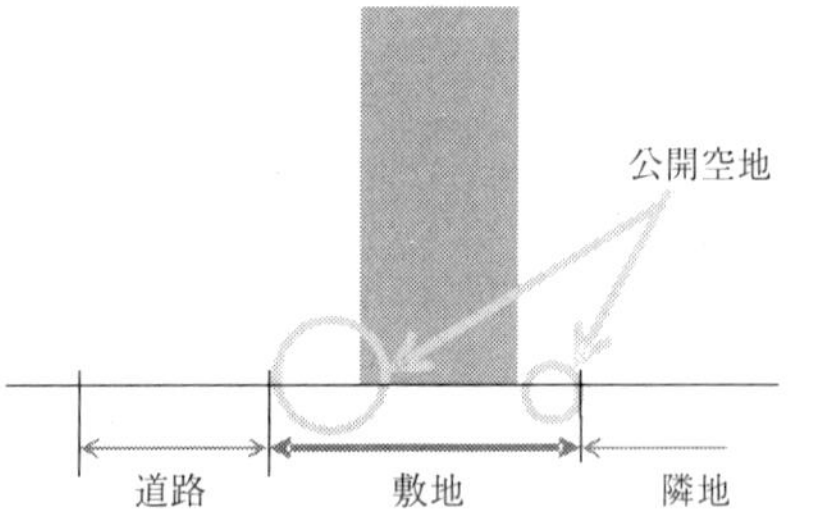

また，公開空地の整備により，容積率の緩和が与えられる

❺総合設計による規制緩和の仕組み

がそれらの内容を審査、その結果を踏まえて特定行政庁が許可を行うこととなっているが、意見聴取は形式的なものに留まっており、何が地域環境の向上に資するのかといった地域意向を反映するような手続きとなっていない。許可のよりどころとなる許可基準も、地域住民の意向を反映して決められているわけではない。かろうじて地域の意向調整が行われるのは、周辺住民からの反対が強い場合、特定行政庁が、許認可権限を背景として、開発者に計画見直しを求めたり、説明会継続を求める場合である。しかし、このような場合であっても、基本的には当事者間の話し合いにゆだねられているため、対立的な話し合いとなってしまうことが多く、地域住民の意見を取り入れながら、創造的な建築計画の検討ができるような話し合いの場とはなっていないのである。

制度の理念からいえば、総合設計制度による開発は、一般規制による開発に比べて、質の高い建築計画が採用され、周辺市街地の環境向上にも寄与する開発と考えられる。しかしながら、現在の総合設計制度によって開発される建築物の多くは、大きすぎる規制上の優遇を受けた巨大建築物になっており、周辺の市街地環境の向上に資する以上に、周辺に多大な環境負荷を与えるものになってしまっているといわざるを得ない。

5 マンション紛争を超えて

これまで、近年の一般規制の緩和、もしくは緩和手法の活用によって、市街地の実情から突出した開発が行われるようになった背景をみてきた。そして、そのような開発の多くでマンション紛争が生じていることを指摘した。最後に、紛争化しない開発のコントロールの方向性について考えたい。

実際に紛争が生じている現場で、タワー状の大規模開発ではないとすると、どのような開発なら受け入れられるのかを問うと、現行のタワー型開発の建物配置と空間構成で周辺の建物程度に高さを抑えたものであればよいという声が多く聞かれる。一方、神楽坂や代官山など回遊性のある独特な街並みや景観を有している地域では、ヒューマンスケールにあった複数棟による開発など、街全体の景観や歩行者レベルでの街並みの連続性を維持する開発形態を希望している。

このことは、単純に建物の高さを周辺並みに抑えるだけでは紛争を解消できないことを示している。高さの低減に加えて、魅力ある歩行空間の創出といった、壁面や敷地の取り方も含めたトータルな開発コントロールの必要性を示唆しているのである。緩和一辺倒で、建物の規模拡大を志向してきたこれまでの都市政策に方向転換を迫っているといえよう。

紛争が発生している地区では、都市計画の基準にまでは至っていないが、地域の環境や生活、景観に対する愛着が存在し、そのような住民の思い入れに全くそぐわないばかりか、地域全体を大きく変化させてしまう異質な開発の出現が問題とされている。そのような地域の特色を守り育てるためには、用途地域などによる形態制限だけではなく、より詳細な地区ルールの設定が必要と考えられる。また建物の形態・配置に加えて、建物の利用方法や細部の意匠に踏み込んだコントロールも必要であろう。

このようなルールは、事前確定的な基準ですべて行えるとは限らず、またそのようなコントロールが適さないものも含まれている。したがって、可能なものについては基準を設けながらも、開発計画が浮上した際に、一つ一つの開発のあり方を検討するような開発協議の仕組みによる補完も有効と考えられる。またそのような協議の成果が蓄積される中で、現行のように、どこでもタワーを認めるのではなく、タワー型の建築物で高度利用を図る地区、タワーではない方法で高度利用を図る地区、既存の街並みを継承していく地区など、地区特性に応じたまちづくりのルールを作っていくことが求められている。

参考文献

青山吉隆『職住共存の都心再生　創造的規制・誘導を目指す京都の試み』学芸出版社、二〇〇二年。

安藤一郎『イラストで読む！　建築トラブル法律百科〔完全版〕』エクスナレッジ、二〇〇一年。

五十嵐敬喜『日照権の理論と裁判』三省堂、一九八〇年。

五十嵐敬喜・小川明雄『「都市再生」を問う』岩波新書、二〇〇三年。

大方潤一郎「都市再生と都市計画」『都市問題』九三巻三号、二〇〇二年、一七〜三六ページ。

大方潤一郎「市民合意なき都市再開発を推進する都市再生本部の誤り」『エコノミスト』四月二三日号、二〇〇二年、四六〜四九ページ。

大方潤一郎「合意形成のデザイン：都市再生のために（1）」『新建築』五月号、二〇〇二年、二一ページ。

大西隆「都市再生の展望と転換期のまちづくり」大西隆・森田朗・植田和弘・神野直彦・苅谷剛彦・大沢真理編『都市再生のデザイン　快適・安全の空間形成』有斐閣、二〇〇三年。

建設政策研究所編『「都市再生」がまちをこわす―現場からの検証』自治体研究社、二〇〇四年。

高木任之『改訂版　イラストレーション建築基準法』学芸出版社、二〇〇三年。

高木任之『改訂版　イラストレーション都市計画法』学芸出版社、二〇〇三年。

高木任之『全訂　都市計画・建築法規のドッキング講座』近代消防社、二〇〇四年。

都市構造改革研究会＋エクスナレッジ編『都市再生と新たな街づくり　事業手法マニュアル』エクスナレッジ、二〇〇三年。

宮下直樹『図解　都市再生のしくみ』東洋経済新報社、二〇〇三年。

二　都心再生と地域社会——東京駅前八重洲・日本橋地区における再開発

小泉秀樹

近年、わが国では都心既成市街地の再構築が重要な課題となっている。「都市再生」政策が国家的戦略として展開されつつある中、都心既成市街地再構築に向けた再開発への期待はこれまで以上に高まっていると考えられている。しかし多様な権利者が存在する都心既成市街地では再開発を巡って対立が形成され、市街地の再構築へ向けた取り組みが隘路に陥ってしまう場合もある。

本章では再開発を巡り対立が形成され、膠着状態となってしまった東京駅前八重洲・日本橋地区の一連の動向を題材に、対立形成の過程を整理し、都心再生のあり方を主体的側面から論じてみたい。

対象地区は八重洲一丁目六・九番と日本橋三丁目一・四番で構成される。本章では前者を八重洲地区、後者を日本橋地区とし、両者を併せて東京駅前八重洲・日本橋地区と表記する。また、八重洲地区には八重洲一丁目東町会が、日本橋地区には日本橋三丁目西町会が存在するが、区域が必ずしも一致するわけではないので、町内会に関して言及する時は、その名称を用いる❶。

まず東京駅前八重洲・日本橋地区の現況について、特に八重洲地区と日本橋地区の差異に着目して整理する（第1節）。次に再開発を巡る一連の動向を、各種会合や勉強会等の配付資料・議事録の分析を通し、主要な権利

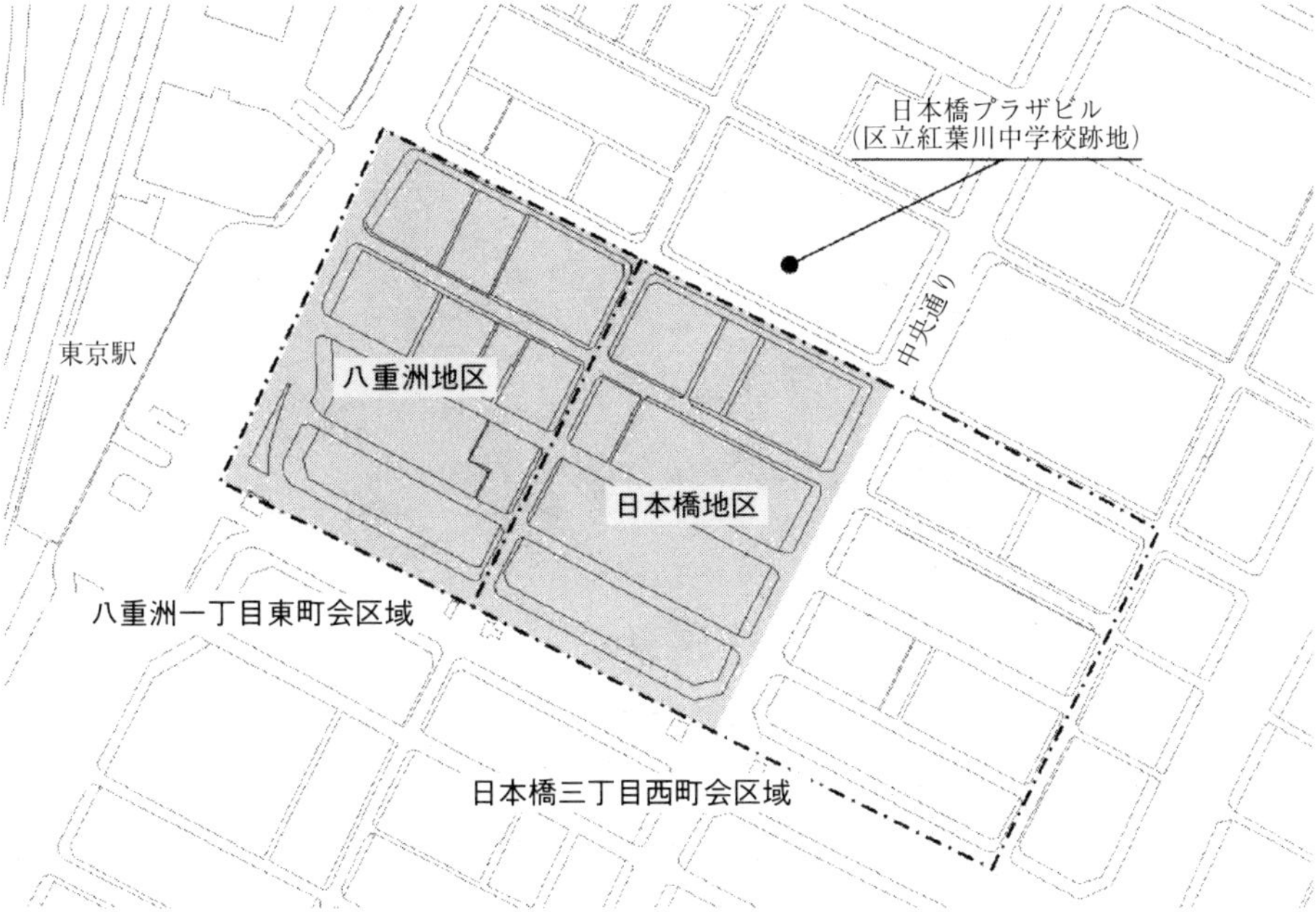

❶研究対象地区位置図

者の動向に焦点を当てて整理する（第2節）。そして一連の動向を補足すべく、関係者へのインタビュー調査を行った（第3節）。最後に対立形成の主要因を考察し、都心既成市街地の再構築という課題の中で筆者なりに重要だと考えることを述べる（第4節）[1]。

1　東京駅前八重洲・日本橋地区の現状

(1)　個別更新の動向

東京駅前八重洲・日本橋地区を含めた八重洲・日本橋・京橋地域では、老朽化した建物の個別更新を誘導するために、二〇〇〇年七月、街並み誘導型地区計画・機能更新型高度利用地区（以下「地区計画等」とする）が導入された。❷に地区計画等施行から二〇〇三年一二月までに八重洲・日本橋・京橋地域における個別更新の動向を示す。この図より、東京駅前八重洲・日本橋地区では地区計画等が導入された後も個別更新が進んでいないことが分かる。

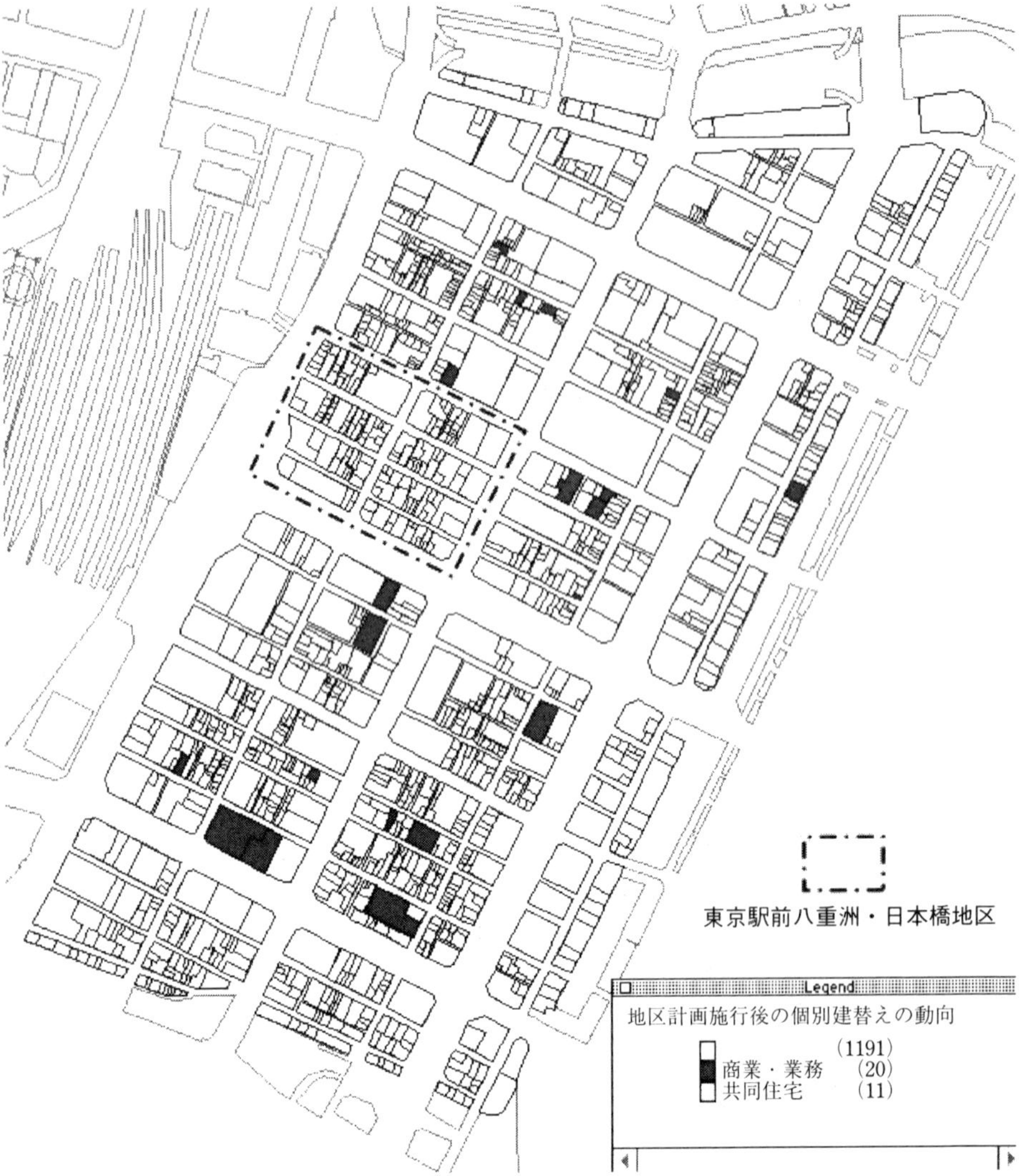

❷地区計画等施行後の個別更新事例（2000 年 7 月・2003 年 12 月）分布図

❸建築年代別建物分布図（2003 年 12 月現在）

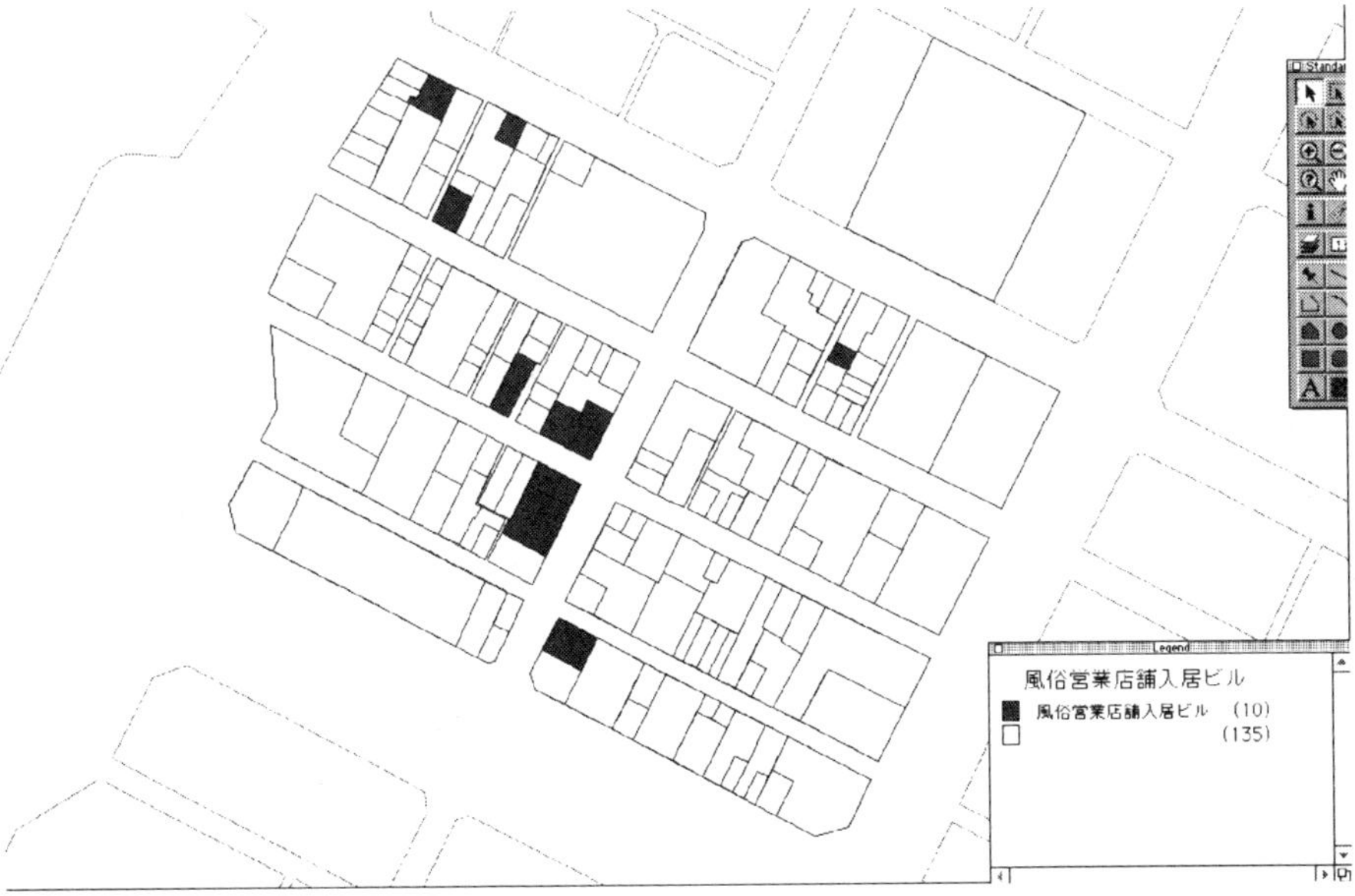

❹風俗営業店舗入居建物分布図（2003 年 12 月現在）

(2) 八重洲地区と日本橋地区の比較

東京駅前八重洲・日本橋地区には二つの町内会が存在するが（❶参照）、日本橋三丁目西町会は、日本橋地区と中央通りの向かいの数ブロックを含んでおり、同会長は日本橋地区外（中央通り以東）に在住である。八重洲地区には町会長が在住である。

登記簿閲覧と表札調査等を行い、東京駅前八重洲・日本橋地区の建物築年数、風俗営業店舗の立地について分析した。平均建物築年数は八重洲地区が約三三年、日本橋地区が約二六年であることが分かった❸。風俗営業店舗の入居している建物は、八重洲地区で八棟、日本橋地区で二棟確認された(2)❹。以上より、老朽化と風俗営業店舗立地の観点からは、八重洲地区の方が問題はより深刻であると考えられる。

2 再開発を巡る一連の動向

以下では、一連の動向の中で、公式の会合の中で意見を表明する、明確に自らの立場を主張する、組織的活動の中心人物となる等の役割を果たした主要な関係者（地権者）を次の四グループに分類し、考察をすすめる。

・八重洲推進派――問題の深刻な八重洲地区では、町内会会長(3)をはじめとする幹部グループが、はじめから再開発推進の立場をとる。

・八重洲慎重派――幹線通り沿いで不動産賃貸業を営む地権者(4)等で、はじめから再開発に反対の立場をとる。

・日本橋幹部――日本橋地区での再開発には異論があるが、まちづくりについては考えたいという権利者が中心。

・日本橋慎重派――再開発構想の発表を機に日本橋三丁目西町会青年部有志(5)は独自に勉強会を開催し、ホームページを用いて情報発信を行う等、積極的な活動を行うようになる。はじめは区に対して建設的な要望を出すが、区からの回答を受けて徐々に批判的になっていく。

(1) 第一段階　八重洲ツインビル構想を巡って（一九九八・九～二〇〇〇・三）

ことの発端となった大規模再開発構想（八重洲ツインビル構想❺❻）は、区・専門家・地元「代表者」からなる委員会で検討された。その他の権利者はその内容を連合町会の勉強会や新聞発表で知ることとなった。地元「代表者」は地域から偏りなく選ばれてはいる。東京駅前八重洲・日本橋地区からは先の

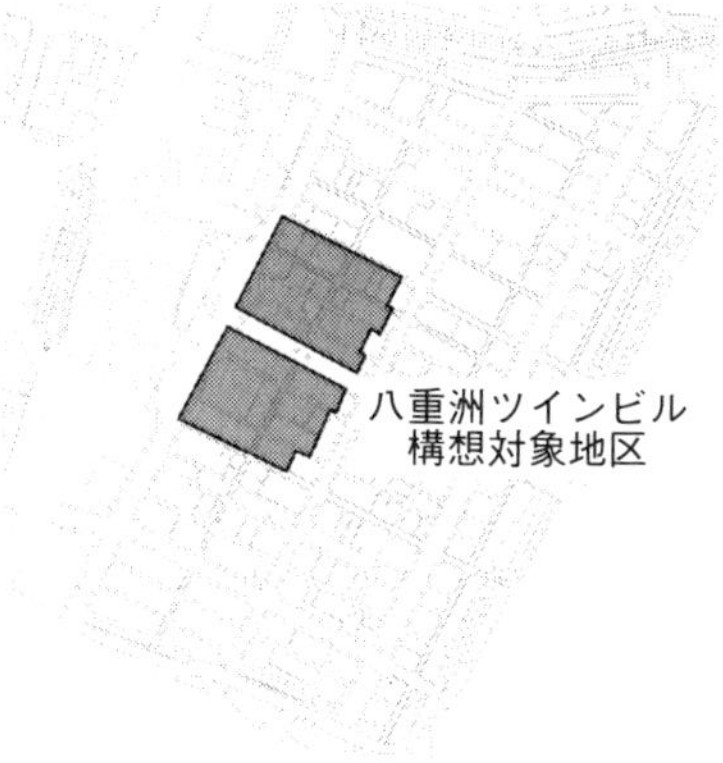

❺八重洲ツインビル構想対象地区位置図　中央区「日本橋・東京駅前地区再生計画策定調査（中間報告）」（1999年）をもとに筆者作成.

❻八重洲ツインビル構想イメージ図　中央区「日本橋・東京駅前再生計画策定調査（中間報告）」1999年.

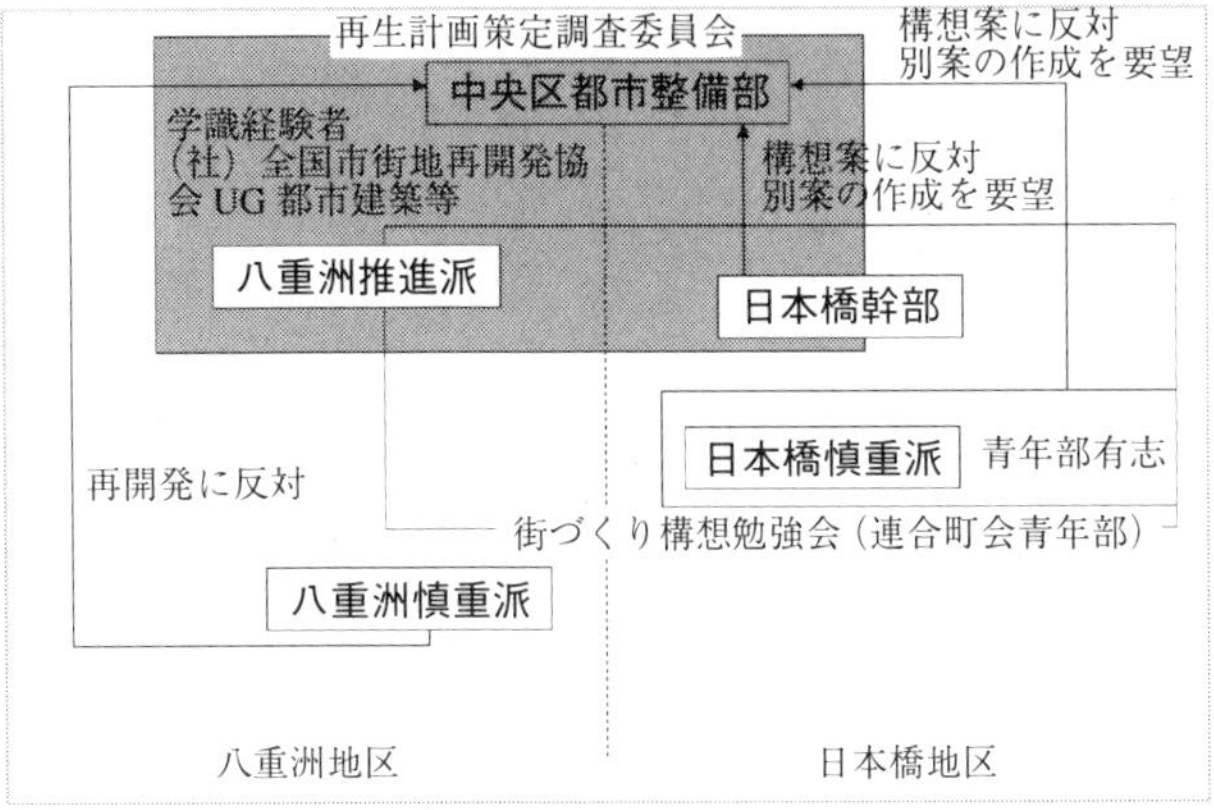

❼第Ⅰ段階における主要権利者関係図

類型で八重洲推進派から二名、日本橋幹部一名が地元「代表者」として委員会に参加した。

連合町会の勉強会で再開発構想を知った日本橋慎重派及び日本橋地区青年部有志は再開発について頻繁に議論を行うようになり（これは第二段階での勉強会開催への素地となった）、一九九九年八月、「構想案には反対。別案の作成を要望する」という結論に達し、その結論は一九九九年一〇月の委員会において日本橋三丁目西町会会長を通して区に発表された。また、日本橋幹部も委員会の中で別案を求める意見を述べた。八重洲慎重派は個別に中央区都市整備部を訪問し、再開発に反対の意を表明した❼。

八重洲ツインビル構想は地元権利者の批判・反対を呼び起こし、中央区は二〇〇〇年三月の地区計画等の説明会において、白紙撤回を明記・明言する。

(2)　第二段階　拠点候補地選定を巡って（二〇〇〇・四～二〇〇一・三）

中央区は、八重洲ツインビル構想を白紙撤回した。しかし、地元権利者に問題意識を持ってもらいたい、という当初の目的は達成されたと考えていた。そこで東京駅前地区再整備に向けて、「まちづくりのテーマを明確化した上で、拠点開発候補地を選定すること」を目標とした「区懇談会」（中央区主催の懇談会）を設置する。この区懇談会は前段階の委員会とは異なり誰もが参加可能であり、二〇〇〇年七月より二〇〇一年三月まで毎月一回、連合町会単位で開催された。この段階では、東京駅前八重洲・日本橋地区を拠点候補地に選定することを巡り、対立が形成される。なお、第二段階の区懇談会及び第三段階の区協議会・区懇談会の周知は、町内会が担っていた。

［区懇談会初動期］

前段階から頻繁に議論するようになっていた日本橋慎重派及び日本橋三丁目西町会青年部有志は区懇談会開催を機に、勉強会の開催や情報発信等、活性化案への地元意向反映を目指して様々な活動を始めるようになる❾。

区懇談会開催前に中央区担当者や学識経験者を交えて行った勉強会で、区担当者から「意見があるなら言って欲しい」と言われていたこともあり、提案・要望・質問を区懇談会で発表し、書面（質問・検討依頼書）にまとめて区に提出する。しかし、地域再生のコンセプトに関する意見や、地域の方向性を考えるために把握すべきと彼らが考えた現況調査に関する提案については、ほぼすべてが「今後必要に応じて検討する」との回答であった。

［権利者に芽生えた不信感］

中央区は、まちづくりのテーマを「世界都市東京の顔をつくる」（二〇〇〇年一〇月区懇談会配付資料）として、拠点候補地に関する資料配付や説明を始めた。まちづくりのテーマについて明確にならないまま拠点に関する説明が始

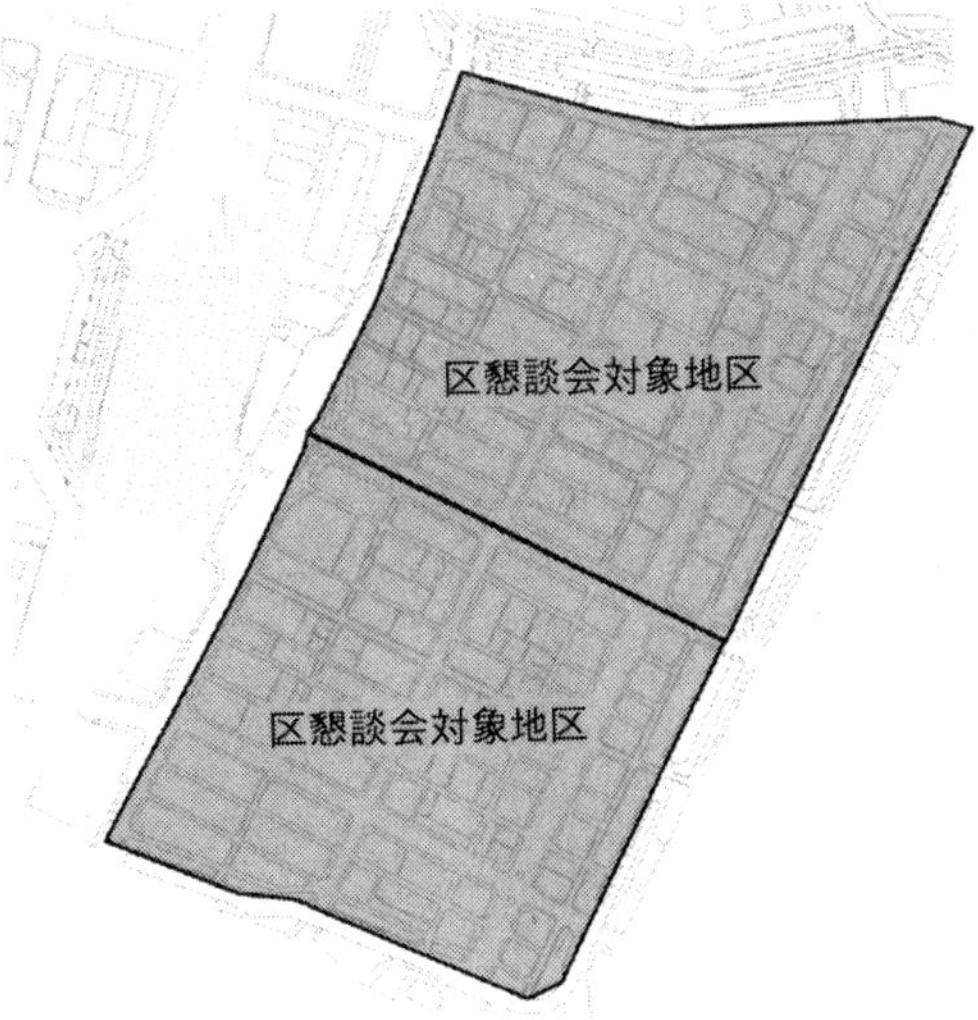

❽区懇談会対象地区位置図

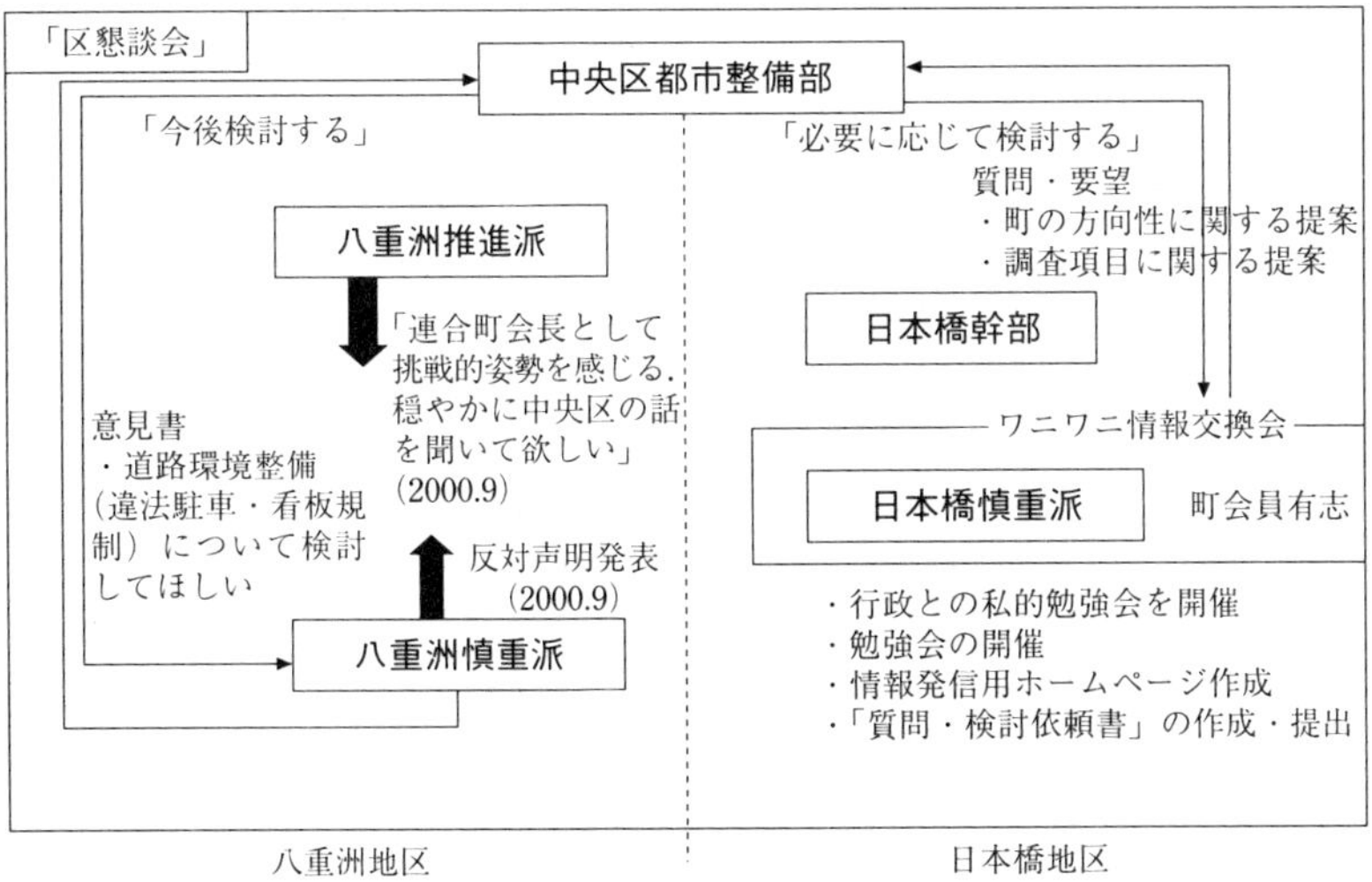

❾第 2 段階初動期（2000 年 4〜9 月）における主要権利者関係図

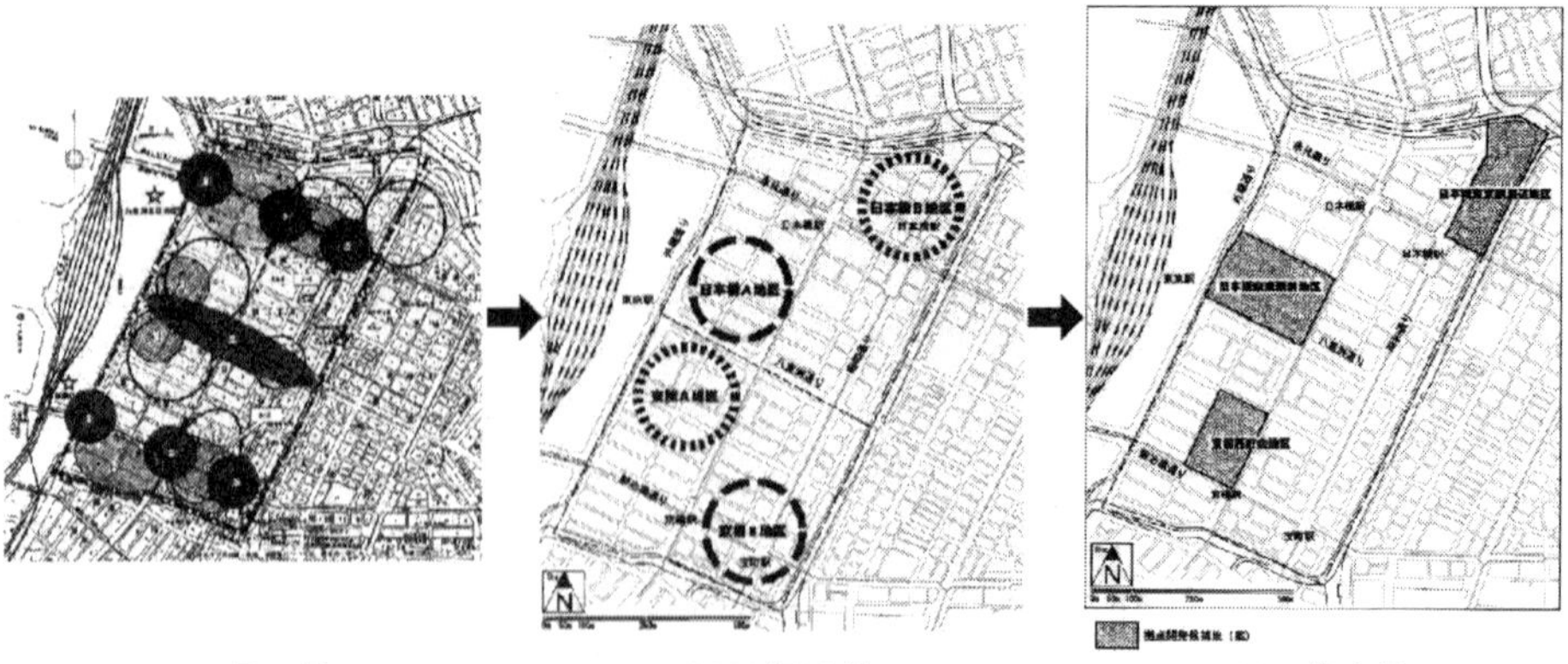

2000年10月　　2000年12月　　2001年１月

⑩移り変わる拠点候補地案（「第４回」,「第６回」および「第７回東京駅前地区日本橋六の部再生推進懇談会資料１」）

まったことで権利者（特に地域の方向性に関する意見を出していた日本橋慎重派）は中央区に不信感を抱いた。そして、拠点についての説明が後手後手になっていたことで、権利者の不信感は増長された。区懇談会の配布資料に示された拠点候補地案は毎回変わり（⑩参照）、拠点とは何かと権利者に問われて「ある程度の範囲の権利関係や地元意向等の詳細な調査を行い、開発の具体的な考え方を示したい」（二〇〇〇年一二月区懇談会）と説明し、具体的調査内容を問われても「今後整理して示す」（二〇〇一年一月区懇談会）と回答し、二〇〇一年二月にようやく配付資料にて調査内容を示している。区懇談会では八重洲推進派から「早く進めて欲しい」との意見が出される一方で、参加者から中央区の進め方に対する批判が続出するようになった。それまで建設的な意見も含まれていた日本橋慎重派の質問・検討依頼書も、徐々に批判の色が濃くなった。

二〇〇〇年一二月、日本橋慎重派及び日本橋三丁目西町会青年部有志の勉強会に日本橋幹部も参加するようになった。日本橋慎重派は勉強会でアンケート調査を行い、参加者全員の賛同が得られた項目をもとに意見書を作成し、日本橋三丁目の権利者を中心とした一六〇名の署名を集め、二〇〇一年一月、中央区等に提出した。意見書の要旨は以下の通り。

> 中央区が検討しているスーパーブロック型の再開発事業には同意できない。拠点だけではなく、周辺にも活性化の波及効果が現れるように考慮する必要があり、拠点を含めて地域全体が連携して統一感のある開発に

する必要がある。そのためにはまちづくりや開発内容等について十分なコンセンサスが得られた後に拠点を選定する必要があり、年度内に拠点を選定するという中央区のスケジュールには無理がある。

意見書を提出した後の二〇〇一年一月の区懇談会においても、中央区からは拠点候補地選定に向けた説明がなされた。

二〇〇一年二月の区懇談会において、日本橋慎重派は東京駅前八重洲・日本橋地区を拠点候補地に選定することに反対する声明を発表した。その要旨は以下の通り。

東京駅前八重洲・日本橋地区を、スーパーブロック型の市街地再開発事業を前提とした拠点調査地とすることに反対。その理由は、まちづくりのテーマも明確になっておらず、出された資料もスーパーブロック型の再開発事業を前提としたものであり、かつ信憑性あるデータに基づくものではないから。区の責任の範囲を逸脱しないように慎重にまちづくりに取り組み、地域の活性化を早期に進められたい。

会場は拍手喝采となった。翌日、早く進めて欲しいとの意見を述べ続けてきた八重洲推進派は、日本橋幹部に対して日本橋慎重派の反対声明発表の責任を追及し、日本橋幹部は謝罪した。

[拠点候補地選定を巡る対立の着地点]

東京駅前八重洲・日本橋地区を拠点候補地として選定し、調査を開始するには時期尚早と考えた中央区は二〇〇一年三月の区懇談会において、当地区に「区協議会」を設置し、協議の結果として調査が必要であると地元の総意が醸成された場合のみ調査を開始する、協議のための資料作成は基本的には中央区が行うが、「地元等の有志」の協力を仰ぐことも考えている、との考えを公にした。

この提案に対し、日本橋慎重派は「地元等の有志」という言葉に期待し、日本橋幹部も前向きに捉えた。一方八重洲慎重派は「『区協議会』は調査の合意を取り付けるためのものに過ぎない」と批判し、八重洲推進派は「調査をやらねば何も分からない。穏やかに中央区の話を聞いて欲しい」と区懇談会の参加者に呼びかけた。

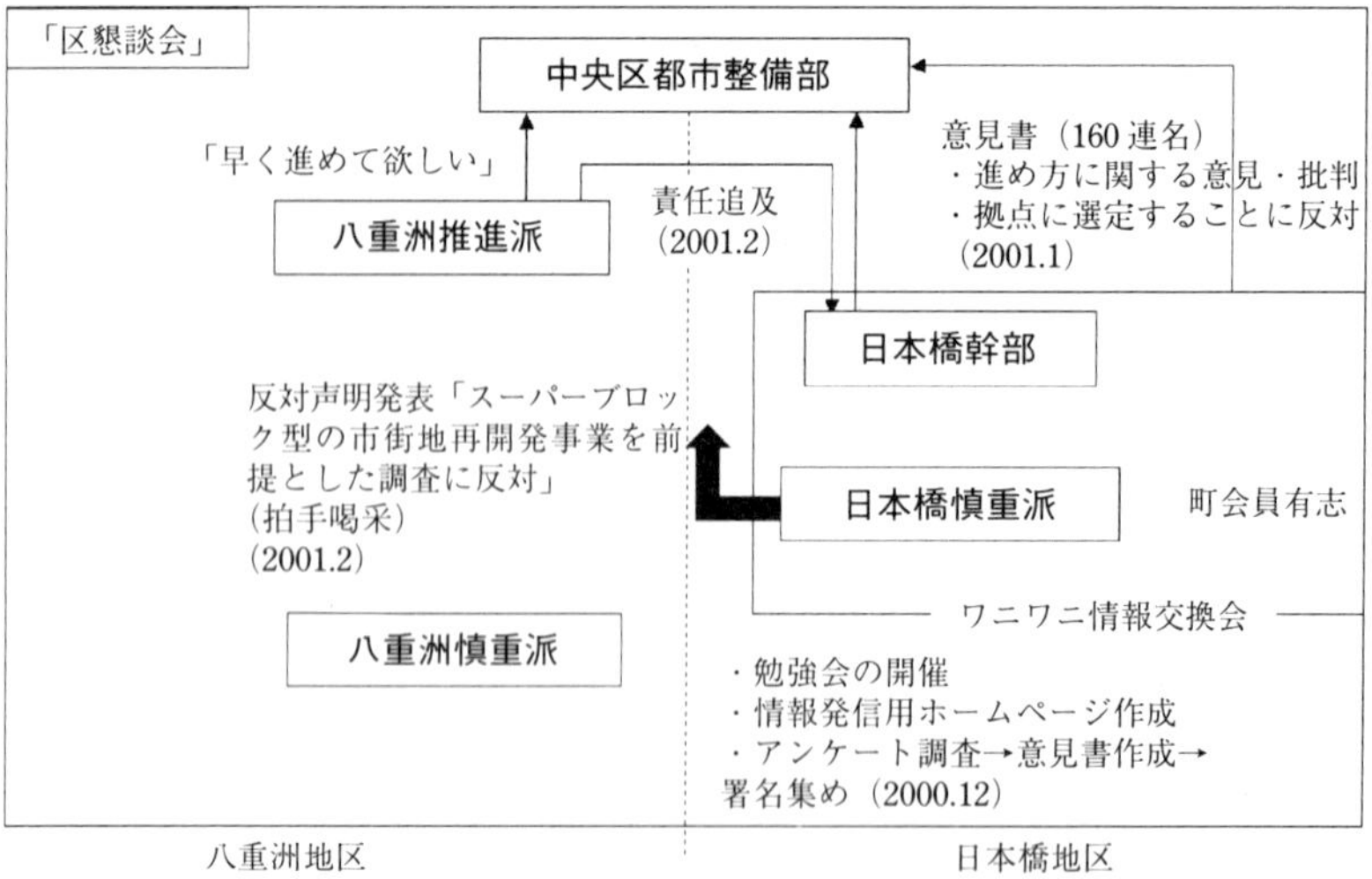

⓫第2段階終盤（2000年10月～2001年2月）における主要権利者関係図

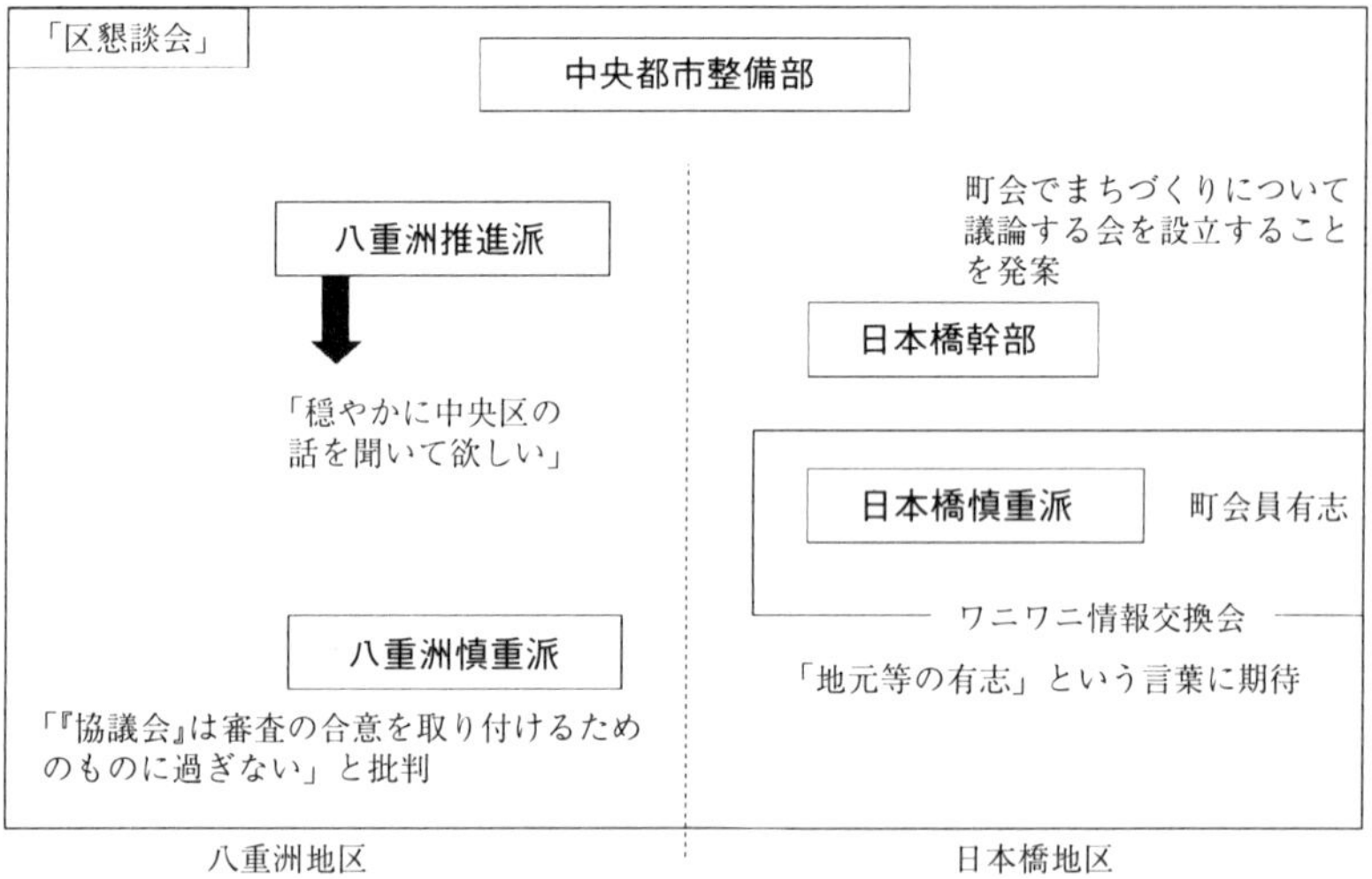

⓬区協議会設置の提案を受けての各ステイクホルダーの反応（2001年3月）

(3) 第三段階　慎重派の組織化と会合の紛糾（二〇〇一・四～二〇〇三・三）

連合町会単位で開催されてきた区懇談会に加えて、東京駅前八重洲・日本橋地区を対象とした「区協議会」が始まる。「地元等の有志」による資料作成作業（ワーキング）には、町内会の代表者が参加することになり、八重洲推進派と日本橋幹部が参加した。この段階では、慎重派がより多くなりまた組織化され、区懇談会において中央区・ワーキング構成員と激しく対立した。

［区協議会初動期］

二〇〇一年四月、調査をやらねば何も分からないからまずは中央区の調査に協力すべし、との考えを抱いていた八重洲推進派は、前々から再開発に反対の意向を持ち、区懇談会の中でその旨を公表していた八重洲慎重派を個別に訪問した。意向調整はかなわず、八重洲慎重派は八重洲一丁目東町会を脱会した。

区協議会ワーキングに各町内会の代表者が参加するに当たり、八重洲一丁目東町会からは八重洲推進派が、日本橋三丁目西町会からは日本橋幹部が参加した（日本橋三丁目西町会の会長は、地区外に在住であるためワーキングには参加せず）。町内会は地区の内外にわたるが、町内会でまちづくりについて議論し、その内容をワーキングの場で中央区に伝えていく、という趣旨に基づき、日本橋幹部は日本橋三丁目西町会でまちづくりについて議論する場を設置した。中央区都市整備部長及び日本橋幹部は、日本橋慎重派にワーキングへの参加を要請したが、様々な理由(6)で日本橋慎重派はこれを拒否した。

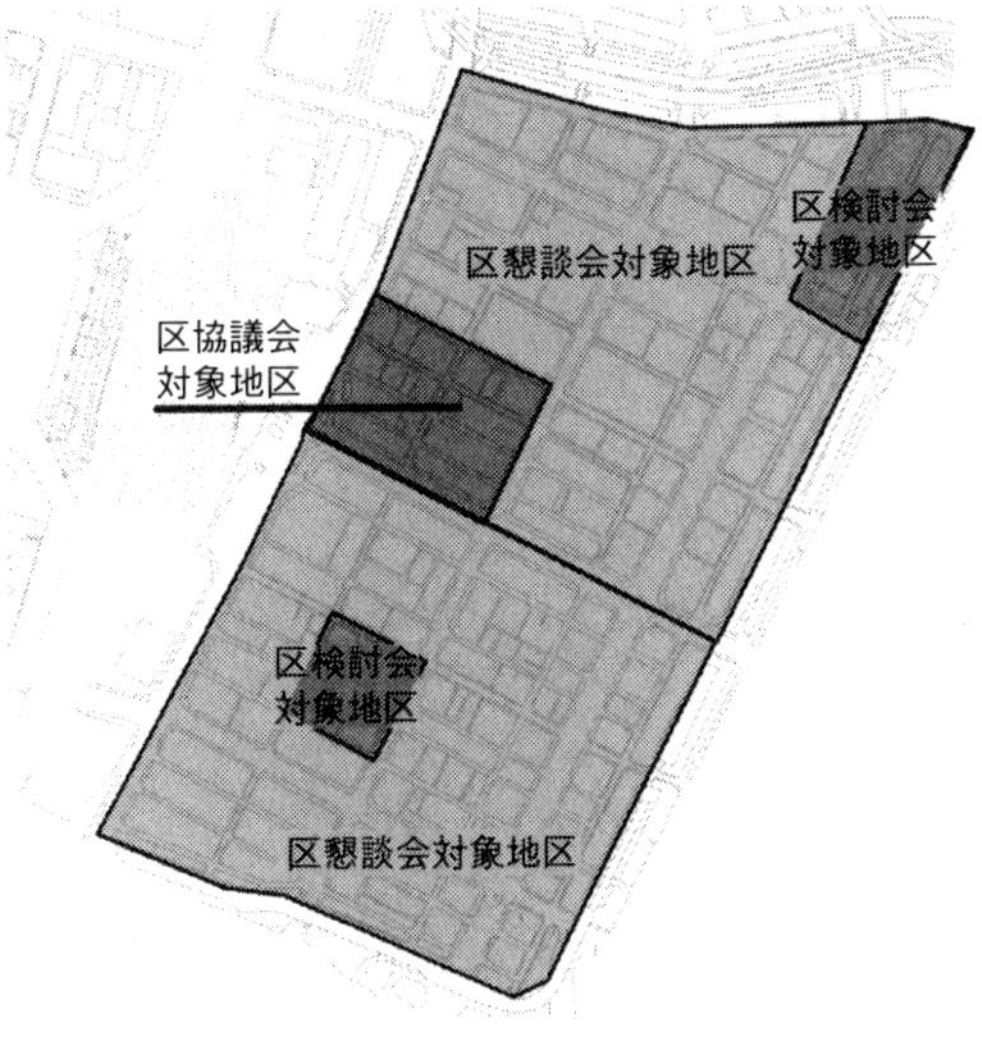

⑬区協議会設置の対象地区位置図

［慎重派の組織化］

二〇〇一年九月～二〇〇二年一月の区協議会、区懇談会は、ワーキング構成員である八重洲推進派・日本橋幹部が質問し、中央区が答える場面が目立つようになる。当時千代田区で検討が進んでいた東京駅八重洲口周辺の都市計画案に関する議論に費やされる時間が

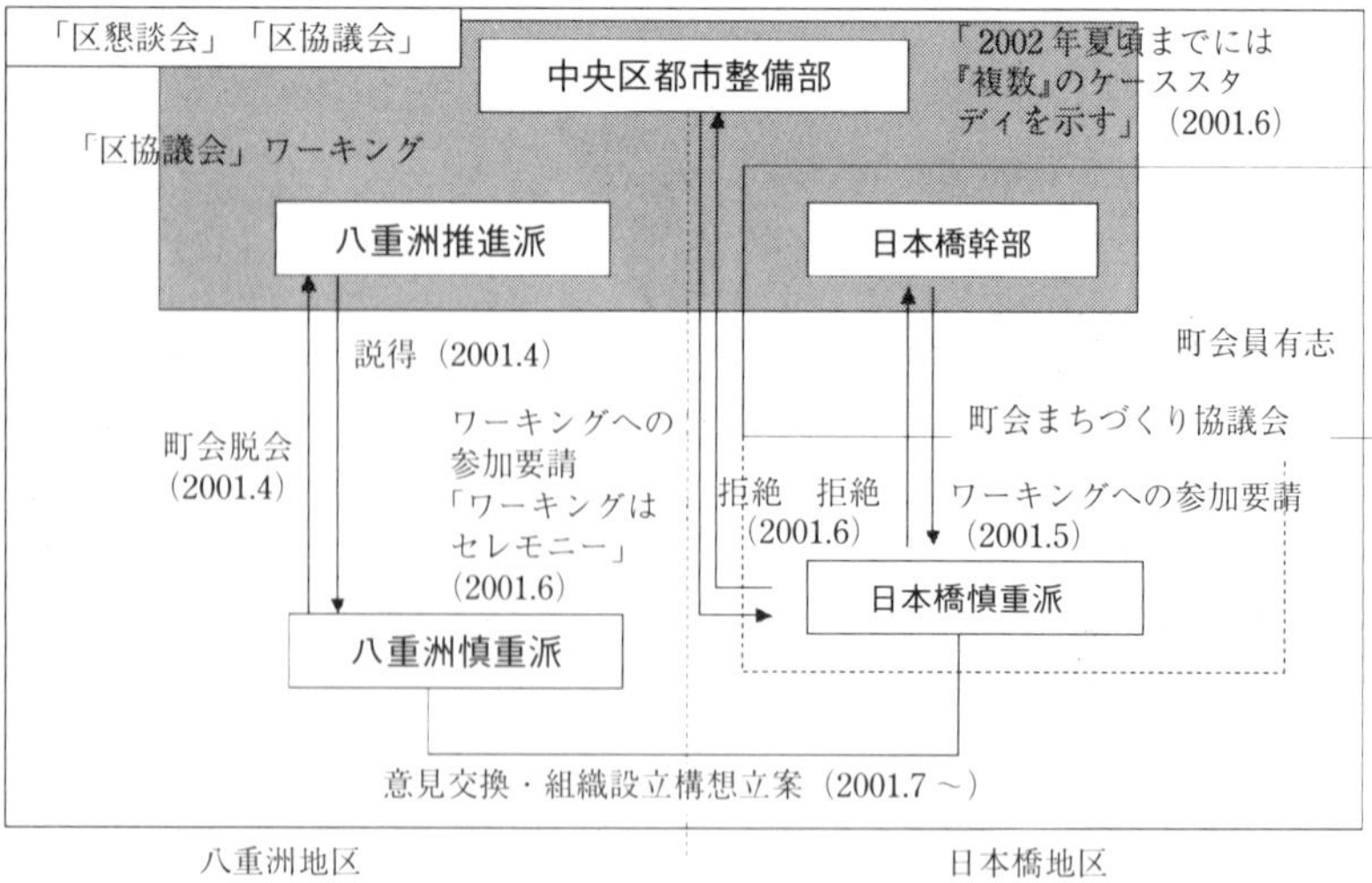

⓮第3段階初動期（2001年4～9月）におけるステイクホルダー関係図

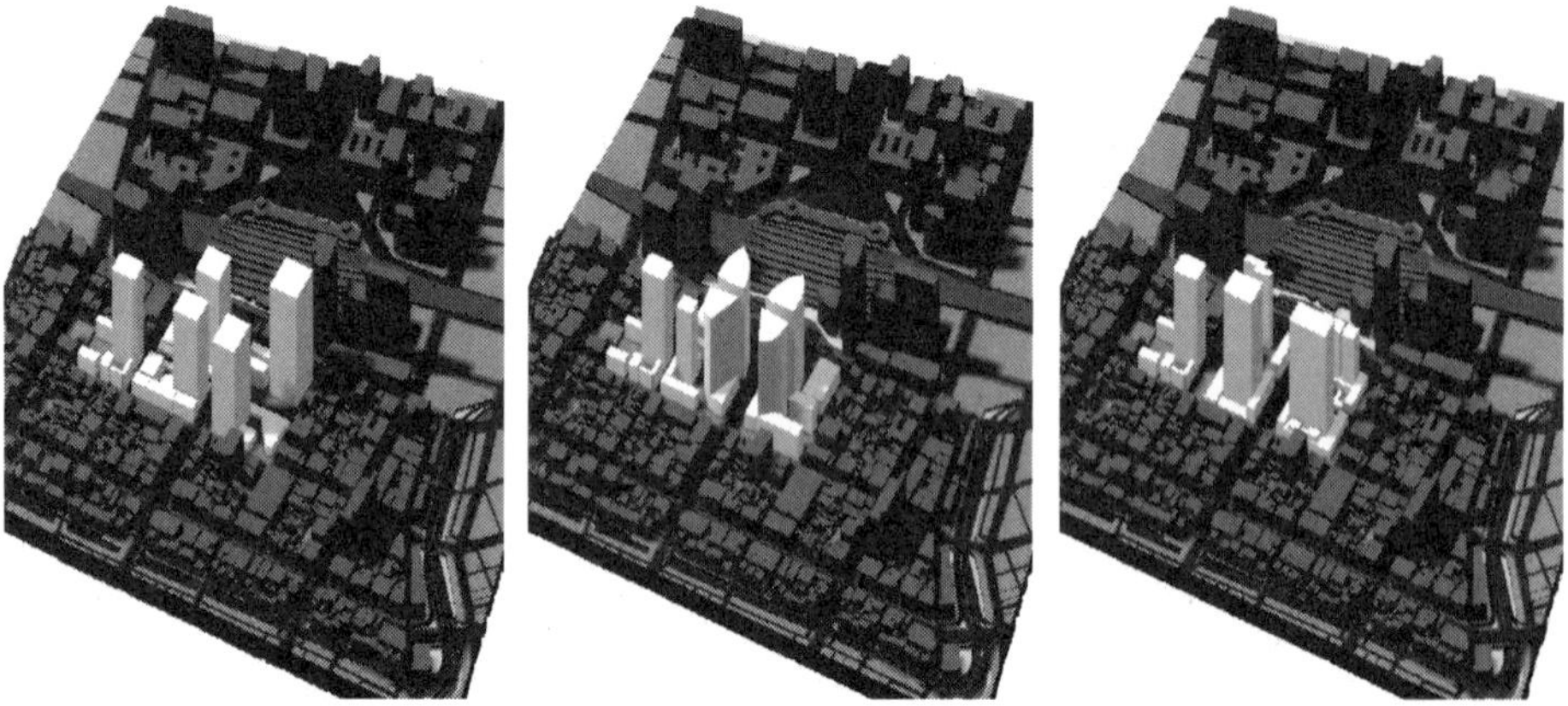

⓯複数のケーススタディ（2002年2月）　ワーキング（2002年2月）の資料をもとに作成.

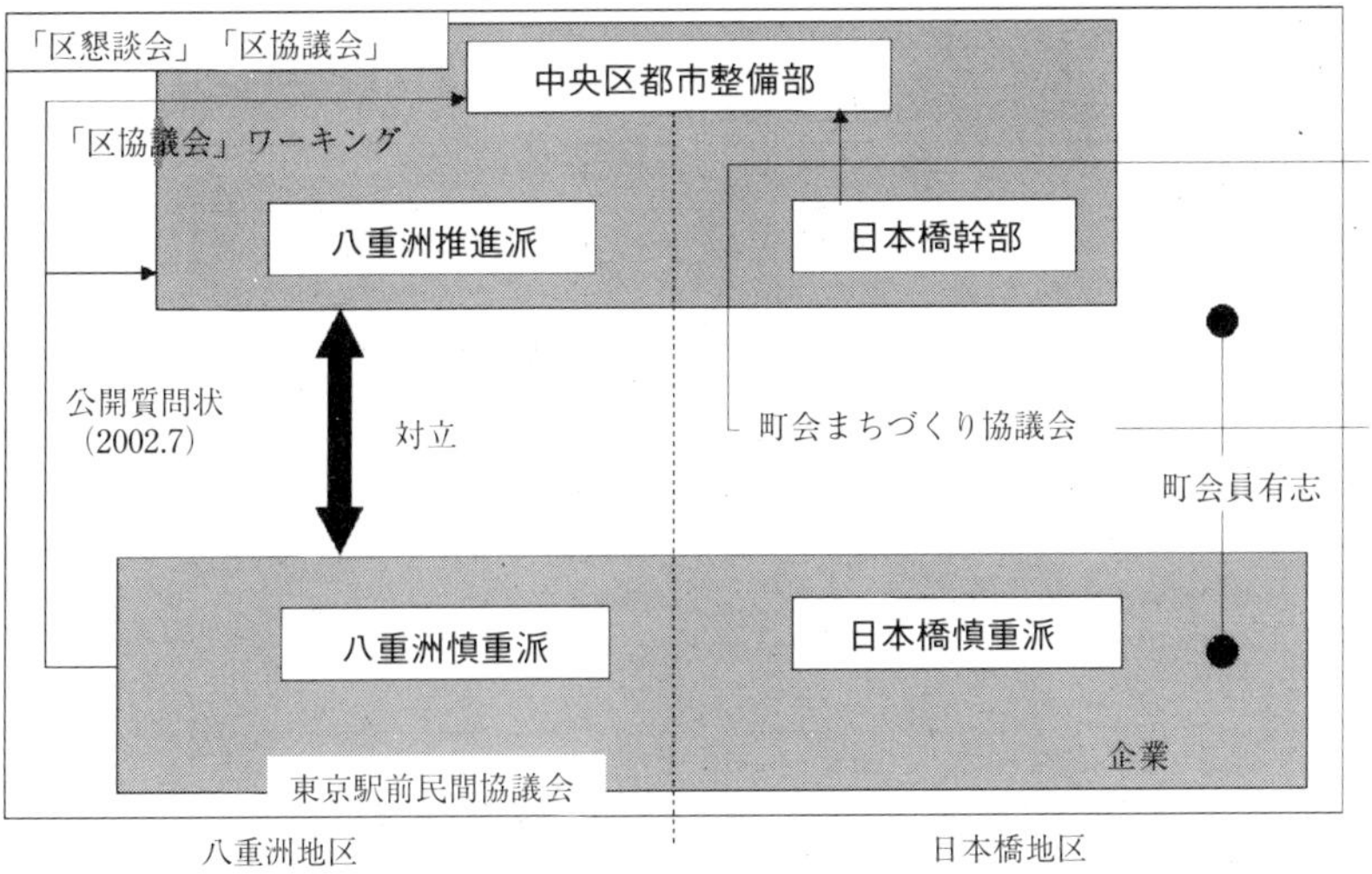

⑯第 3 段階後半（2002 年 4 月～2003 年 3 月）におけるステイクホルダー関係図

多くなり、東京駅前八重洲・日本橋地区についてはあまり議論されなくなっていた。二〇〇一年一〇月にはアンケート調査が行われ、その結果については同年一二月の区協議会の配布資料の中で「〝街づくりの進め方〟については、再開発という進め方に反対する意見が少数ながらありますが、概ね、①オフィスビルやホテル、飲食店を中心とする「再開発」を促進する、②協議会における検討を具体的、かつ迅速に進める等、といった意見が多く、総じて、具体的なまちの将来像を描きながら、早期実現を図ることが求められているといえます」と総括されたが、この結果についても議論されることはなかった。

中央区は二〇〇二年夏頃までには複数のケーススタディを示す旨を明言していた。ケーススタディの切り口や観点については明らかではなかったが、ワーキングにおいて明らかとなったその複数のケーススタディは、すべて大規模再開発事業実施を前提とした案であった[7]（⑮参照）。

このような状況の中、八重洲慎重派と日本橋慎重派が頻繁に意見交換するようになった。双方共に中央区主催の会合は協議ではない、との思いを抱き、組織を設立して協議の場を設けることを考えた。二〇〇二年三月、有識者を招いて講演会を開催し、東京駅前民間協議会を発足させた。この会には八重洲慎重派や日本橋慎重派の他、第二段階で日本橋慎重派の勉強会に参加していた日本橋三丁目西町会会員、アンケート調査で再開発構想を初めて知った地元企業の経営者等約七〇名が入会した。慎重派が組織化したことによって、中央区・推進派と

主要争点② アンケート調査結果について

東京駅前民間協議会	中央区都市整備部
・過去中央区は大規模なアンケート調査を実施し，高い回収率を得ている．しかしなぜ今回は，地権者にとって大きく関わる問題なのに，30% 台と回収率が低いのか？	・過去のアンケートは戸別訪問により行った．今回は当初の段階であるので，郵送による方法で行った．通常は 20～30% 程度の回収率なので，30% 以上の回答をいただけたことはむしろ感謝している．
・アンケートは約 250 人の権利者に配布され，そのうち再開発を求める意見は 11 件，全権利者の 4% に過ぎないが，なぜ「概ね再開発を促進するという意見が多い」という結論になるのか？	・自由意見欄にそういう意見が書かれていたということであり，構成比で判断するものではないと考えている．構成比で考えるとするならば，再開発に反対する意見は 4 件である．
・権利者に聞いてみると，再開発事業に導かれていくようなアンケート内容で，回答すること自体が不安であるという意見が少なくなかった．権利者の意向を真に把握する内容とは言えず，再開発事業を推進するための住民意向調査となるフィクション資料作成が目安になっているように感じられる．	・地元からどんな意見でも伺い，議論するという姿勢は一貫して変わっていない．どういうまちにしたいか，ということについては，いつでも話し合いをさせていただくのでご理解いただきたい．

主要争点④ まちづくりの手法について

東京駅前民間協議会	中央区都市整備部
・中央区では大規模再開発が目標にあって，区協議会・区懇談会は「説明会」だと感じる．	・区としては八重洲の環境を現実的に変えて行くにはある程度総合的で大がかりなまちづくりが必要ではないかと考えている．
・地元の人達がそれぞれの持ち味を活かしたまちづくりという考え方が切り捨てられている気がする．再開発ありきではなく，一歩下がって具体的な検討をする余地はないのか？	・個別の創意工夫によるまちづくりについては，地区計画等を導入しており，都市計画的な条件は整えているつもりである．

をもとに作成．

⑰主要対立争点に関する会合における意見応酬（2002年7月）

主要争点①　代表者制の是非について

東京駅前民間協議会	中央区都市整備部ワーキング構成員
・町会の代表者を地元代表としているが町会員ではない権利者もいるわけだから，地元代表とはならないと思うが？ ・また町会の代表者の意見は本当に町会員の意見を代表するものなのか？　区の言いなり，江戸時代の五人組にならないようにされたい．	・誰でもワーキングに入れて欲しいと言えばいつでも入れる． ・（八重洲推進派町会長）区の言いなりではない． ・（日本橋幹部）自分は日本橋三丁目西町会まちづくり協議会で出た意見をワーキングの中できちんと言っている．
・ワーキングに出られない人に活動内容を知らしめるべきである．メンバー選出経緯，議事録，活動内容は？	・ワーキングの活動内容は「区協議会」で配布する資料であると理解していただきたい．
・ではなぜ「区協議会」の資料の中で，超高層は◎，個別更新と中規模共同ビル化の手法は△×と評価されていたのか？　全く同じ資料が京橋等他の地区でも使われており，ワーキングとの相談の上ではなく，中央区が作っていることとなる．	・確かに区が作った．区がこのような資料を出したいと言い，ワーキングで色々な意見があったが，一度出してみようということでワーキングの承認を得たという経緯がある．
・不明瞭な事項が多すぎる．これを官民協調とするならフィクションだと思う．	

主要争点③　再開発事業のリスクについて

東京駅前民間協議会	中央区都市整備部
・区の役割は資料の提供に留まり，事業によって出来上がったものについては権利者の自己責任．資料では再開発事業の利点だけが強調されているが，リスクを示して欲しい．	・保留床売却の際，リスクを最小限にするため，ディベロッパーを交えた事前検討を行いながら，皆さんに確認してもらうことになると思う．
・特定の地域を決めて，建物を設計した上でないと金銭的な話が出来ないということだったが，ケーススタディによる概算，概略コスト等の説明はあるべきではないか？　民間ではこのようなやり方は通用しない．	・逆に絵も描けていないのになぜ数字が出てくるのだという話になる場合もある．まちづくりとしてどうあるべきかという議論も尽くしてなくて，いきなり数字が出てくるのもまたおかしな話である．区の立場として検討の手順があって，それに沿って進めていかないと数字は出しにくいというのが現状である．

「第12回東京駅前地区日本橋六の部再生推進懇談会」「第6回日本橋・東京駅前地区協議会」の議事録

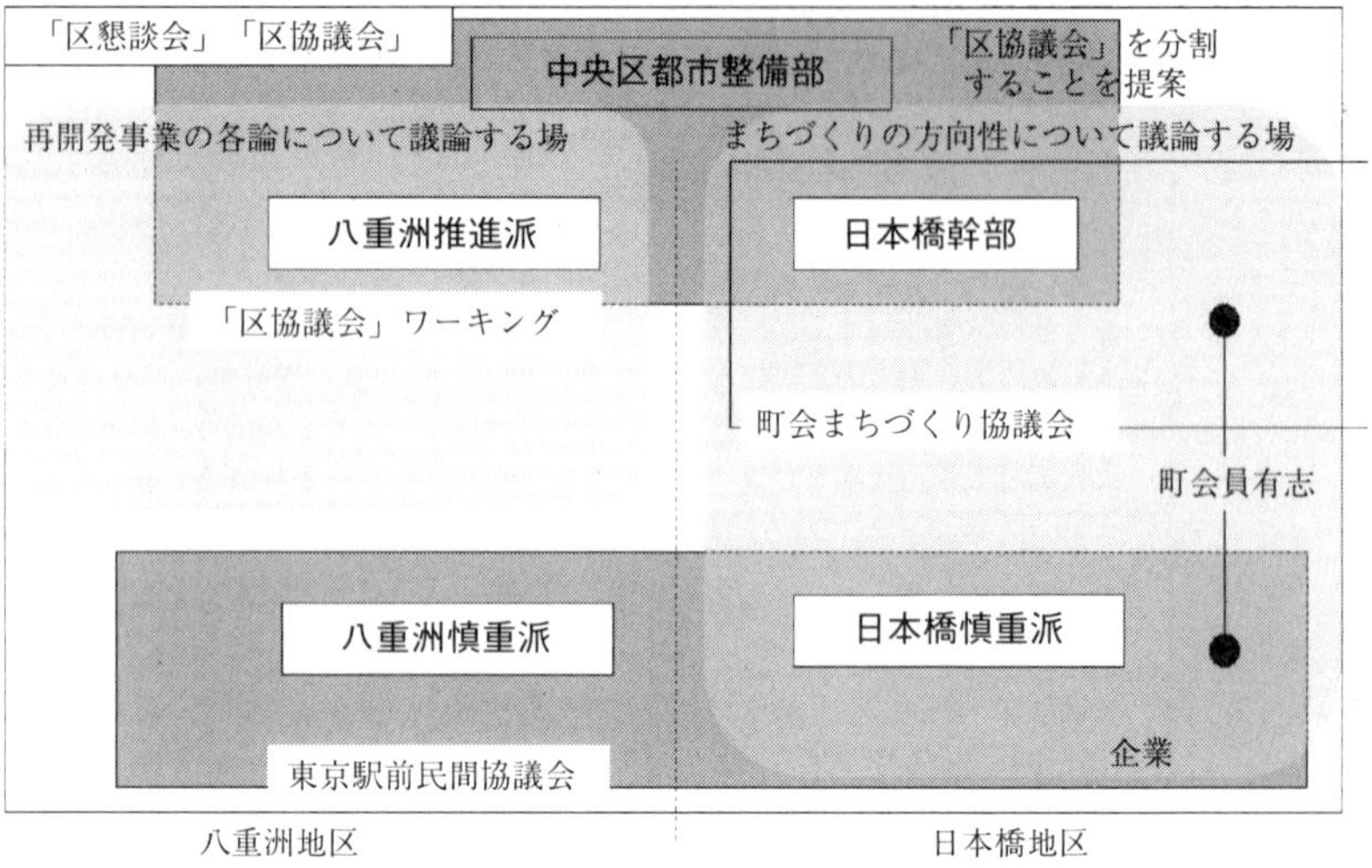

⑱中央区による区協議会分割の提案（2003年2月）

慎重派との対立が鮮明になっていく。

［対立の激化と会合の紛糾］

二〇〇二年七月、区協議会及び区懇談会において、東京駅前民間協議会のメンバーは中央区に質問を浴びせ、質疑を通して対立が鮮明となる。主な争点を挙げると、まず、「代表者」制の是非、即ち区協議会の運営を検討するワーキングが権利者・「住民」の意向を反映しているのかが問われた。また、二〇〇一年一〇月実施のアンケート調査の目的や結果の妥当性についても争点となった。そして、再開発事業のリスクについて、東京駅前民間協議会からは予め提示してもらわないと判断しかねるという意見が、中央区からは推進しなくては測れないという意見が出された。大規模再開発事業以外の手法については、東京駅前民間協議会からは検討すべきだという意見が、中央区からは地区計画等で対応済みであるとう意見が出された⑰。意見の応酬により一向に議論が進まず、区協議会、区懇談会共に会合は紛糾した。

二〇〇三年二月、中央区は区協議会において、区協議会を二分割すること、即ち八重洲地区には再開発事業の各論について議論する場を、日本橋地区にはまちづくりの方向性について議論する場をそれぞれ設置することを提案した⑱。そして、八重洲慎重派は一貫して反対の意思表示をしてきたので八重洲地区の議論の場からは除外することも提案した。分割することの是非、一部の権利者を議論の場から除外することの是非を巡って意見が対立し、この協議会も紛糾した。

その後、二分割されるはずの中央区主催の会合は開催されていない。しかしながら会合停止の公式なアナウンスもなされておらず、膠着状態は二〇〇四年二月現在も継続している。(8)

3 八重洲地区の権利者へのインタビュー

一連の動向の中で区協議会は八重洲地区と日本橋地区に分割されることとなった。二〇〇三年二月の区協議会の配布資料によると、八重洲地区では「『より具体的な施設計画や概略権利変換をベースとした各論を中心とした話し合いが必要だ』という声が多いようです」とのことであり、日本橋地区では同様の声が「多いという訳ではありません」とのこと。それゆえそれぞれ目的を別とした会合を設けるべく、区協議会を二分割することが提案されたのである。

日本橋地区においては、日本橋三丁目西町会にまちづくりについて議論する場が設けられ、「区の高層ビルに賛成の者はいないが、まちづくりについて考えたい」(二〇〇三年二月区協議会での日本橋幹部の発言)との結論に達する等ある程度の意向調整がなされた結果を受けての「分割提案」であった。

一方「『より具体的な施設計画や概略権利変換をベースとした各論を中心とした話し合いが必要だ』という声が多いようです」とされた八重洲地区においてはどうであったのか?、権利者の意向がどの程度調整されたのかに着目し、権利者へインタビューを行った。(9)

Aは八重洲一丁目の土地(約一二〇平方メートル)の借地権者であり、地上二階建て、築二五年程度、木造の建物を所有する。創業約五〇年程度の飲食店を経営し、八重洲一丁目東町会に所属している。

［地域の現状に対する認識］

以前この町は、日本橋地域の少し堅めのサラリーマン相手に商売する町であったが、ここ一〇年くらいで事務所が激減した。昔は八重洲仲通り沿いにも弁護士事務所などがあったがどんどん出ていった。出ていった事務所の後に入ってくるのは大手チェーンの居酒屋が多い。つまり、商売相手が減り、商売敵が増えたという状況がまず指摘できる。

また、チェーンの居酒屋が入ってきたことで路上での客引きが増え、さらに近年では風俗店の客引きも増えた。お客さんに聞いたところ、客引きが増えたために、通りを通るのが憚られるようになったと。人通りが少なくなり、一晩で一〇人くらいしか通らない通りもあるくらいだ。

事務所が減ったのは町としての魅力が低下したからだと考える。昔は日本橋に事務所を構えることが一種のブランドだったが、現在は町としての魅力が低下し、ブランド価値がなくなったと考える。このような状況を鑑みると、「なんとかしなければ」という想いは強い。だから活性化には大賛成である。ただ、再開発ということになると正直分からない。

［再開発に関する一連の動向への関わり方］

再開発構想のことを初めて知ったのは五年くらい前に行われた連合町会の勉強会（2(1)参照）。その場で「自分はビルに入れるのか」と質問したところ、中央区に「入れない」と言われた。その真意は察しかねるが、おそらく日本橋三丁目に計画されていた「横の街」に移転してくれ、という意味だろうが、八重洲でお店を出している者としては八重洲で店を構えたいと思った。

その後、中央区主催の懇談会が始まった（2(2)参照）。第一回目の中で、私は「平日は商売で忙しいので土日に開催して欲しい」と意見を申し上げたが、結局土日に開催されたことはない。初めの一・二回は出席したが、仕事で出席するのが難しくなり、その後は出席していない。中央区は途中から議事録を送ってくれるようになった。

［一連の動向について思うこと］

議事録を見、人に話を聞く限りでは、中央区は何がしたいのかハッキリしない。ビルを建てたいなら建てたいと明言してくれた方が、こちらは賛成・反対も判断できる。「一生遊べるお金を払うから出ていってくれ」と言われたら出ていくかもしれないが、できればこの地で商売を続けたい。

正直な気持ち、自分の店のことで手一杯なので、どうしたら活性化するか、どのように進めていけばよいか、と聞かれても分からない。町会長ら、町全体のことを考え、熱心に取り組んでいる方々には申し訳ない。江戸や明治の頃からこの地で商売している方に比べ、自分は町に対する想いは小さいのかもしれない。

［町内会について］

八重洲一丁目東町会で再開発について話し合うことはない。話題に上がることはあるが。

Bは八重洲一丁目の土地（約一〇〇平方メートル）を所有し、地上一〇階建て、築四〇年程度の建物を所有する。約五〇年前から当地で事業を営み、不動産賃貸業を兼業している。八重洲一丁目東町会に所属している。

［地域の現状に対する認識］

この町は、新聞等で報道されているほど地盤沈下しているとは思わない。普通の町だと思う。昔からキャバレーやサロンなどの風俗店はあった。風俗店はなくなってもらいたいが、貸してしまったビルオーナーの立場を考えると、自分はとやかく言える立場ではない。また、治安についてもセキュリティに関わる犯罪は発生していないので、底を突いているわけではないと思う。大通り沿いの表の箇所と、裏の箇所では状況が異なると思う。

歴史が全く違うのに、丸の内と八重洲を比較して、八重洲を変えるべきだといった意見は理解できない。

［再開発に関する一連の動向への関わり方］

再開発構想のことを初めて知ったのは二〇〇〇年の日経新聞の報道。その後中央区主催の会合が開催され、ほとんど出席している。

二〇〇三年二月の区協議会において地区を分割する旨が発表され、「一部の権利者を除くことに納得いかない」という意見が出され、中央区から「他の人が望むならばその人のところも外さざるを得ない」との説明があった。「自分のところも外して欲しい」という書面を作成したが、中央区に提出するには至ってない。おそらく中央区は次の計画を考えているだろうから、次の計画が出てきたら、話し合いに参加するか否かの立場を表明したい。

［一連の動向について思うこと］

行政が介入してくる計画には基本的に反対。「こんなに良い話を聞かないのはけしからん」的な強引なやり方には賛同できない。

中央区の説明は不明瞭な所が多い。特にリスクについての説明がない。権利変換によって床面積がどれだけ減るか、開発後の賃料収入がどうなるかについても説明がない。あのようなやり方では判断もできないまま、先へ先へと進んでしまう。

あくまで地権者同士の話し合いに委ねるべきだと考える。地権者同士の話し合いによってある程度の規模のビルが徐々に出来てくるような形が良いのではないか。

良い計画なら乗ることができる。良い計画とは、例えば賃料収入が一割アップする計画や今の権利をきちんと補償してくれる計画、今の面積が補償される計画等。一〇年ほど前に銀行主導で共同ビル化の計画が立てられたが、土地建物の評価、土地建物に付随する事業収入の評価に納得がいかなかった。

［町内会について］

再開発はやりたい人がやれば良い。個々の事情があるので、推進する人にとやかく言うことは出来ない。ただ、町会が再開発を推進するのはおかしい。そもそも町会という組織にそのような意思決定の権限はないと考える。再開発の話が出てから町会から少し距離を置くようになった。

町内会で再開発に関する会合が開かれる時は代理人を出している。

Cは八重洲一丁目の土地（約三〇〇平方メートル）を共有し、地上一〇階建て、築三〇年程度の区分所有建物を所有する。不動産事業を専業し、八重洲一丁目東町会に所属している。

［地域の現状に対する認識］

風俗店等の問題の解決策として、再開発の話を持ちかけてきても何も解決しないと思う。現実の問題を夢で解決しようとしているわけだから。

［再開発に関する一連の動向への関わり方］

中央区の構想は夢である。中央区主催の会合には参加しているものの、夢について賛成も反対もあるはずがなかろう。

二〇〇三年二月の区協議会での発言は、①ある権利者に対して依怙贔屓することが行政のやることとして得策ではないのではないか、②キーとなる権利者を事業区域から外すことは初めから計画が失敗していることの現れではないか、との想いからである。

［一連の動向について思うこと］

再開発を行うには事業主体が重要である。「出来れば良いな」ではなく、出来ることが確実にならなければ話は進まない。税金を投入して再開発事業を推進していく時代ではないので、信用力のあるディベロッパー・銀行等が主導しない限り、構想は絵に描いた餅に過ぎない。信用力のある事業主体の存在が前提条件であり、これが満たされない限りは賛成も反対もない。

世の中には話し合いだけで解決出来る問題と出来ない問題が存在し、再開発の問題は話し合いで解決できない問題であると考える。話し合いで解決できるという考えは幻想に過ぎない。たとえ四分の三が賛成しようとも、事業主体たりえる者が現れない限り、実現は不可能だと思う。

日本は公権力が弱すぎる。行政が構想を本当に実現したいのならば、公権力を行使してでも土地建物を収用していくことも考えられるが、これは裁判沙汰になった場合の対応策・決意・覚悟が必要である。行政サービスはお金に換算できるものではなく、役人の仕事を評価する際に、成果で評価するというよりも、「取り組んでいること」それ自体で評価していると思う。再開発の問題に関しても、中央区が「取り組んでいること」を追求しているような印象を受け、責任感が感じられない。

行政が「できれば良いな」程度に考えている構想を知り、夢を見ている人達が推進していると思う。行政の夢に踊らされている人達は気の毒だ。ただ、夢に乗ることも自己責任。夢では問題を解決できるはずがない。

本当に大規模再開発の話をまとめるのではあれば、反対者を（いろいろな意味で）排除するしか方法がないと思う。

［町内会について］

町会員ではあるが、再開発に関する会合には参加していない。

中央区は何がやりたいのかハッキリしないと感じたA、中央区の説明では判断できないと感じたB、中央区の構想は夢に過ぎないと捉えたC。これらに共通するのは十分な判断材料がないということである。

また、再開発について町内会で議論する場が設けられているのかという観点で見ると、話題に上る程度だと認識するA、議論の場はあると認識する者B、場はあるが参加する必要がないと認識しているように捉えられるC。町内会に議論の場が設置されているとは言い切れない。

十分な判断材料が存在せず、議論の場もあるとは言い切れない状況の中では意向が調整され得ない。A、B、Cの三人の意見からそのことを窺い知ることができる。

4 考察

(1) 対立形成の主要因

当該地区において対立が形成された主要因としては、以下の三点が考えられる。

[中央区が大規模再開発事業を前提としたこと]

八重洲ツインビル構想が白紙撤回となった後の第二段階はキーポイントであった。まずまちづくりのテーマを明確にするという区懇談会の段取りを受けて、日本橋慎重派は拠点以外も活性化させるためには地域の方向性を明確にする必要があると考え、歩行者動線や転出企業意向調査等現況をしっかりと整理したうえで様々な選択肢を検討し、議論していきたいと考えた。一方、中央区は大規模再開発事業を前提とした資料を作成し、説明を行った。そして日本橋慎重派の提案する現況調査は拠点候補地が決まった後の各論の段階で参考にするとの立場をとり、拠点候補地選定を急いだ。このズレが第二段階の対立を生みだした。

あくまで目標は地域活性化にある、と中央区は説明したが、地域活性化という目標と大規模再開発事業という手法がリンクすることに疑問を投げかける権利者が反発した。大規模再開発事業を前提としたことによって、本来ひとつの手法であるべき大規模再開発事業の推進が目標となる者、撤回が目標となる者、分からなくなる者等々に分別され、地域活性という共有すべき目標が共有されることはなかった。

中央区がこうした態度をとり続けたことの背景として、日本の法定再開発が、大規模・高層を前提とした事業制度であることが存在している。いやむしろ、このことが地域社会の対立を生み出した根本的な要因といえるかもしれない。

［町内会の役割が不明瞭であったこと］

町内会代表者は第一段階においては委員会構成員、第三段階においてはワーキング構成員としての役割を果たしたが、その「代表者」制の是非が争点となった。第二段階以降においては区懇談会・区協議会の周知を町内会が行ったが、その会合の周知方法に関して反発する権利者も現れた。インタビューの中でBは町内会の役割に疑義を唱えた。

一連の動向の中で町内会は様々な役割を果たしたが、役割の範囲について予め明確になっていなかったことが、「代表者」とその他の権利者との間に溝や誤解を生みだし、様々な対立を生み出すこととなったと考えることができる。このことは、町会を中心とした古いトップダウンの意思決定システムを尊重する地権者そしてそれを活用しようとする中央区と、現代的なボトムアップの意思決定システムを指向する地権者間の対立とも見て取れる。こうした町会対「市民グループ」の対立は、重層的に歴史が積み重なった他の地区でも共通してみられる現象である。

［権利者にとっての判断材料・判断の機会が不十分であったこと］

第二段階において日本橋慎重派は、信憑性のある資料をもとに話し合い判断した結果として拠点を選定したとは言えない、との想いから反対声明を発表した。第三段階において慎重派は、リスクを提示すべきではないか、と主張した。インタビューを通して、判断材料がないと感じる権利者の想いを垣間見ることができた。判断材料がないのに判断を迫るのはいかがなものか、と感じた権利者が反発し、対立が鮮明となる構造であったと捉えることもできる。

そもそも、大規模再開発事業を前提としたことは、前提条件を中央区が判断したということになる。権利者にとっては判断材料・判断の機会を得ない状態で前提条件が設定された訳であり、その時点で対立の種は形成されていた。前提を設定する段階においても判断材料と判断の機会が必要であろう。

(2) まとめに代えて

対立形成の主要因を踏まえ、都心既成市街地の再構築という課題の中で筆者なりに重要だと考えることがらを記し、まとめに代える。

[目標共有の徹底]

まず目標の共有を徹底させることが重要だと考える。

一連の動向においては、目標は暗黙の了解のものとされ、大規模再開発事業を手法として選択することを前提としたことによって、目標が共有されなかったことが対立を生みだす要因となった。手法を選択する前に、議論やワークショップを通して現状認識・目標を共有し、深化させることが、重要であると考える。そして多様な権利者が共有できるためにも、この時点の目標とは、個々の地権者の資産価値の増減といった個別・具体的なものよりは、広く、大きな、そして概括的な、しかし後の具体の議論・意思決定の局面で最も重要な規範となり得るものとする必要があるのだろう。

[地域の政治構造の再構築]

ある程度目標が共有されると検討事項が明らかになってくる。この段階で検討体制を明確にしておくことが重要であると考える。

一連の動向においては、町内会という組織の役割が不明瞭であったことが様々な争点を生み出し、誤解をもみだしてしまった。関係者が多数存在する中で物事を決定し、進めていくためには検討体制を明確にする必要があり、検討体制には複数の協議協働の場、複数の組織、及びルールが必要であろう。

その意味で、町会がある程度支配的な役割を果たしてきた比較的歴史のある日本橋のようなコミュニティであっても、町会やその構成員を中心として組織した会議を、意思決定の主たる場として活用することには限界がある。より、多様な主体が参加しつつ、共通の目標像を描くようなステップを踏むことが必要だろう。大規模な再開発を行うか否か、それ自体を、多面的に議論することができるような場である。

また、「再生」に必要とされる検討事項は、多岐にわたるものであり、また方針・施策・事業実施といった再生の進行・段階に応じて、異なる事項について検討する必要が生じる。それゆえにフォーマル・インフォーマルな複数の協議協働の場を適宜設置することが必要であり、このことは協議協働の行為を活性化することにもつながる。そして、複数の協議協働の場、複数の組織を有機的に繋げ、各協議協働の場や各組織の役割を明確にするために、意思決定に関する基本ルールが必要とされるのである。

筆者が取り組む現場をみるかぎり、本章で取り上げた事例のように、「都市再生」には、地域社会における政治構造を再構築することが必要とされている場合が少なくない。

［責任あるプロフェッショナルの関与を促す仕組みの構築］

検討事項が多岐にわたる中、検討体制は多様なプロフェッショナルをも含んだものであることが望ましく、多様なプロフェッショナルが責任をもって関与できる仕組みを構築することが重要だと考える。

一連の動向においては、判断材料が不十分であったことが対立を生み出す要因ともなった。多様なプロフェッショナルが関与することで、判断材料は高品質・総合性を帯びたものとなる可能性は高まる。そして関与に責任を課すためにも、多様なプロフェッショナルの関与をフィービジネスとして位置づけるとともに、関与に関するルールを予め明確にする必要もあろう。

注

（1）本稿は竹端直弥（二〇〇三）「都心既成市街地の再構築に関する研究」東京大学工学系研究科修士論文をもとに筆者が

執筆したものである。

（2）風俗営業店舗が入居するようになった要因として、一九七四年に区立紅葉川中学校が閉校になったことが挙げられる。この中学校の跡地には第三セクター日本橋プラザ株式会社が運営する日本橋プラザビルが建設された。

（3）八重洲一丁目東町会長は創業約一〇〇年の飲食店を経営し、当地に居住。町会長の他、連合町会長や商店会長等様々な役職に就任している。

（4）八重洲慎重派は再開発の話はテナントが不安になり業務上支障が出るのでやめて欲しい、と基本的に考えている。

（5）創業約五〇年の飲食店経営者や、当地に生まれ育ち、現在は不動産賃貸業を営んでいる権利者が中心的人物。

（6）町内会の代表者だけで地元の意向を把握できるのか疑問に思い、中央区担当者との面談の中で「ワーキングはセレモニー」との発言があったことからワーキングの意義について疑問を抱いた。

（7）この複数のケーススタディはワーキング以外の会合（区協議会や区懇談会等）で日の目を見ることはなかった。

（8）二〇〇四年一月二六日発行の中央区民新聞では「地元と協議している」とされている。

（9）本論に掲載したインタビューは二〇〇四年一月に行った。

三　都市再生のオールタナティブス

小長谷一之

近年、人口の都心回帰が進んでいる。

この傾向は、筆者が他所でも数年来指摘してきたが（小長谷、二〇〇二）、わが国全体が人口減少社会に入り、大都市圏も初めて人口が減少する時代に入ってきていること、都市スプロールが限界に達し、外向的新都市建設から内向的都市再生へのトレンドの変化が起こってきていること、産業空洞化により都市中心部の事業所面積が減っていること、などによるものである。

ここで、人口の都心回帰の流れを加速するために、都市中心部の特定のエリア（たとえば山手線の内側）で、容積率を緩和し、高層集合住宅の建設促進の可能性を主張する方向性も現れてくるようになった。しかし、都市の中での人口や環境・景観の外部性の保護といった資源の配分という問題からみても、より高層のマンション等の建設を自由にすることによって「のみ」都市再生が成ると考えることは難しい面があるのではないかと考えられる。ここでは、地方の事例と東京の事例を取り上げて、こうした点について若干の概観をしてみたい。

1　人口減少社会の到来と内向的都市再生の時代

二〇〇〇年代（二〇〇〇〜〇九年）の後半は、日本の人口史および都市史における画期である。これまで過疎の対極にあり、地方の人口減少を尻目に、一貫して人口増加の果実を謳歌してきた大都市圏が、ついに人口減少に転じると推定されるのである（小長谷、一九九五、二〇〇二）。

これに伴い、これまで、都市の外周部に次々に新しい都市を建設していくという、外向的新都市建設やスプロール型都市開発の動きが遂に終焉し、それにかわって、内向的都市再生ともいうべきトレンドがやってくる。

この流れの兆候は実は二〇世紀の末から始まっており、東京では六本木ヒルズや丸ビル、大阪ではなんばパークスや梅田北ヤード（予定）のような都心部における巨大開発やマンション建設に象徴されるミニバブルを引き起こしているが、はたして、そうした動きの背後に問題点はないのだろうか。

都心の一部の地区に対する人口回帰をもって、「都市再生である」ということはあまりにも安易な考え方である。本論文では、こうした点もふまえて一見華やかな大規模開発の裏にある問題点を概括し、本来の都市再生のありかたとはなにか、を（主に関西地方の事例を中心に）考えてみたい。

2　都市が再生されればどのような形態でもよいか

一般に、オフィスワーカーに対して、その職場の就業者一人に対して、オフィス消費面積がAであり、扶養家族も含めた世帯e人が存在し、一人あたりBの住宅面積を消費するとすると、就業空間に対する居住空間の面積倍率は、（B／A）・eになる。

わが国の都市圏を例にとると、ＢがＡの二～三倍程度、ｅも二倍前後と推定されるので、面積倍率は四～六程度の規模になる。もちろんこれまでは、オフィスは高層化していたので、消費する敷地面積はさらに小さかったと想定される。一般に都市圏の中で、オフィス地区に対する住宅地区の面積比率は七～八倍以上あるのが普通で、都心にオフィスの核があり、その周りを取り巻いて、遙かに大きな面積の住宅地（郊外を含む）が広がっているという形態であった。「横に広がる都市」ということができる。

こうした、横へ広がる都市スプロールは、人口減少社会の到来とともに停止し、人口の都心回帰の流れが強まってくる。さらに、人口が都心へ回帰するだけでなく、より高層のビルに住む傾向が促進される。その理由はいくつかあるが以下のようなものがあげられるだろう。

（要因１）通勤における近接性の希求

都市圏全体の土地に対する需要と供給の関係で、需要側が減るので、地代曲線は低下する。以前と同じ賃料やローン支払いで、より交通便利な中心部へ住み替えが可能になってくる。居住立地は、概ね、通勤などによる都心へのアクセスと、住宅の広さとのトレードオフで選択されているとみられてきたから、全体の価格が下がれば、より便利な中心部へ住み替える動きが出てくるのは当然である。

（要因２）マンションへの選好の変化

これまで、典型的な子育て家族世帯が郊外の一戸建てを需要してきたが、社会全体の老齢化やライフスタイルの変化などにより、子供の巣立った老齢者、若年のシングル、結婚しているが子供を持たないＤＩＮＫＳ、独身者など、郊外の一戸建てよりも、交通便利な中心部の高層集合住宅を志向する人口集団の割合が、総人口の中で増えていく長期的傾向がある。

（要因３）建て替え時の不可逆な高層化の流れ

建て替えをする場合、オーナーが建設費を捻出するためには、容積率アップしたプロジェクトで、よりたくさんのテナントに負担してもらうか、分譲の場合は等価交換方式などにより、最終費用を手当てするのが普通となっている。ストックの永続的継承（少なくとも減価償却以上の年月）ということが定着していない日本ではこの流れは不可逆で、都市の建物は、同じ利用面積・効用水準を維持するためには、建築費を得るために、だんだんと高くしていかざるを得ない構造になっている。

（要因4）グローバル化による事業所の海外移転による就業機会の減少

円高傾向となった一九八〇年代以降、日本の経済構造の変化とグローバル化の流れによって、これまで都市にあって大きな面積を保有していた製造事業所は、大規模なものほど安い人件費、地代を求めてアジア等海外へ移転しており、基本的には都市における就業者数は（新産業が起こらない都市では）減少傾向に向かう圧力が強まってしまう。

3　横に広がる都市から、縦に伸びる都市へ

結局、都心の中小の事業所用のビルが取り壊され、その後に採算性にあった高層マンションがたつという構図が随所にみられるようになる。

これは一見、市場原理に従った流れのようであるが、こうした変化の裏では、地域的にみれば、もちろんいくつかの不平等や社会問題が生起される危険性がでてくる。

(1)　郊外の衰退問題

拙著（小長谷、二〇〇三）でも多少触れたが、中心都市と郊外の就業者数をそれぞれEc、Es、中心都市と郊外

の居住者数をそれぞれHc、Hsとし、上述の扶養家族を入れた拡大常数（一就業者あたりの世帯規模）をｅとすると、都市圏内で就業－居住関係が閉じているという仮定のもとでは、

$$e(Ec+Es)=Hc+Hs$$

$$Hs=e(Ec+Es)-Hc$$

$$=eEc-Hc+eEs$$

である。

このことから、郊外の自治体の人口が増加するためには、

①郊外の雇用が増加する（Es増加）か、

②中心都市の雇用が増加する（Ec増加）が、中心都市には居住しない（Hc減少）か、

いずれかということになる。逆に、郊外の自治体の人口が減少するのは、

①′郊外の雇用が減少する（Es減少）か、

②′中心都市の雇用が減少する（Ec減少）か、中心都市に居住する（Hc増加）か、

いずれかということになる。

①は、郊外に新しい就業核を作り出そうとする方向で、研究学園都市であるとか、大学を核とした知的クラスターを作ろうとする試みなどがこれにあたる。関西圏では、大阪北部のライフサイエンス都市などがこれに相当するが、一般論としていうと、大規模生産拠点はアジア等の海外へ移転する一般的傾向がある以上、大都市圏の郊外で大規模に雇用を創出する可能性は、量的にはそれほど大きなものはもう期待できない。

②ところが、中心都市の業務ビルが取り壊され、その後に高層マンションが建つということは、中心都市の雇用が減少し（Ec減少）、中心都市に居住する（Hc増加）、ということである。これまで、典型的には、中心都市に職場を持ち郊外から通勤していた人口が失われ、さらに、居住地としても郊外に住んでいた人口が中心都市へ引

っ越すということになり、郊外の居住人口にはダブルで減少要因となってしまう。

このように、現在進みつつある、高層マンション建設による都心への人口回帰現象は、郊外自治体の存立基盤を危うくするほどの人口減少を引き起こす可能性がある。

さらに進んで、郊外に居住空間を求めた「横に広がる都市」から「縦に伸びる都市」への構造転換にすら発展する可能性がある❶。

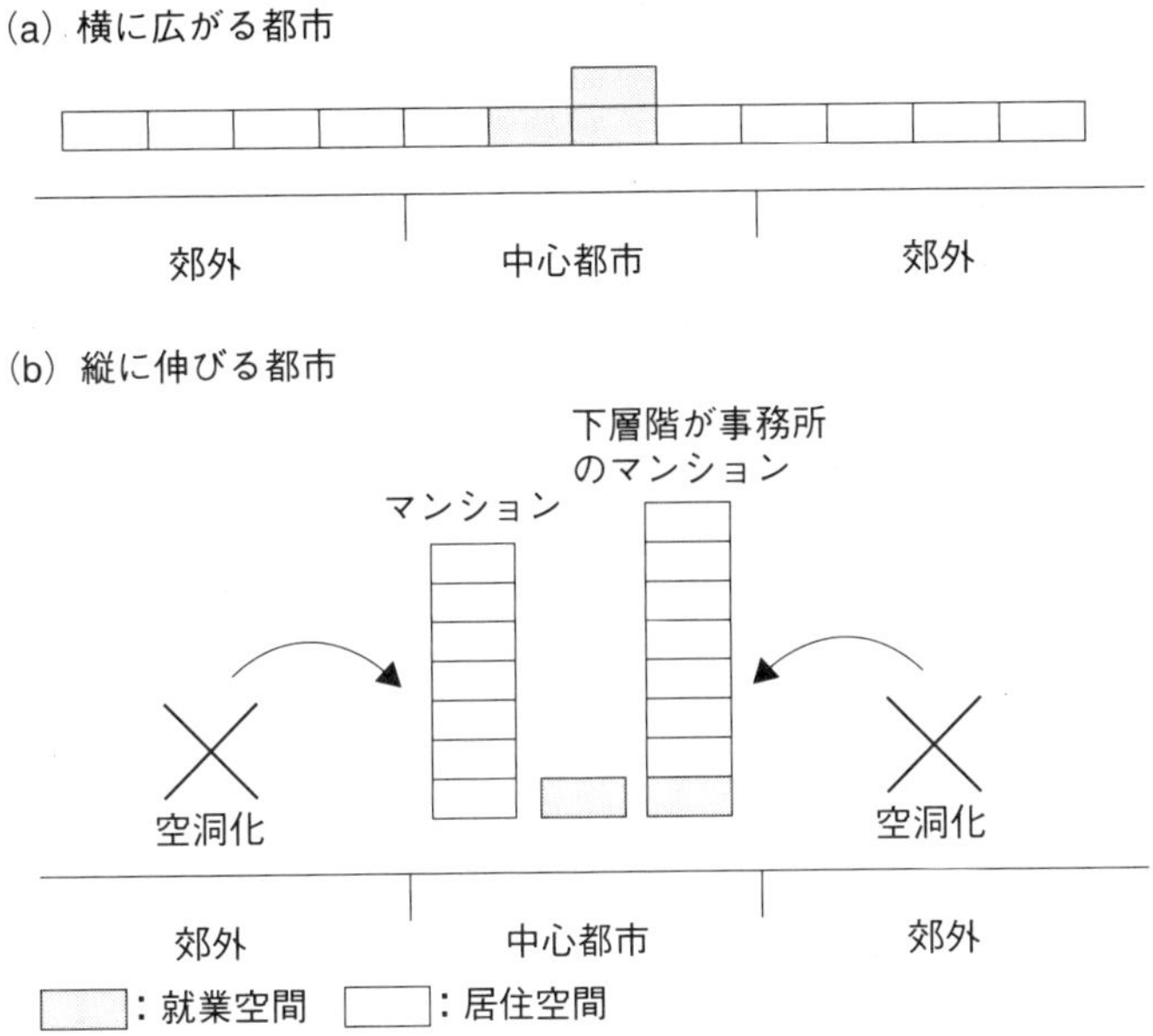

❶都市の構造転換の構図

(2) 都市中心部の環境悪化問題

周知のように、環境問題を引き起こす外部性効果（external effect）は市場の失敗の代表的例であり、そのすべてを完全に市場化することはできていない。

先に触れたように、永続的な都市ストックを重視しない日本のようなまちづくりにおいては、建て替えを定期的に行うということになる。それが、地価負担の大きい都市中心部では、建築費用を捻出するため、大勢として不可逆な高層化の流れを回避することは難しい。特に、産業構造の転換によって事業所の減少が続く古い中心市街地においては、高層マンションへの転換が進んでいる。

この流れが進むと、都心部における容積率の緩和という要求につながっていく。東京でも、山手線の内側において、容積率の増大が政策的可能性として提唱されるようになってきた。実際、現在の東京や大阪の都心部で、オフィスビルが老朽化して、新築しても、既述の要因4のような長期的傾向から、同じようなオフィスのみではテナントを埋められる可能性が低い。一方、都心居住の流れは要因1のように継続すると考えられるので、オフィスビルを壊して、完全なマンションとなるか、あるいは、低層階をオフィス・商業用途とし、中高層階はマンションという選択肢が、オーナーにとってもっとも自然な選択となる。

これが現在の市場の流れであるとすると、その究極的な姿を象徴的に表現すると、❶のようになる。これまでの都市の姿は、都心に職場が集積し、郊外に戸建てないし低層の住宅地が広がる、「横に広がる都市」であった。これが、容積率の高い中心都市に林立するビルの低層階に職場をもち、高層集合住宅に居住するという、いわば、「縦に伸びる都市」に変わるということである。

こうした流れを市場原理であると無条件に肯定することに近い立場もあるが、右のように、環境や景観といった外部効果の見方からはすぐに問題が指摘できる。

高層マンションは、中心都市の伝統ある成熟したコミュニティでは、周囲に十分な空間をとれない場合、圧迫感を与えるものである。つまり景観上の問題を提起している。現在も中心都市ですら、各地で、「高層マンション訴訟」が起こっていることはその証である。

高温多湿のわが国では、衣類の乾燥用に南面のベランダを持つことが住居用ビルの必要条件である。このことから世界的にも、建築基準法の北側斜線制限などのいわゆる日陰規制が強化されていることはよく知られている。したがって、高層集合住宅が業務用ビルに混在して林立するという景観は、近隣外部性の点からみても、わが国では相当抵抗がある。実際、現在でもマンション訴訟が頻発しているところから、こうした方向に向かうプロセスも大きな障害を伴うであろう。

こうした中心都市におけるマンションの建設トレンドが今後大規模に進むことを考えると、最終的には根本的な対応が必要になってくると考える。たとえば、諸外国では当たり前となっている「用途地域規制における集合住宅地区」などの概念は、わが国では整備されていないが、こうした概念も今後真剣に検討すべき時期に来ているといえるだろう。マンションが個別の点としてその周辺と紛争が起こるような無秩序な都市ではなく、開発権の移転、ゾーニング政策の再検討を含めて、面的に良好な低層都市を保全する部分と、高層化をはかる部分とに計画的に戦略を分け、美しい都市をつくる努力が求められているのではないだろうか。

(3) 玉突き型空洞化による末端のマーケットが危ない

都心回帰が一時的現象であることと、産業構造の変化による日本の都市内での就業機会の減少を考えあわせると、市場原理に基づく都市再生の恩恵にあずかれるところは、ほんの一部の恵まれた地域のみであり、そのほかの大部分の地域は取り残される。

特に、中心都市でも、大規模プロジェクトの恩恵にあずかれるのは、都心のほんの一部の地区である。大規模開発でフロアが供給されると、そこへ中規模ビルからテナントが移動する。すると中規模ビルが空洞化する。その中規模ビルに小規模からテナントが移動する。このようないわば「玉突き的空洞化プロセス」によって、最終的にはマーケットの末端である中小ビルが空洞化するのである。これは、都心周辺部の下町というべき旧市街地である、いわば都市の死角ともいうべき都心周辺部の「やわらかい部分」が取り残されるのである。

4　都市再生のオールタナティブとは何か(1)――古い都心の再生とＳＯＨＯ

以上のように、二一世紀の「人口減少＋産業空洞化」という傾向のもとで、一部の大企業による大規模プロジェクトだけでは、日があたるのは都心のほんの一部の地区であり、中心都市のその他周辺部では中小ビルが老朽化し、郊外は人口が減少する。

❷東京・秋葉原のリナックスカフェ

いま、少なくとも焦点を中心都市に絞ったとしても、政策的には、①少数の拠点における大規模開発と同時に、②マーケットのもう一方の端である周辺部の中小ビルの空洞化を防止する政策の、「二面作戦」が求められるのである。

そのような例として、神田地区と船場地区の空洞化した都市の再生事例をみてみよう。この両者が、奇しくも江戸・東京と大阪の近世からの下町ということは偶然ではなく、歴史的な旧市街がその後空洞化したプロセスには非常に普遍的な類似性があり、また再生プロセスにも普遍性がある、ということである。そうしたところに新産業の再生の芽があるのである。

（例1）千代田区とSOHOまちづくり推進構想・リナックスカフェ

千代田区は、オフィス空室率の上昇する神田を中心に、中小ビルの再生計画を策定した。そのときにSOHO（Small Office Home Office）というコンセプトを中心概念とした「SOHOまちづくり推進構想」を決定し、これに従って、都市再生のモデルとなる地域拠点を四つもうけた。区が管轄するビルでは、「リナックスカフェプロジェクト」「中小企業センタープロジェクト」の二つ、民間ビルでは、構想に賛同する「RENプロジェクト」「日東ビルプロジェクト」の二つである。それを核に、周囲の地域を面的にネットワークする「家守」などのシステムを考えて、周辺の空きビルの再生を推進する予定である。

特に、リナックスカフェ❷は、電気パーツの街であった秋葉原を、オープンソース（ウィンドウズなど特定の企業ブランドに属さず、世界中のエンジニアが自由に作成し、無料で提供される形態）の基本ソフトにかかわるITベンチャー振興の拠点とし、さらに、デジタル・コンテンツなどの振興策を使って商店街の活性化を行うなど、意欲的な試みを行っている。

（例2）大阪市・都市再生機構と船場デジタルタウン構想

大阪の船場地区は、江戸時代の大阪の中心で、大阪だけでなく日本の多くの企業を育てた経済都市であったが、繊維等のオールドエコノミーの主力がアジア諸国に移り、日本一の「シャッター通り」といわれるほど空洞化し

❸船場デジタルタウン構想(1)—都市再生機構版デジタル BOX（南船場在宅ワーク型住宅）

❹船場デジタルタウン構想(2)—民間版デジタル BOX（アルファデジタルボックス南本町）

❺船場デジタルタウン構想(3)—民間版デジタル BOX（T4B）

た。アメリカで空洞化した街区がＳＯＨＯビルの供給によってＩＴ産業の集積地となった例が多いため（小長谷、二〇〇五）、ＳＯＨＯビル（デジタルＢＯＸという愛称をもつ）の供給を目的として大阪市や都市再生機構など関係機関が「デジタルタウン構想」を策定した。都市再生機構のデジタルＢＯＸというＳＯＨＯビル（在宅ワーク型住宅）が三棟（「南船場」「瓦町」「淡路町」）、その他、構想に賛同するオーナーのＳＯＨＯビル（小規模オフィスの集合体）が五棟つくられた❸❹❺。

このような「新しい」都市再生手法は、大規模開発を光とすると、その影の部分である都心周辺部の（典型的には「古い下町」の）末端マーケットである中小ビルを再生することができる。

そのときに重要となるのが「ＳＯＨＯビル」という概念である。それは、経済的側面および空間的側面から次のような理由があるからである。都市を再生する担い手である新産業のうち、ＢＴ（バイオテクノロジー）産業などは、大きな施設と大学等高等研究機関の協力が重要となるので、都心型というよりも大学に隣接した郊外の研究学園都市型の立地をするのに対し、ＩＴ（情報通信）、特にソフトウェアやコンテンツなどのソフト系ＩＴ産業は、アイデア次第では、わずかな設備とオフィススペースでの起業が可能なため、都心立地であり、右のような空洞化した「古い下町」の再生にぴったりなためである。

しかしその場合、現在の既存産業が使っているようなワンフロアのオフィススペースは必要なく、数平方メートルから十数平方メートル程度の小さなオフィス（ＳＯ：Small Office）、あるいは、昼夜を問わず仕事をする場合に適切な職住一致の居住兼用オフィス（HO：Home Office）で十分なのである。ソフト系のIT産業やデザイン系の業種にとって、リスクの大きい投資は必要なく、日々の固定費用を低減する方がありがたい。その代表的な要素がオフィス賃料である。

ここに、行政が推進する「インキュベータ政策」の根拠がある。

しかし、行政のインキュベータは極端に賃料が安い代わりに一定期間で追い出される。スタートアップしたばかりの企業がその期間内にワンフロアの規模にまで育つことはほとんどないので、行政のインキュベータと一般のオフィスフロアビルの間に存在する民間のSOHOビルを増やす必要があるということである。

SOHOビルの供給は、都市再生と新産業振興の一石二鳥の効果がある。

5　都市再生のオールタナティブとは何か(2)——都市再生のマーケティング

(1)　安上がり都市再生とは——リノベーション、コンバージョンの重要性

自治体の財政難や、民間マーケットの投資意欲の水準からみて、これからはコストパフォーマンスの高い都市再生が求められている。

このことは、特に、古い建築物をそのままコンバージョンし、その雰囲気を生かして再活用する商業・サービス業系の再生計画において非常に重要である。

こうした観点は、これまで必ずしも重要と認識されてこなかったが、小さな投資で大きな効果（集客など）を得る、すなわち、コストパフォーマンスの高いまちづくりにおいては欠かすことができない。

また、これまでの例をみても、再生計画が成功するためには、マーケティング論的にみて効果が高いものでなければならない。

このためには、既存のマーケティング理論などをもっと活用すべきである。通常のマーケティング論は一般の商品に対するものであるが、「地域」を対象とするマーケティング論は、特に「プレイス・マーケティング（place marketing）」という。

筆者は、これまでの小規模な商業系のリノベーション・コンバージョンを利用した都市再生の成功事例は、マーケティング論的観点からみても、非常に利にかなっているということを証明してきた（たとえば、小長谷、二〇〇五参照）。

できるだけ安いコストで高い効果を上げるためには、投資のもっとも大きな部分が建築費であることを考えると、新築よりも、既存の建築物のリニューアルの方がこの部分を節約できることはいうまでもない。特に、保存することに価値がある歴史的建築物と、その中にいれるコンテンツが、マーケティング論上の複合概念（マーケティングミックス）としてうまく調和し、より魅力を高めるようにすることが大切である。

コンバージョンは、単なる建築上の手法というだけでなく、いかに斬新なコンテンツを導入し、ストラクチャー＋コンテンツの総体として、プロモーションに成功させることができるか、が根本的に重要なのである。まさしく、まちづくりのマーケティングに他ならないのである。

ストラクチャーが歴史的建築などの真正性（authenticity）を長所にするものである場合は、それと調和して、サービスの束として来訪者に満足のいく一体的なマーケティングが結果として実現していなければならない。コンバージョンの成功の鍵は、こうした新規コンテンツの如何であるといっても過言ではない。

いまのところ、よくおこなわれる代表的な組み合わせとしては、以下のようなものがある。

（パターン1）町家のリニューアル→カフェ・ギャラリー系店舗
（パターン2）町家のリニューアル→クリエータの工房
（パターン3）歴史的ビルのリニューアル→ソフト系ＩＴ企業やデザイン系の事務所

（パターン４）湾岸部等の倉庫のリニューアル→アート系活動（劇団など）

以下では、そのような成功例が、マーケティング理論上のどのような観点から有利であったのか、を簡単に説明してみたい。

(2) 革新の重要性――黒壁

第三セクター方式の数少ない成功例として全国的に有名になっているのが滋賀県長浜市の「黒壁」である。このように地方都市再生の典型例といわれている「黒壁」であるが、その成功の鍵の一つが一種の革新性にあることは意外に知られていない。「住民主体のまちづくり」「地域の個性を活かす」というかけ声はよく言われることであるが、黒壁成功の中心的コンテンツであるガラスは、もともと地元にはなにも起源のない外部コンテンツであったということは、いくら強調しても強調しすぎることはない点である。

これまでと同じことを同じようにやって静かに衰退していく、という典型的な「商店街のジレンマ」に陥っている街はあまりにも多いが、その再生の処方として、地元にまったく新しいアイデアがない場合は、地元の意向を聞いて、地元の固有のものを活かすということだけでは、成功しないことが多い。わずかでもよいから、新しいアイデアをいれることが活性化の鍵なのである。黒壁も、中心メンバーが、もともとの地元の人間ではあっても、専門の商業者でなかったからこそ、ガラスという新しい発想を持ち込むことができたのである。

歴史的建築物という古い地域文化を活かしながら、そこになにか新しい要素を取り入れる「古いストラクチャーに新しいコンテンツ（古い革袋に新しい酒）」方式が、マーケティング論的にも優れていることは、小長谷（二〇〇五）でも示したように、マイケル・ポーターの競争優位マトリックスに対応していることからも説明される。

(3)　若者文化の重要性——秋葉原と南船場・堀江

既出のＳＯＨＯ的都市再生のテーマとなっている東京の神田地区や大阪の船場地区には、もう一つの注目すべき共通点がある。それは、一方的に空洞化し、衰退するだけでなく、若者文化による自然な再生の芽が出てきている地域だった、ということである。

神田・秋葉原は、もともと電機部品の街であったが、アニメを中心としたコンテンツ産業の象徴的中心となり、コンテンツ関連のクリエータが来るようになり、またＩＴ関連の業種も多く、国土交通省のソフト系ＩＴ産業集積調査では全国一位の集積地となっている。前述のように、リナックスカフェや駅前のＩＴセンター（クロスフィールド）構想などもでてきている。

船場地区の特に南の南船場は、もともと古い問屋街で、古い事業所や倉庫が多かったが、それをコンバージョンする空間デザイナー（間宮吉彦や森井源蔵が有名）によるおしゃれなカフェやレストランが林立し、若いサラリーマンやＯＬの聖地となった。デザイン系の業種も多く、上記のソフト系ＩＴ産業集積調査でも全国四位の集積地となっている。

このように、

①衰退・空洞化した街であるが、

②新しい若者文化の芽があり、

③ソフト系ＩＴ産業やデザイン系業種の初期集積がある、

ということろが、自然な都市再生の戦略的要衝である。

(4)　ＮＰＯ的組織の重要性——ならまち

奈良県奈良市の旧元興寺境内を中心とした地域は「ならまち（奈良町）」と呼ばれ、古い町屋を中心にコンバージョンによる再生が進んでいるところである❻❼。

ここは、一九七〇年代から、地域の自主的研究会を元として、社団法人奈良まちづくりセンターやNPO法人さんが俥座など、NPO的組織が、いわゆるNPO法の施行前から活発に活動し、町家再生を提案し、その力が行政を動かしてきた。

むしろ、こうした活動がもととなり、NPO法などの枠組みができてきたといってもよい。これからの都市再生、とくにオールタナティブな都市再生、すなわち、都心周辺部の都市再生や安上がりの都市再生においては、

❻ならまちの町家再生事例(1)

❼ならまちの町家再生事例(2)

NPOとSOHOという二つのキーワードが重要であることがわかる。

6　おわりに

黒壁は、地元の三〇代~四〇代のアクティブな人々のアイデアをうまくプロモートすることに成功し、年間二〇〇万人近い来訪者を実現した。テーマパークのような大規模な投資を行うことなく、マーケティングと熱意によって、小型のポケットテーマパークと同じ集客効果を達成したのである。二一世紀型の「都市再生」には、まだまだ新しい可能性が残されているのではないだろうか。

参考文献

小林重敬・山本正堯（一九九九）『新時代の都市計画―既成市街地の再構築と都市計画―』ぎょうせい。

小長谷（一九九五）「二〇一〇年の都市人口構造と都市問題―東京都の高齢化をめぐって―」『人間科学論集』第二六巻。

小長谷（二〇〇二）『大都市圏再編への構想』（共）東京大学出版会。

小長谷（二〇〇三）「まちづくりと新産業振興」『大阪の経済二〇〇三』大阪市経済局。

小長谷（二〇〇五）『都市経済再生のまちづくり』古今書院。

鈴木浩・中島明子（一九九六）『講座現代居住―3居住空間の再生』東京大学出版会。

Les Lumsdon（1997）“TOURISM MARKETING”, International Thomson Business Press,（レス・ラムズドン著、奥平勝彦訳（二〇〇四）『観光のマーケティング』多賀出版）。

四　京町家と歴史的町並みの再生

リム・ボン

1　京町家にみる歴史的価値

(1)　レプリカ

史上空前の京町家ブームが到来している。これが単なる伝統文化の懐古趣味にとどまるのか、あるいは新たな文化創造の序曲となり得るのか。このような考えを巡らしていた折、深夜のコンビニで雑誌を立ち読みしていて、思いもよらない発見をした。近年、レプリカの腕時計が流行しているのだそうだ。なかでも、一九三〇年代のアール・デコ様式のものが人気を博しているらしい。樽形や長方形のものが多いが、趣向を凝らしたアラビア数字を文字盤の装飾としてあしらっているところが優美である。レプリカ（replica）とは、「模写」「複製品」と訳される。反対語として、「原型（original）」「ホンモノ（authentic）」といった概念が存在する。日本語で「模写」「複製品」と書くと、どうしても「ホンモノよりも劣っているもの」「ニセモノ」といった否定的な言葉を連想してしまう。私たちは、いきおいオーセンティックなものに価値を見出そうとする傾向にあるようだ。しかし、レプリカの腕時計が歓迎されるのにはそれなりの理由がある。アンティークショップで売られている「ホンモノ」

はあくまでも中古品で、すでに誰かの人生が刻み込まれている。また、手巻きの機械式時計であるから、壊れやすかったり、時間に狂いが生じやすかったりする。それに対してレプリカは、優美な装飾デザインを継承しつつもクォーツ・ムーブメントという新たな技術を搭載することで、腕時計としての機能が格段に向上している。したがって、日常生活の場でも安心して使うことができる。新品であるから、自分だけの記憶をこれから刻み込むことができる。レプリカの意義はそれだけではない。もっと本質的なこと、すなわち、「伝統」と「創造」の関係性をも示唆してくれている。「ホンモノ」に宿っていた思想や技術を理解することなしに質の高いレプリカを造ることができないのは言うまでもないが、加えて、従前よりももっと優れた思想や技術が適用された場合には、質的に「ホンモノ」を凌駕することさえ可能となる。言い換えれば、「伝統」の継承が、同時に、「創造」の始まりにもなり得るということだ。詩人の辻井喬氏は、「伝統とは創造のための運動エネルギーである」と指摘している。[1]よくよく考えてみると、どのような「伝統」も最初は何かを「模倣」することから始まったにちがいない、ということに気づかされる。たとえば、ヨーロッパで重宝がられているマイセンの磁器は、有田焼のレプリカを造るところから始まった。それが今日ではヨーロッパの独自の芸術文化として確固たる地位を築いている。平安京は唐の都・長安のレプリカ（縮尺三分の一）であった。それが、時を経るなかで、世界でも類い稀な千年の首都「京都」へと変貌した。こうなると、京町家の再生も俄然面白味を増してくる。しかも、そのほとんどが明治期以降に再建されたレプリカではないか。

(2) 滅びの美学？

たとえば、写真集にみる一〇〇年前の京都。都心部の風景は京町家一色で彩られている。[2]そんな中で、三条通りに突如として出現した明治の洋風建築は当時の人々に大きな衝撃を与えたにちがいない。それらは、新たな時代の息吹を感じさせる町のランドマークとして、たいそう重宝がられたことであろう。ゲシュタルト心理学でいう「『図』と『地』」（「目立つ存在」と「背景となる存在」）の理論を適用するならば[3]、明治の洋風建築は、明らかに当時の人々の耳目を集める「図」であったし、それらを取り囲む京町家はごく普通に存在する「地」であった。そして現在。この「図」と「地」の関係は見事なまでの逆転劇を演じている。

急速に減少しつつある京町家は、時間の経過の中で、いつの間にか希少価値を持つようにさえなった。実際、現代建築が煩雑にひしめき合う町中を歩いていて、ビルの谷間で息をひそめる京町家に出会う時、その意表をつく美しさにしばし戸惑う。その悲しいまでの迫力は、いさぎよく死を迎えようとする者たちだけが持ち得る「滅びの美学」を体現しているのだろうか。

(3) シュムメトリア

かつては都市の集住空間を構成する住居のことを一般に「町家」と呼んでいた。だとすれば、昨今はやりの三階建て住宅やワンルームマンションなども、現代の町家のひとつの形態といえる。しかし、われわれが「京町家」という場合には、間違いなくある特定の建築様式を想定している。京町家の平均的な敷地形状は間口三間×奥行き三〇間程度の短冊型であるが、そこで展開される空間構成原理には、都市の集住空間に自律性を持たせるための様々な知恵が結集されている。たとえば、「通り庭」と「中庭」を用いた空間の連結手法は、「ウナギの寝床」に「通風」と「採光」と「緑」とを創出させるための仕掛けであり、暮らしの表現術として優れている。

「出格子」「大戸」「一文字瓦の庇屋根」「むしこ窓」で構成され、ある意味で挑発的でさえある京町家の外観デザインについては、哲学者・九鬼周造の「『いき』の構造」[4]を読み解くことでその秘密を探ることができる。日本民族の独自の美意識としての「いき」は、意識現象としての「いき」と、客観的（芸術的もしくは建築的）表現としての「いき」とに分類される。前者が成り立つためには、「垢抜けして、張りのある（意気地）、色っぽさ（媚態）」が必要であり、後者が成り立つためには、「鼠色」「縦縞（幾何学的模様）」「薄ものを身に纏う」といった条件が必要となる。そして京町家はこのような条件をみごとに体現しているのである。その完璧なまでのプロポーションはまた、古代ギリシャ建築の造形原理であるシュムメトリア（symmetria）に通じるものがある。シュムメトリアとは〝何も足さない、何も引かない〟究極の調和を意味する。

(4) 都心再生装置

非戦災都市である京都の都心部には戦前に建てられた木造建築物が密集している。戦後五〇年を経て、耐用年数を超えた木造建築物の老朽化は著しく、すでに大量更新の時期に突入した。したがって、その一部である京町家が今後どのような運命を辿るのかということと、京都の都心部の将来構想の在り方とは軌を一にしている。しばしば、「開発か、保存か」という議論が巻き起こる所以である。そこで、「京都の都心部に京町家の町並みが存続することを肯定するか否定するか」と問われるならば、筆者は躊躇することなく肯定する立場をとる。なぜなら、「歴史都市・京都を代表する建築様式が存続することは、それ自体、至極当然のことである」という理由だけにとどまらず、京町家の優れた機能を都心再生の装置として効果的に活用することができるからである。それは何も、都心部を京町家一色で彩ろうということではない。いわんや、使用に耐え得ない老朽建築を無理やり保存しようということでもない。保存に値するもの、修復を要するもの、そして新築（再建）すべきものを都市計画的視点から識別し、これらをモザイク状に配置することの方が重要なのだ。都心部で、建物の外観から見た場合の京町家の存続率は必ずしも高いとはいえない。現状はモザイク状の様相を呈しており、消滅のベクトルの上にある。これを都市計画的に意味付けられた戦略的モザイク模様に転換させることが必要なのである。挑発的なデザインセンスで彩られた京町家は、そこに存在するだけで人々の美意識を刺激する。これに建築ガイドラインとしての役割が付与されるならば、京都の都心部に質の高い建築物が集積する結果をもたらすことになるであろう。

(5) ウルトラモダン

京町家を語る上で重要なことは、「滅びの美学」や「ノスタルジー」に浸ることではなく、常に時代を先取りするパワーを秘めた、いわばウルトラモダンな建築であることの可能性に着目することであろう。実際、京町家の最近の活躍はめざましい。

杉本家などで実践されている保存運動の取り組みはよく知られているところであるが、それとはちがったユニークな取り組みも新たに芽生えてきているのだ。

蛸薬師通りの「豆菜」は、古い京町家を店舗として活用している和風レストランであるが、そのレトロな雰囲気と相まってか、若者たちを惹き付け、いつも活況を呈している。

油小路の秦さん宅では、座敷を京風家庭料理を味わうことのできる会議場として開放しており、これが密かなブームを巻き起こしている。その他にも、店の間で開かれるファッションショー、蔵を改造してのミニコンサートなど、事例を挙げれば枚挙にいとまがない。

ミーハー感覚をも受容する京町家は、やはり、ウルトラモダンな建築なのだ。

京町家再生研究会の小島富佐枝さんは、自らも京町家に暮らしつつ、このようなネットワークの輪を広げる活動に取り組んでおられるのだが、ここでの情報交流を通じて京町家の潜在能力が引き出されている事実は注目に値する。

(6) 老舗小路

都心部における京町家の存続数を、「多い」ととらえるのか、あるいは「少ない」ととらえるのかは個々人の解釈に委ねられるところであるが、いずれにしても、これらは所有者個人の「こだわり」(美意識と心意気)によって今日まで維持・継承されてきた。このような「こだわり」を抱く人々が存続する限り、京町家が完全に消減することはない。しかし、京町家の維持・継承がこれまでのように個人の自助努力にのみ委ねられているままでは、その存続率は限りなくゼロに近づくこともまた否めない。このような状況を打破するためには、京町家に関心を持つ個人や企業のニーズを組織化し、これを行政施策と連結させる努力が必要となる。

たとえば、京都市が都市計画として「京町家再生地区」を指定し、その一角に、京老舗が集合する「老舗小路」を創るのはどうか。都心部には一〇〇年以上の伝統を誇る京老舗が八〇〇軒も集積している。伝統産業から先端産業に至るまで、その業種は多種多様である。なかには世界的な名声を得ている企業も多い。その内、心意気のある老舗二〇社ほどが名乗りを上げれば、これは実現するのではなかろうか。これには大学も参画してほしい。大学もいまや京都の老舗なのだ。都心の京町家にデリバリー・カレッジやゲストハウスを開設するのも、ちょっと〝小粋〟な試みではないか。

(7) 京町家経営

都心居住政策を考える場合、京町家の再生利用を軸とした住環境整備事業を展開することが有効である。つまり、京町家の保存・継承と裏長屋の更新とを射程に入れた京町家街区の改善が必要である。このことによって、既存住民の居住権を担保しつつ住居水準を格段に改善することができる。同時に、新規転入層の受け入れも実現する。

京町家の多くは表通りに面した立派な建築物であるが、その背後にある路地空間には膨大な数の裏長屋が軒を連ねている。住宅ストックが多い分、現在も都心部には多くの人口が定住しているのであるが、新規転入層の実態をみると、標準世代で転入できるのは都心部に身内や知り合いがいて何らかの後押しが得られる場合のみで、それ以外は単身者のワンルームマンションへの入居が圧倒的に多い。しかし、都心部において多様な家族類型の居住人口が定住するための種地は存在している。それは、低層の老朽木造住宅の空中部分である。戦前長屋をはじめとする老朽木造住宅は住戸規模においても新しい家族の居住には耐えない。路地にある老朽裏長屋の建て替えは必然的なものであるが、これらの共同建て替えを通じて一戸当たりの床面積が誘導居住水準に達するような集合住宅に生まれ変わるべきである。町並みとの調和を図るために、通りからの景観は京町家との兼ね合いを意識しなければならないが、奥の空間（あんこの部分）では四階程度までの容積を確保することができる。むろん、民間まかせの市場原理ではこのような集合住宅を供給することは採算性からして不可能であるので、公的賃貸住宅としての位置づけが必要である。

このような事業を展開すれば、容積消化率は現状よりも高くなるが、新規転入層をも対象とする都心部の住宅はかなりグレードの高いものになる。無計画にマンションが林立する街とは本質的に異なる仕組みであろう。結果として、高齢者をはじめとする既存住民の居住保障はもとより、新規転入層にとっても居住地選択の幅が広がることになるので、都心部において多様な階層、多様な世代が住み継ぐ居住地を維持することにつながる。

京町家が単独で存在する状況は都心部のいたるところで発見できるが、これらがある程度集合するゾーンを整備するならば、観光資源としても積極的な役割を演じることができる。現在、京都の観光コースは周辺部に立地している社寺仏閣に集中しているが、本来の京都らしさは、人々の生活が息づく都心部にあり、京町家を核にこれらを表現することが可能である。要するに、京都の都心部は住む場所としても、働く場所としても、また遊ぶ場所としても絶好の条件にある。これを活かすためにも、「ビル経営」ならぬ「京町家経営」を京都の都市経営戦略として本格的に展開したいものだ。

2　マンション問題と都心部の町並み再生

(1) 景観論争への疑問

京都タワー論争に端を発する景観論争。とりわけ、二〇世紀末（一九八〇年代後半以降）、京都で空前の景観論争が繰り広げられたことは記憶に新しい。それらは、「JR京都駅の改築問題」「京都ホテルの建替え問題」などにみられるように、大資本がスポンサーとなった巨大建築物の開発行為をめぐってのものであった。そして、マスコミで取り上げられる争点のほとんどが建築物の「高さ」にあてられていた。いわゆる「高さ論議」である。

しかし、京都の景観を真剣に議論するのであるのなら、われわれの身の回りでもっと恐ろしい事態が進行してきたことから目をそむけるわけにはいかないのではないか。当時から筆者はそのような疑問を呈していた。それは、日常的に繰り広げられている建築活動の中で、京都市民自らが町並みを破壊してきたという問題である。一個人が、あるいは一中小企業が自己の建物を新築したり改築したりすることは些細なことかも知れない。しかし、これらが同時多発的かつ持続的に行われた場合のパワーは凄まじいものである。その開発投資額の総計、それがもたらす町並み破壊のエネルギーたるや、数棟の「巨大建築物」が出現することによるそれとは較べものにならないくらい強大である。

一九九〇年、三村浩史先生（当時、京都大学教授）が主催された「チェントロ・ストリコ（歴史的都心地区）研究会」で京都の都心部の町並み調査を実施した。当時、三村先生のもとで助手をしていた私もこの調査に参加していた。ある日、都心部の京町家の分布状況を調べていたところ、地元住民を名のる中年男性が声をかけてこられた。直ぐ近くにあった小規模賃貸マンションを指して、それが彼の所有物であることを話されつつ、苦笑を交えながら「わし、町並み壊してんねん……」とおっしゃったことが今でも記憶に鮮明に残っている。確かにそれは、お世辞にも質の良いマンションとは言えなかった。一時期、各地で住民から反対されていた某企業のワンルームマンションよりもはるかに低質のものであった。次のような証言もある。それは、KBS京都で放映された討論番組に出演していた自民党衆議院議員の発言であるが、要約するとこうだ。彼の実家は京都の室町で代々呉服問屋を営んできたが、高度経済成長期に商売が繁盛して、それまで職住一体に供していた町家を取り壊し、近代的なビルを建設した。そこを職場とし、住まいは郊外に移転した。[5] これは決して特殊な事例ではなく、高度経済成長期の京都の和装産業経営者たちの一般的な行動様式であっただろう。

(2) 「都心部の町並み」の社会問題化

では、この中年男性や和装産業経営者たちは悪いことをしたのだろうか。答えは否。人は自分の資産を保全したり活用したりすることに懸命である。生活がかかっている。違反建築でない限り、ビルやマンションを建設することは合法的な行為であり、土地所有者にとっては経済的合理性に合致した行為だったのだ。したがって、このことを誰も責める訳にはいかない。また、大企業や外部資本による開発行為に対しては批判をしたり、あるいは反対運動を繰り広げたりする人々にとっても、地元住民の間で行われる開発行為に対しては、誰もが黙認せざるを得ない構造が出来上がっていた。仮に異を唱えるとしても、せいぜい、相隣環境をめぐって当事者間で建築紛争が繰り広げられる程度である。

問題の本質は、市民が自身の資産を保全(あるいは資産形成)することに邁進する傍ら京都の町並みがその犠牲になってきた、という点に潜んでいる。これが二〇世紀後半の京都の実態であった。

京都は景観行政の厳しさでは日本でも有数の都市である。しかしそれは、寺社仏閣などの多い景観保全地域、換言すれば都心周辺部でのことである。商業地域に指定されている都心部では、一部の人々を除いて、市民にも行政サイドにも「町並み」という意識は醸成されていなかったと言えるのではないか。それが、一九八〇年代後半に猛威を振るったバブル経済の中で、都心部の町家が地上げなどの暴力的行為によって大量に破壊される姿を目の当たりにすることで、ようやくその価値（本当の京都らしさは都心部にこそ宿っているということ）に目覚めたように筆者には思える。それが、先述の「チェントロ・ストリコ研究会」が発足した背景でもあった。

京都の都心商業地域において、「町並み問題」がはじめて社会問題化したのであった。

(3) マンション建設ブームの到来と環境問題としての〝町並み〟

バブルが崩壊したことで、いったんは都心部での開発行為に歯止めがかかったように見えたのも束の間、一九九〇年代後半から新たなマンション建設ブームが到来した。京都の都心部でのマンションの売れ行きは好調で、マンション建設ラッシュである。バブル崩壊以降、地価が下落したことと、地場産業の不振による倒産件数が増えたことから、マンション建設の種地が顕在化している。しかも、〝京都ブランド〟がマンションの売れ行きを支えている。それは、都心部の町並み風情を付加価値としたものなのだが、皮肉なことに、〝京都ブランド〟の付加価値によって飛ぶように売れるマンションが増えれば増えるほど、京都の風情そのものが消滅して行くのである。現在のところ、マンション建設業者だけが、京都の都心部で容積率を最大限に活用してその恩恵に浴している。

ところで、このような状況をどのようにとらえるかが問題である。都心部でのマンション建設が完全に悪かといえば、必ずしもそうとはいえない側面がある。それは人口回復への貢献である。高度経済成長期以降、都心部の人口が急激に減少し、祇園祭の担い手が不足するなど、京都の都心部はコミュニティの衰退を招いてきた。そして人口を回復し、コミュニティを再生することが重要な都市政策的課題でもあり、地域住民組織にとっての悲願でもあった。近年、大都市における都心部への人口回帰現象が発生しているが、京都においてもその傾向が顕著に現われている。その要因がマンション建設ブームなのである。したがって、マンションの建設は都心部の魅力アップとコミュニティの再生に大きく貢献しているという側面があることは事実であり、そのことを過少評価することは大きな誤りである。むろん、乱開発がもたらす負の側面があることも事実である。ただし、これは一般的な大都市問題としてとらえた場合の都心再生であって、京都という特殊事情は他の大都市と趣を異にしている。筆者は、現在のマンション建設ブームを一般的な乱開発問題としてのみとらえるのでは不十分だと考える。というのも、マンションの乱開発が「京都らしさ」の本質的な要素でもある「都心の町並み」の消失を招くという事実である。それはとりもなおさず、「京都のアイデンティティ」を消失することになる。したがって、これを京都にとっての重大な環境問題としてとらえられるべきだと考える。そしてこの環境問題を切り抜けるための苦肉の策として、後に述べるように、法定外目的税としての環境税を導入することを当面の施策とすることを提案したい。周知のように、東京都ではディーゼル車の排気ガスが環境税の対象になった。山梨県の河口湖の自治体では観光資源である湖を保全するために観光客から環境税を徴収するようになった。今後、環境税の導入はひとつのトレンドとなることは確かであり、自治体レベルで実施可能な施策である。

(4) 「町並み審議会」の限界

このように考えると、二〇〇二年五月に発表された「京都市都心部の町並みの保全・再生に係る審議会」答申には重大な欠点があることを指摘せずにはいられない。もちろん、審議会委員はもとより担当事務局となった京都市都市計画局都市づくり推進課のスタッフは、膨大な労力を投入して、真剣にこの問題に取り組んできた。また、審議会は徹底した情報公開のもとに開催され、審議会の傍聴者や市民をパネリストに招いて直接意見を述べてもらうための公開シンポジウムを開催するなど、あらゆる努力を惜しまなかった。終始真摯な姿勢で取り組まれた審議会であった。このことは高く評価されるべきであろう。問題は、審議会の出発点にある。それは、今回の審議会を諮問したのが京都市長ではなくて、都市計画局長であるという点である。なぜ、このことが問題であり、重大な欠点となり得るのか。それは、この審議会の主旨に反するからである。その名称にもあるように、今回の審議会の主旨は、都心部の町並みの「保全・再生」であった。しかし、都市計画局長への答申、すなわち都市計画行政の守備範囲に委ねることを前提とした時点で、答申の内容そのものが「絵に描いた餅」に帰する可能性が強まる。都市計画行政の守備範囲（都市計画法や建築基準を逸脱することを原則的には許されない領域）で実質的に可能なことは、乱開発を伴う急激な開発インパクトを制御すること開発のボリュームを押さえる、あるいは、高さを制限するなどの規制・誘導策にところに止まるからである。京都だからといって法律の運用にあたって特別に自由が与えられる訳ではない。それに対して、京都の都心部の町並みの「保全・再生」という行為は、京都という特殊事情に対するクリエイティブなプロジェクトを意味する。それは都市計画法や建築基準法とはまったく別の次元での、特別な制度と財源に裏打ちされた、具体的かつ直接的な事業でなければならない。そうなると、これは都市計画行政の範疇の問題ではなく、もっと上位の意思決定、すなわち首長の政治的決断を伴わない限り実現不可能な問題なのである。

(5) ダウンゾーニングだけでは町並みは保全されない

都市計画行政の範疇での施策を考えようとすると、必然的に、容積率と高度地区の問題に帰結することになる。そしてこれは、急激な開発インパクトを軽減させる効果を持つことは事実である。したがって、今回の審議会が「都心部における高層建築物の乱開発の抑止に係る審議会」と命名されていたのであれば、それは都市計画行政の範疇としての整合性をもたせることができる。実際、今回の審議会答申でもやはりこの点が当面の最大関心事となった。たしかに、都心部の町並み保全を考える際に、容積率の問題を避けて通ることはできない。都心部の商業地域の指定容積率は四〇〇％であるが、実質的な容積消化率は平均すると一五〇％程度に止まっている事実とも相まって、町並みを保全するためにダウンゾーニングを実施してはどうかということになる。

だが、先にも述べたように、町並みの「保全・再生」を主眼に据えるなら、筆者自身は、ダウンゾーニングについては「やらないよりやったほうがマシ」という程度にしか期待していない。なぜなら、ダウンゾーニングだけで町並みを保全したり再生したりすることは不可能だからである。現に京都市内には容積率二〇〇％の地域がたくさんあるが、このような地域で町並みが保全されているかと言えば、決してそうではない事実がこのことを証明している。

(6) 容積率が〝含み資産〟であった時代は終わった

ここで、容積率をどうみるかが重要である。というのも、バブル期と現在とでは容積率が持つ意味に決定的な違いが生じているからだ。高度成長期からバブル終焉までは、〝容積率＝含み資産〟という方程式が成り立っていた。ところが、現在ではそうではない。一昨年、商工ローン問題が社会問題化したが、その際に、「借り入れ極度額」という言葉が話題になった今の容積率は含み資産ではなくて、ちょうどこの「借り入れ極度額」のような性格を有しているのである。たとえば、ある事業者が極度額一〇億円の融資枠を提示されたとしても、実際の借り入れ能力を無視して極度額目一杯借り入れると、後々金利さえも返済できなくなるであろう。一億円程度の借り入れがその事業者人にとっては最適なのかも知れない。今の容積率もこれとよく似た様相を呈している。たとえば、都心部の不動産所有者たちがこぞって目一杯容積率を活用してテナントビルを建設したところで、京都にはそれを満たすだけの経済需要はない。

3 「町並み税」と資産保全

(1) 環境税としての「町並み税」

マンション建設が合法的建築活動である場合、これを完全に阻止することは困難である。しからば、合法的に町並み保全を図る手段を講じなければならない。宮本憲一氏は、環境を保全する手段として、「法的手段」と「経済的手段」があると指摘されている。(6) 真に効果的な環境保全を実現するには、「法的手段」と「経済的手段」とが複合的かつ有機的に適用されなければならない。そこで、ここでは「経済的手段」としての開発負担金（環境税）をマンション業者に課すことを提案したい（あるいは、マンションに限らず、たとえば容積率二〇〇%を超える全ての建築活動に対してこれを適用する方が良いのかも知れない）。分譲価格の一〇%を開発負担金だとすると、一戸当たり三〇〇〇万円のマンションには三〇〇万円の開発負担金が課せられる。このマンションが二〇〇戸の物件であればその金額は六〇〇〇万円となり、一〇〇〇戸の物件であれば三億円となる。

審議会事務局が作成した調査資料によると、過去六年間で職住共存地区で供給されたマンションの戸数は六千戸に達しているが、少なく見積もっても、そのうちの二千戸が高層分譲マンションである。仮に平均価格が三〇〇〇万円だとすると、平均三〇〇万円／戸の町並み税を課税した場合、六〇億円となる。これを原資とすれば、少なくとも一〇〇軒の町家を完全に再生することも可能となる。恐らく、マンション業者はこれを分譲価格に上乗せすることであろう。しかし、これが京都の都心部を付加価値とすることへの対価となるのだ。購入者にも当然そのことを承知してもらわなければならない。そして、このようにして得られた開発負担金を今度は当該地域の町並み保全のための資金として活用するのである。これを使って町並みを整備したり、京町家を一軒丸ごと修復・保全したりすることも容易になる。暴論を承知であえて言うならば、マンションが建てば建つほど、一方で町並み保全も進行する仕組みを創ってしまおうというものだ。このような提案に対して、「私たちの運動は〝まち壊し〟をくい止めることにあって、資金稼ぎをすることではない！」という批判もあり得ると思う。しかし、これは京都の都心部の町並みの現状をどう見るかというスタンスの問題でもある。筆者は、都心部の町並みの現状は〝まち壊し〟をくい止めるなどという段階をとっくの昔に通り過ぎてしまっていると認識している。換言すれば、既に破壊され尽くしているのだ。たしかに、現在でも多くの京町家や文化財が都心部に残ってはいる。しかし、京町家に限って言うならば、消滅のベクトルに曝されている認識した方がよいだろう。現在残っている立派な京都町家などは、所有者の美意識やこだわりによって辛うじて保たれている。ほとんどが孤軍奮闘状態だ。ただし、現状をスタート地点として、都心部の町並みをどのように〝創造〟するかを考えたとき、現在も逞しく生き残っている京町家や文化財などは、心強いストックとしての輝きを増すであろう。

(2) 資産保全と町並み保全

決して悲観的ではない。京都の都心部の町並みを回復しつつ都心再生を図ることは可能なのである。そのための具体策として先述のようなことを提案してみた。今後も、自分の資産をどのように保全（有効活用）するかということが人々の最大の関心事のひとつであり続けることであろう。二〇世紀後半、人々は資産保全のために土地の有効利用を図ることに心血を注いできた。その結果として、町並みが破壊されてきた。二一世紀にはこのような矛盾を解消し、町並みの回復と資産保全の両方を充足させることが求められるように思う。巨大企業や一部の事業者だけが利用し、その恩恵に浴してきた〝京都ブランド〟。今度はこれを逆手に取る番だ。土地の有効利用に邁進しなくても、町並み保全活動に参画しさえすれば、そのための資金が提供され、資産価値が担保される仕組みが創出されれば、地域住民の多くが町並み保全に関心を寄せることであろう。このことは、町並み保全に市民が積極的に関与するモチベーションづくりを意味する。

(3) 「町並み税」に関する質疑応答

町並み審議会でこのような問題を提起する過程で、審議会委員、行政職員、新聞社、出版社等からいくつかの質問が寄せられた。そこで、そのような質問とそれに対する筆者の回答を以下に列記する。

Q1　お金さえあれば（町並み税を課税して）、都心部の町並み問題はすべて解決するのか？

A1　お金さえあれば、京都の町並み問題が、一〇〇%解決されるとは考えていないが、財源の裏付けがない計画は「絵に描いた餅」でしかないという現実を認識すべきだと考えている。これまで、お金の問題（財源）を正面に据えた議論があまりにもなさすぎた。それでは無責任ではないか。町並み税が上手く機能すれば、現在抱えている多くの問題に対処することができる。たとえば、住民参加による「地域協働型地区計画」制度を進める上でも、経済支援が約束されれば、住民のモチベーションは一気に高まるであろう。これは、コミュニティの住民たちがどう関わっていけるかいう問題であるが、各学区レベルで「まちづくり協議会」を結成してもらって、そこにこの資金を移譲することも考えられる。まちづくりの目標は、学区ごとの個別事情によって異なるわけだから、それぞれがまちづくりの目標を、三年程度で本格的に策定し、それを実現するための資金として町並み税を運用する。たとえば、ある学区に五億円の資金があるとする。もともとあった町家本体、あるいはその町家が持つ中庭や坪庭といったオープンスペースがその学区にとって真に貴重な存在であるなら、そこにマンション計画が出現しそうになった場合に、学区として買い取ることができる。

Q2　ダウンゾーニングを前提に考えているか？

A2　ダウンゾーニングを前提にする必要はないと考えている。たとえば、二〇〇%以上の容積を使う開発行為には開発負担金が課せられるということになると、それを嫌う事業主は、二〇〇%未満に容積を押さえるという力学が作用する。あえてダウンゾーニングを制度化しなくても、町並み税自体が自動的に開発抑止力として機能することにもなる。

いずれにしても、都心部の町並みが現状よりも悪化することを阻止できるし、むしろどこかで開発が進んだ分だけ、他方で町並みが保全・再生される仕組みをつくることになる。町並みという視点から京都の都心部の現状をみたとき、無傷のままの町並み再生などあり得ない。武道などで言われる「肉を切らして骨を断つ」という発想が必要なように思う。

Q３　町並み税を払える人だけが都心に住めるということになってしまう。結果的に、ジェントリフィケーション（金持ちが集い、弱者を排除する）になってしまうのでは？

A３　現在販売されているマンションの価格帯を考えると、ジェントリフィケーションとはおよそ無縁であることがわかる。むしろ、所得の高くない若年層が都心に回帰しているという現実を性格にとらえるべきであろう。たとえば、二〇〇二年八月一三日の日本経済新聞に掲載されたマンション広告をみると、烏丸六角に建設されたマンション（住居専用面積七八平方メートル）の価格が、三一三〇万円（税込）であった。これに三〇〇万円の町並み税を課税したとしても総額は三五〇〇万円に満たない。仮に三〇〇〇万円の借入金で購入したとして、三〇年ローンを組んで月額八万円前後の返済になる。現在、応能応益家賃制度を導入している公営住宅（住居専用面積七〇平方メートル）の場合、家賃の最高額は一一万円に達する。このように公営住宅の家賃よりも低額な返済額でマンションを購入できるようになっている。つまり、公営住宅階層であっても京都の都心部に居住することが可能な状況である。これをジェントリフィケーションと指摘するのは明らかに誤った認識である。

Q４　町並み税で得られた財源を町家の助成に使うと、個人補償になってしまい、税の公平性が担保できないのではないか？

A４　町家の保全・再生という行為が、所有者の個人的な趣向やこだわりの世界で完結される問題、つまり指摘問題である限り、ご指摘の通りである。実際、これまでもそうであった。しかし、町家の保全・再生が都市政策課題、すなわち京都市行政にとって必要な公的責務となった時点で状況は一変する。京都市行政（公共の利益）に貢献する行為に公的資金を投入することが税の公平性に反するとは思えない。そうでないというのであれば、たとえば、京都市が民間のオフィスを借りていて、当然それに家賃を支払っているわけであるが、そのこととどう違うのか。むしろこちらが質問したい問題である。

Q5　町並み税は取りやすいところから取るのか。マンションは一方では都心人口を増やし都心を活性化するなど、社会に役立っているわけであるが、単なる空地や、計画性に乏しい駐車場、あるいは空き家で放置されている町家など、環境価値を損ねているだけのものが他にもたくさんあるでないか。

A5　もちろん、マンションは都心部の人口回復、都心の魅力アップに貢献している側面が大いにある。都心部が衰退し、地価も下落し続けている経済状況かで、なんとか都心を再生しなければならないと喘いでいるのは何も京都だけではない。日本のすべての大都市が抱えている問題である。そういう点からすると、都心部でマンションブームがおこって、人口が回復している京都の都心部は、他の大都市からすると羨ましいかぎりであろう。幸せなことかもしれない。その背景には、京都という都市のブランド力が付加価値として作用している。ところが、このブランド力（付加価値）を求めてマンションを購入する人々が増えれば増えるほど、つまりマンション開発が活発になればなるほど、その付加価値そのものが消費されていくというジレンマが生じるのである。そこで、京都の場合はやはり、町並みという概念が都心の魅力アップに絶対欠かせない要素となる。町並みを消費し、食い潰していくような行為に関してはそれ相応のペナルティーがあって当然と言うスタンスを持ち得るのではないか。そこで開発負担金という発想。京都の町には大昔からあったシステムのようであるが、これを課し、それで都心の魅力回復（町並みの保全・再生）に使う。マンションを否定することは現実的には不可能であり、同時に、マンション開発は人口回復による都心部の魅力アップになるけれども、一方で失われていく京都の風情を再生するということで、市民的にも合意が得られるであろうし、都心部に転入する人々にとっても、京都に住むということの付加価値、ステイタス、もっというと資産保全に繋がるものだと考えている。先にも述べたように、「町並み」を環境問題として捉え、環境に負荷を与える開発行為に対してのペナルティーとして環境税を課すというのが主旨である。その基準をどのように設定するか。たとえば容積率二〇〇％以上の開発行為、などということが考えられる。したがって、一定の基準値を超える環境負荷に対して課税するという発想であって、取り易いところから取る、というような類のものではない。ご指摘のような空き地・駐車場・空き家等が、重大な環境負荷として認識されるならば、つまり社会問題化すればこれも対象となり得るのかもしれないが、はたしてそれらが本稿で問題としている高層マンション等の大規模開発ほど環境負荷が大きいといえるだろうか。少なくとも筆者はそのようには認識していない。

Q6　都心に新たに住みたい人だけから町なみ税を取るのでしょうか？

A6　町並み税は、「一定規模以上の開発行為」に対して課せられるのであって、「人」を対象とするものではない。新たに京都に転入する人なのか、既に都心に居住している地元住民であるのか、そのようなことは関係ない。しかも、マンションだけに限った問題ではなくて、あくまでも「一定規模以上の開発行為」（これを容積率二〇〇％以上とするかどうか、また別途決めればよい問題）を対象とすべきである。オフィスビルであっても当然同じ条件となる。

Q7　マンション等を中古で転売された場合、町並み税がかからないと、新規物件の何掛けといった形で中古価格が決まることが多いとすれば、町並み税の何掛けかの利益が転売をした人にとって濡れ手に粟になるのではないか。

A7　前述のように、町並み税は「一定規模以上の開発行為」に課せられるものであるから、これは初期の開発段階で課せられる。その後、それがどのように転売されるかということとは無関係である。転売者にとって濡れ手に粟となるかどうかというのは、物件そのものの価値（魅力）や転売者の営業力等に関わる問題であって、市場原理に委ねられる。

4　国家プロジェクトと市民事業

(1)　国会議員の京都観

京都という都市には少なくとも二つの性格がある。ひとつは、市民が日常生活を営む「暮らしの場」としての性格である。これは、どの都市や地域にも共通する普遍的な性格である。ふたつは、「日本の心のふるさと」「世界に冠たる歴史都市」としての性格である。たとえば、京都の町並み再生を考えるにあたっても、京都市行政が自らの努力で取り組まなければならない課題と、「国家プロジェクト」として取り組まなければならない課題とが存在することになる。とりわけ後者の性格に関連して、私は以前からある疑問を抱いていた。それは、京都が首都・東京と並んで日本国の顔となるような「特別な都市」であるならば、当然のことながら、それなりの特別施策＝国家プロジェクトが存在してもよいはずだというものである。そこで、国会議員のみなさんにその思いをぶつけてみることにした。私の思いに共感してくださった京都市会議員とともに、二〇〇二年の六月、アンケート調査を実施した。

調査票はすべての国会議員（衆参あわせて七三四名）に配布したが、回答をいただいたのは一二一名であった（回収率一六・五％）。この一二一名という数字をどうみるか。私たちは次のように解釈している。それは、京都という都市に「政治家としての問題関心」を示す国会議員が少なくとも何名存在するのかということである。つまり、回収された調査票は、母集団となる全国会議員の属性を知るためのサンプルとしてではなく、京都の町並み問題についてのコミュニケーションに応じてくださる国会議員の数を確認するという意味を持つのである。調査期間中、会期末の国会は、有事法制、個人情報保護法、防衛庁不祥事等の重要案件が重なり、まさに混乱状態にあった。このような時期にあって一二一名という数はわれわれの当初の予想（回収率一〇％）を大きく上回った。

さて、質問内容と回答についてであるが、「京都を世界に誇る歴史都市と思いますか」「京都は日本国にとっての貴重な文化資源だと思いますか」という二つの問に対して、なんと、全員（一〇〇％）が「そう思う」「賛成」と回答した。また、「京都の町並み整備のための国家プロジェクト」については「賛成」が八四・二％、「町並み再生に係る特別措置法」については「賛成」が七五％という回答結果を得た。それだけではない。回答者の半数以上が自由記述欄に意見を寄せてくださった。その中には「超党派で、この問題に取り組む議員連盟を立ち上げたい」というメッセージもあった。

今回の調査結果は京都市行政にとっても心強いものとなったのではないだろうか。なぜなら、国会議員の多くは、元来、「おらが村」への利益誘導に邁進せざるを得ない宿命を背負わされている。その彼らにして、京都という都市に限っては「別格」ととらえていることが明らかになったからだ。あらためて、京都の凄さを思い知らされた次第である。

(2) 景観整備機構と特定公益増進法人

国会議員アンケートとほぼ同時期に、日本建築学会、京都経済同友会から京都市長に対して、京都の町並み再生を国家プロジェクトで行うことが提言された。これらを受けて、京都市では「国家戦略による京都創生プロジェクト」チームが組織され、桝本京都市政の重要案件として取り組まれた。そして二〇〇四年六月、「平成一七年度国の予算・施策に関する要望・提案」が京都市より国に対して提出された。しかし、「国家プロジェクト」という提起に対する批判もある。それは、京都市の町並み再生のために国民の血税を投入するのは不適切であるという意見に代表される。しかし、ここで重要なことは「国家プロジェクト」という概念をどのようにとらえるかである。それは国の予算を無闇に獲得しようというものではなく、むしろ、全国レベルで、あるいは世界的レベルで京都の町並み再生に関心を持とうという発想を持つべきであろう。そこで、以下のような提案を行うことによって本稿を終えようと思う。つまり、京都のまちなみ再生にあたっては、当然、莫大な事業費を要することになるのであるが、これを、税金の直接投入ではなく、安定的な寄付金によってこれを確保するのである。そのためには寄付金に対する税の優遇措置が必要不可欠となる。このような視点からすると絶妙なタイミングとしか言い表せないのであるが、先の通常国会で「景観法」が制定された。[7]その中で、景観整備機構を創設することが可能となった。そこで筆者は、この景観整備機構が「特定公益増進法人[8]」の資格を取得することを提案したい。「特定公益増進法人」の特典は、この法人への寄付金の扱い方にある。つまり、法人税および所得税の換算の際、通常の損金算入額の二倍まで寄付金が損金として認められるのである。この手法を用いれば、京都の町並み再生に税金を直接投入することなく、全国あるいは世界中の京都ファンから安定的に資金を調達することが可能となるのである。

注

（1）辻井喬『伝統の創造力』岩波新書、二〇〇一年。
（2）白木正俊監修『目で見る京都市の百年』二〇〇一年。
（3）ギョーム『ゲシュタルト心理学』岩波書店、一九八〇年。
（4）九鬼周造『「いき」の構造』岩波文庫、一九九〇年。
（5）KBS京都「どうする京都」二〇〇二年七月二八日放映。
（6）宮本憲一「市場の欠陥と政府の欠陥どう克服するか」『自由と正義』第四三巻一一号、一九九三年。
（7）二〇〇四年六月一八日交付。
（8）法人税法第三七条第三項第三号、同法施行例第七七条第一項第三号。

III

ミクロの都市再生——事例研究①

一　大阪長屋の歴史と再生ムーブメント

弘本由香里

1　大阪長屋――もうひとつの都市再生への視点

(1)　近世から近代へ大阪長屋が物語る民の力

近世から近代を経て、戦後の高度経済成長期前まで、大阪は職・住・遊が一体の、都市居住文化が息づく、見事な長屋のまちだった。幕末の大坂のまちを鳥瞰した風景画、五雲亭貞秀筆「大坂名所一覧」を見ると、画面一面に碁盤目状の市街地が広がり、町家の瓦屋根が碁盤の目を埋めるように規則正しく並んでいる様に圧倒される。商いの町・大坂では、商人らしい合理的な考え方が住まいやまちづくりにも反映されている。商人にとっては、持ち家よりも借家の方が商いの理にかなない、元禄時代でも八割以上が借家であったといわれる。しかもその借家の大半が長屋建てであった。

長屋は町家の一形態で、複数の住戸が連続して一棟の形態を持ち、一般に貸家として供給されていた。つまり、大坂では、一面にまちを埋めつくしている町家のほとんどが、長屋だったというわけである。表通りに面して、端正な表情を持つ、長屋建ての町家としての借家がずらりと並び、路地を入ると小さな裏長屋が軒を連ねる。そんなまちの構造が、近世大坂の活力と都市居住のモラルや生活文化を支え、ソーシャル・キャピタル（社会関係資本）を育む基盤ともなっていた。

近世から近代へ、日本社会が大きな構造転換を迎えた時、武家のまちであった東京（江戸）では面積の七割近くが武家地であったといわれる。かたや、大阪（大坂）は、紛れもない町人のまちであり、何と面積の八割以上が町人地であったという。そのため、東京では武家地を基盤に、官の力で近代的都市づくりが進められていったのに対して、大阪では町人地を基盤に、民の力で近代的都市づくりが模索されていったであろうことは想像に難くない。しかも、その町人地の大半は、長屋であったという事実がある。

近世大坂の町人たちによって形成された、合理的で質量ともに豊かな長屋の歴史的系譜が、近代以降の大阪における長屋の豊かな発展に受け継がれており、一般的に長屋に対して抱かれがちな貧しいイメージとは一線を画し、大阪における長屋の驚くべき層の厚さとボリューム、多様性のバックボーンになっているのである。

(2) 大阪市域の拡張とともに発展した近代長屋

一八八九年（明治二二年）に市制を施行した当初の大阪市は、おおよそ現在の西区・中央区・北区の一部に相当する都心部分（江戸時代の大坂三郷）からスタートしている。前述のとおり、長屋型の町家で構成された近世大坂のまちが近代大阪の原点である。

やがて、一八九七年（明治三〇年）の第一次市域拡張で、都心に接する南・北・西（海）側のエリアを編入。明治初期から後期にかけて、都心をとりまく田畑の水路や畦道は道路に変わり、スプロール的に長屋のまちが広がっていった。この時期の長屋は、概ね近世の町家のプランや意匠を継承し、「通り庭」や「店の間」、軒高の低い「つし二階」に塗込めの軒廻りなどが特徴である。

明治末期から大正期に至る頃になると、近代的な都市づくりに関わる法制度が徐々に整備され、その影響が随

❶独特の洋風意匠で前後に庭もある良質の近代長屋（大阪市住之江区）

所に現れてくる。例えば、棟間や裏側に通路の確保が義務づけられたことで、住戸内の通り庭が姿を消し、玄関と台所が前面を占めるプランが一般化し始める。近代的な技術や素材を取り入れた外壁の防火仕上げも、外観のバリエーションに大きな変化をもたらすこととなった。

続く一九二五年（大正一四年）の第二次市域拡張で、現在の平野区・鶴見区の一部を除く、現市域のほぼ大半を編入。市域は第一次市域拡張時の三倍強に、人口も三倍近くに膨れ上がる。大正末期から昭和初期にかけて、大阪市は「大大阪」と呼ばれ、都市基盤が大規模に整備された時代である。

この時期、新たに市域に編入された郊外部を舞台に、土地区画整理事業と一体で、新たな都市居住階層として登場してきた、中産階級・サラリーマン家庭向けに、都市住宅の到達点ともいうべき良質の長屋が大量に供給されていった。例えば、邸宅風に塀を構えるタイプや、オープンスペースとしての庭を前後に設けるタイプ、あるいは、玄関脇に洋風の応接間を付けたタイプ、はたまたバルコニーや出窓に特徴的な洋風意匠を施したタイプなど、既存の長屋のイメージを遥かに凌駕する長屋群が続々と誕生している❶。

戦災を受けた大阪では、都心部を中心に多くの長屋ストックが焼失した。それでも今なお、大阪市は他都市を大きく越えるボリュームの長屋ストックを抱えている❷。一九五八年（昭和三三年）の住宅統計調査を見ると、大阪市では人の住んでいる住宅の五二・六％が長屋建ての住宅であり、全国での一六・六％、東京都区部での一六・二％、名古屋市での三三・六％、京都市での三七・九％など、他都市を遥かに上回っている。しかしその後は、さすがにマンションに代表される共同住宅化が進み、二〇〇三年（平成一五年）の住宅・土地統計調査の速報では、大阪市の全住宅に占める長屋建ての住宅の割合は、七・七％にまで減少している。とはいうものの、全国での三・二％、東京都区部での一・二％、名古屋市での三・六％、京都市での五・二％などに比べればいまだに大きな

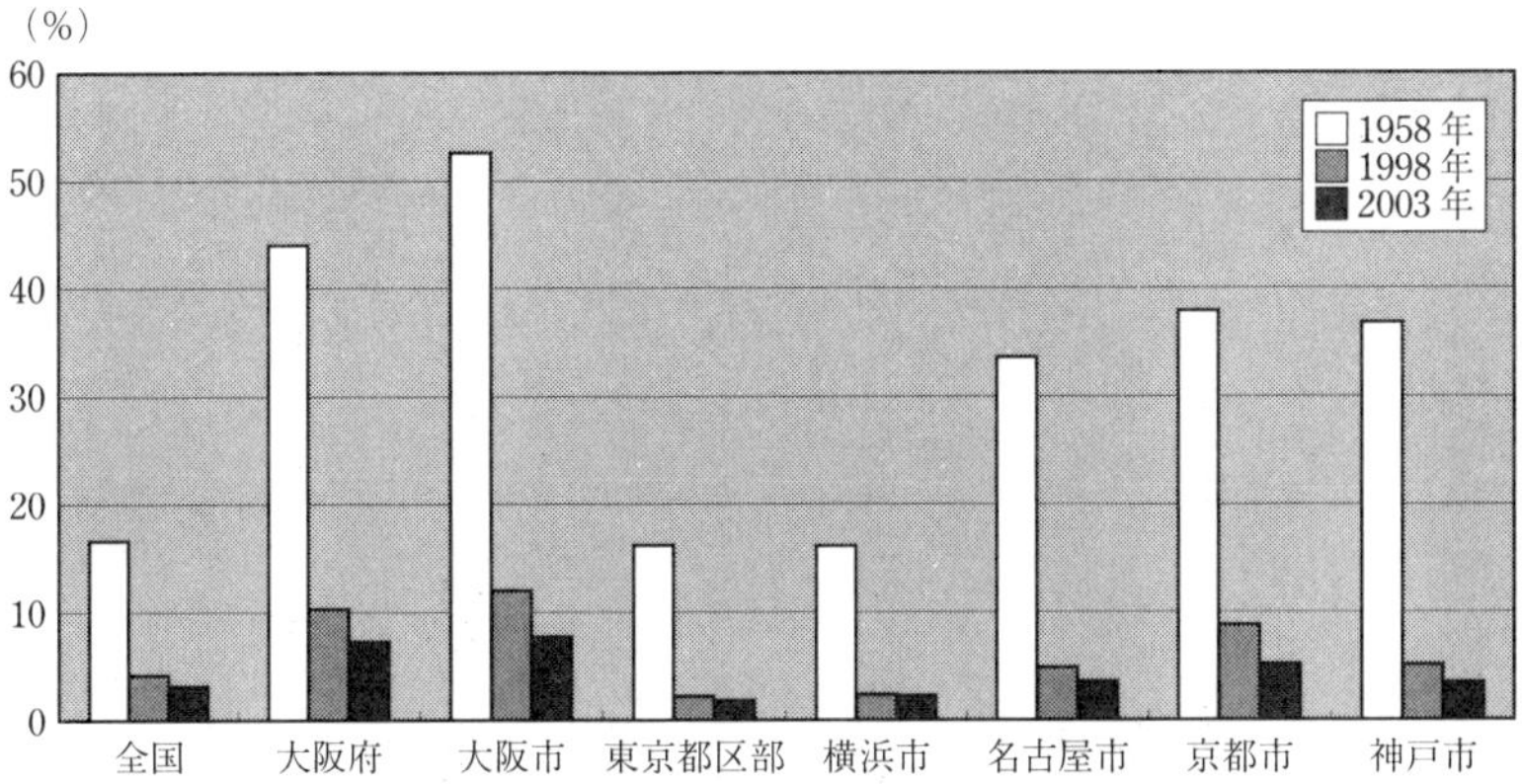

注：1958年は人の住んでいる住宅に対しての値，1998年・2003年は住宅総数に対しての値．

❷全国・大阪府・大阪市及び主要都市における長屋建て住宅の割合
（1958年住宅統計調査，1998年住宅・土地統計調査及び2003年同調査速報から）

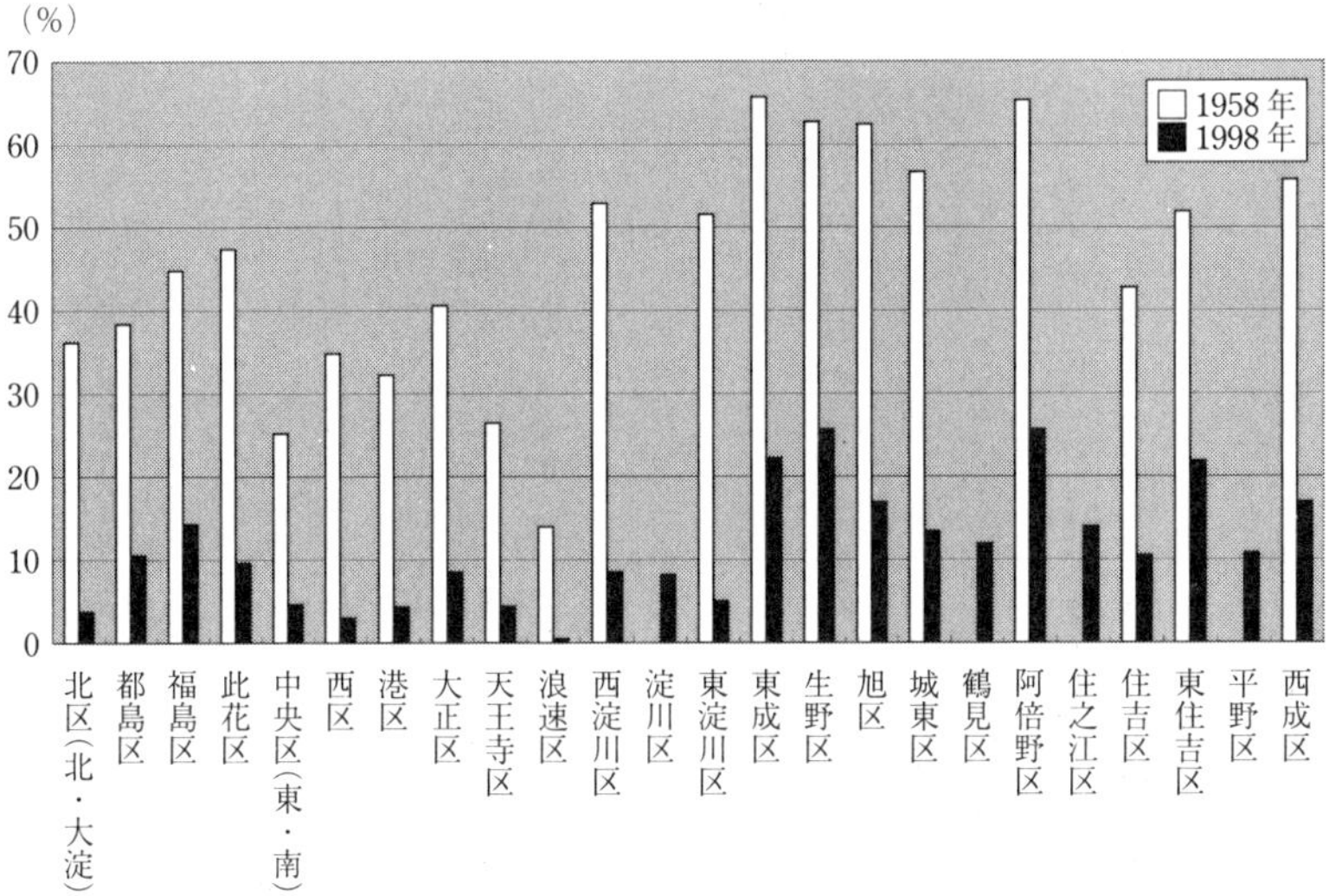

注：1958年は人の住んでいる住宅に対しての値，1998年は住宅総数に対しての値．

❸大阪市24区の長屋建て住宅の割合
（1958年住宅統計調査，1998年住宅・土地統計調査から）

ボリュームを有している。

一九九八年（平成一〇年）時の同調査で、大阪市内の二四区別に見ると、東成区、生野区、阿倍野区、東住吉区が、二〇%を上回る長屋建ての住宅率を持ち、福島区、旭区、西成区などがそれに続く❸。こうしたストックは、戦後の一律的な都市計画・建築行政の中で、とりわけハード面での防災的な観点から一様に改善すべき負のストックとされてきた。しかし、近世以来の大阪の都市史の特性と重ね合わせて眺めたとき、産業政策やコミュニティ政策と一体の居住政策の視点を持つと、長屋文化ストックに対する評価は大きく変わり得る。大阪は、他に類を見ない長屋文化を都市のアイデンティティとしてきたまちといっても過言ではないからである。

(3) 長屋再生から都市再生への問いかけ

今、大阪市内の各所で長屋再生が注目を集めている。新世代の長屋居住者たちが、長屋の価値を再発見し、新たな命を吹き込んで、住まい・商いの場として再生する動きが、あちこちで芽生えているのである。思えばそれは、「都市再生」が政策課題とされる一方で、ともするとミニバブル的な開発が進められかねない時代にあって、長く大阪のまちの活力を支えてきた長屋という存在が、民の側・そこに住み・暮らす主体の側から、「もうひとつの都市再生」のシステムを組み立てる必要性を、身をもって訴え、物語っている現象ともいえるのではないだろうか。

歴史的建造物の再生や、その活用を核にしたまちづくり自体は、地域におけるアイデンティティ再構築のムーブメントとして、全国各地で数々の個性的な取り組みが見られ、決して珍しいことではない。けれど、大阪における長屋再生は、歴史的価値の復元と活用という枠だけでは、とうてい納まりきらない複雑な問いを提起しているように思えてならない。背景に、大阪の長屋が、近世から近代そして現代もなお、大阪の典型的な住まいとして存在し、各時代を通して、圧倒的多数が長屋暮らしを直接間接に体験してきたという意味の広がりがあるからである。

つまり、大阪の長屋は、大阪における住宅としての普遍性と現実性ゆえに、途絶えてしまった過去の物語の復元としてではなく、過去から現在を経て未来へと続く連続性のある物語として捉えられるべきものであり、現代の住宅問題・都市問題に直結する課題として立ち現れる宿命を生きていると考えられるのである。

高度成長期に見られたような、開発圧力はもはや存在し得ない成熟社会において、求められているのは有形・無形の社会ストックの持続的な活用を通した、都市の活力とモラルを支える、ソーシャル・キャピタルの再構築ではないだろうか。都市再生も、その文脈の中で解釈し直されなければ意味がないだろう。何よりも、ストックの本質的な価値を読み取る力量が求められる。様々に変化しながら、問題を含みながらも、実態あるものとして、時代を越えて生き続けてきた大阪の長屋とその再生の試行は、そんな問いを投げかけてくれているのではないだろうか。

大阪市内都心部にあって奇しくも戦災を免れ、今なお長屋で構成された街区の姿をふんだんに残す、空堀《からほり》商店街界隈（中央区）での長屋再生の動きにスポットを当て、その意味を読み解いてみたい。

2　空堀商店街界隈の長屋再生ムーブメントから

(1)　空堀商店街界隈の歴史・景観特性

大阪城の天守閣付近を北の起点に、大阪市内を南北に貫く上町台地。大阪城天守閣から約二キロメートルほど南に下ったあたり、上町台地をダイナミックに東西に貫く商店街が通称「空堀商店街」（大阪市中央区）である。江戸時代中期頃から市街化が進み、長屋の建ち並ぶまちになっていったといわれる。現在の商店街の原型は、明治から大正時代に遡る。地元の「延命地蔵」の縁日に立った定期市や夜店を発端に賑わいが定着。大正時代末の道路拡幅「軒切り」で四メートルの街路が六メートルに広がり、今に続く商店街の骨格が形づくられた。戦時中も奇跡的に空襲の被害を免れたため、戦後はいち早い復興を遂げ市民の生活を支えてきた大阪を代表する商店街の一つでもある。

台地上から台地下へと向かう商店街の東西方向の大きな坂道はもちろん、商店街を尾根に南北にも小さな坂や崖を持つ起伏に富んだ地形がこのまちの魅力を増幅している。旧大阪市電の軌道の敷石を張ったという石畳も、路地のあちらこちらで存在感を放っている。戦災を免れた空堀商店街界隈では、戦前からの長屋のまちが培ってきた暮らしの風景が途絶えることなく生き続けてきたのである。

(2) 温存されている都市再生の鍵とは

近世から近代にかけて、大阪の活力と都市居住のモラルを支える基盤となった大阪の長屋。そこに根を持つ空堀商店街界隈では、皮肉にも、近現代の法律に照らした際に既存不適格となったまちの構造が、戦後の経済効率優先の都市開発の手を阻んできた。開発から取り残されてきたと見られる一方で、実はそこに本来あるべき都市再生の核心、つまり成熟社会における持続可能な都市の発展や都市居住のモラルを支えるシステムの鍵が眠っていると見ることもできるのではないだろうか。

二〇〇一年（平成一三年）四月に発足した「空堀商店街界隈長屋再生プロジェクト（からほり倶楽部）」は、空堀のまちに眠る資源を目覚めさせ、時を経た長屋のまちの価値の継承と、新たな文化との融合を可能にする、内発型・持続型の地域ビジネスを掘り起こしつつある例ともいえる。有志とともに同組織を立ち上げた、代表の六波羅雅一さん（六波羅真建築研究室代表）は、一五年ほど前から空堀に仕事場と住まいを構え、家族とともにこのまちに根を下ろしその魅力を肌で感じてきた一人である。

「現行の建築法規のため、道路に接していない家屋は建て替えることができない。放置されて廃墟と化していく長屋もあり、解体され更地のままになることも少なくない。老朽化した長屋でも、柱や梁さえしっかりしていれば、改修して十分に住み続けることができる。大掛かりな解体工事をして駐車場をつくるくらいならば、環境のためにも建物本来の魅力を活かして、まちの人も喜ぶ形で残していくことができないものかと考え始めた」という。

以下に、「からほり倶楽部」の取り組みをはじめ、他の取り組みも含めて、空堀商店街界隈の印象的な事例のいくつかを追ってみよう。

(3) 長屋・屋敷再生プロジェクトに内在する機能

からほり倶楽部の活動のエポックとなったのが、長屋再生複合ショップ「惣」である。朽ちかけた長屋を、解体して駐車場にする計画が進もうとしていたところへ、からほり倶楽部が長屋を借り受け、店舗を誘致して活用する提案を所有者に持ちかけ、見事に成就させた事例である。二〇〇二年（平成一四年）七月オープン。二軒の長屋だった空間には、まちの人に気軽に入ってきてもらいやすいようにと、中央に共用のアプローチとしてオープンスペースを設け、そこから複数の店舗コーナーが自然につながる。からほり倶楽部の面々と出店者自らが互いに汗をかいて開店にこぎつけたセルフビルドの内装といい、まさに自己実現の夢を持ち寄って成長するプロジェクトのシンボル的長屋再生の事例となった❹。

「惣」の成功を礎に、屋敷再生複合ショップ「練」も二〇〇三年（平成一五年）二月にオープンした。「〃和〃と〃洋〃、〃新〃と〃旧〃異なる価値を相互に練り込ませていくことで、このまちの持っているよさを保ちながら、新しい文化を取り入れていきたい」という、からほり倶楽部がまちに寄せる思いと姿勢を形にしたプロジェクトである。大正時代末期にこの地に移築された大きな母屋に蔵が付いた立派な屋敷。建物自体は長屋ではないが、ここでも部分的にセルフビルドを導入し、アプローチをオープンスペースに、その一角にはチャレンジショップ

❹からほり倶楽部が手がけた長屋再生複合ショップ「惣」（大阪市中央区）

も出店できるなど、再生によって敷地内にある種の長屋的な空間構成と運営が実現されているところに大きな特徴がある。今や老若男女がまち歩きを楽しみながら立ち寄る、地域のランドマーク的存在である。

「惣」と「練」、二つの再生プロジェクト。筆者はそこに、三つの鍵が読み取れると思っている。ひとつは、適切な範囲での「セルフビルド」。建物とそこに住む人・商いをする人とのダイレクトな関わりが、コミュニケーションや愛着を育み、結果として建物やまちの寿命を飛躍的に伸ばし、価値を高めていくことにつながる。二つ目が、異なる価値の融合というコンセプトとしても表明されている「ソーシャル・ミックス」。そして、三つ目に、それらが導きだす人々の成長を促す機能「インキュベーション」である。

実は、これらの要素は、近世に高度に洗練された長屋で構成されたまちが担保していた、都市の活力を支える仕組みと、うまく符合するのである。例えば、近世の長屋の裸貸しが、借家人による自分流の空間づくりを可能にしていたことは、「セルフビルド」に。表通りに面した表長屋と、路地の奥にある裏長屋で構成された奥行きのあるまちが、大きな商売から小さな商いや職人の住まいまで、都市の活力を支える多様な階層を受けとめていたことは、「ソーシャル・ミックス」に。ひとつのまちの中に重層的に多様な階層がミックスされることで、裏長屋から表長屋へのサクセスストーリーもあれば、その逆も、また敗者復活もあり得ることは、「インキュベーション」に、という具合である。

「惣」においても「練」においても、個々の空間構成と運営の中に、まるで入れ子構造のように、長屋のまちならではの都市の活力を支える基本要素がしっかりと織り込まれ、まちに対して開かれていることは、注目に値する。

(4) まちと暮らしのつながりの再生

空堀商店街を中心に、周辺には大小さまざまな長屋が軒を連ねている。路地を入ると、古くからの住人に混じって、このまちに魅せられた人たちが、新たに長屋を改装して住まいやアトリエ、オフィスあるいはギャラリー等として利用する例が点々と見られる。

❺町家改修型デイサービスセンター「陽だまり」(大阪市中央区)

そんな、長屋の一つに、二〇〇二年(平成一四年)一月から暮らす有馬直人さん・珠穂さん夫妻は、「路地や商店街で、声を掛け合うのがあたりまえの暮らしだから、気がついたら以前よりずっと、ニコニコしていることが多いんです」、「子どもからお年寄りまで、人と人がまちの中で自然に触れ合って生きている、そんな環境の中で子どもが育っていくことが、何よりもうれしい」と、まちが人を育てる力に気づかせてくれる。

また、二〇〇三年(平成一五年)三月にオープンした、町家改修型デイサービスセンター「陽だまり」は、地域に根を張る長屋再生の新たなモデルを切り拓いた事例といえる。空堀商店街で寝具店から福祉用具レンタル・介護サービス業を起こした白石喜啓さんが、新たに立ち上げたデイサービス事業である。ユニークなのは、お年よりの暮らしを支えるという視点、地域資源の長屋を活かしていくという視点、両方から持続的な地域の発展が目指されている点である。白石さんは「からほり倶楽部との日ごろの付き合いがきっかけで、近所にある良質な長屋の活用を思い立った」という❺。

定員一〇名の小さな「陽だまり」は懐かしい日本の住まいそのもの。木と土の温もりに溢れるヒューマンスケールの空間、好みの場所で思い思いに時を過ごし、おしゃべりを楽しみ、普通の台所でスタッフが作る食事を楽しむ。小さな中庭から、光と風が流れ込む。中庭のデッキに腰掛ければ土や草花に触れることもできる。「施設を利用するお年寄りの心身の状態が、日に日に安定し食欲も増してくるんです。長屋の力としかいいようがないです」と施設長の早川靖枝さんは驚きを隠さない。人とのつながり、まちとのつながり、自然とのつながりに対して、開かれた長屋の機能がプラスに再生された時、いかに人間の生きる力に働きかけるものか、如実に物語っている例ともいえる。

3　ソーシャル・キャピタルの再構築へ

冒頭で大阪の長屋の特性を概観したうえで、空堀商店街界隈での取り組みのいくつかを追い、長屋再生ムーブメントの中に都市再生の鍵を探ってみた。そこから学ぶべきことは、長屋再生というものが、単に建物としての長屋を再生することではないということである。むしろ、長屋が構成するまちの構造が担保していた機能こそ、本来再生する価値があることに気づかされる。それこそが、都市再生の鍵と言い換えてもいいだろう。

自分流の表現をかなえ持続的なまちや建物への愛着につながる「セルフビルド」。さまざまな価値観・階層を受けとめて活力とモラルを育む「ソーシャル・ミックス」。夢を追う力・実現する力を育む「インキュベーション」。それらが、「まちとのつながり」というストーリーの中で再生されていくこと。端的に言えば、人の力が再生されるまちへとつながることである。もちろん、それらを涵養する基盤としての、長屋の構造に学ぶべき点はふんだんにあるだろう。

こうしたシステムを自然に活動の中に内在させてきたからほり倶楽部は、次々にまちとの関わりを広げつつある。空き物件の流通を促進する長屋ストックバンクネットワークの立ち上げや市民立の「直木三十五記念館」も入る複合文化施設「萌」の立ち上げなど。また、「地域に暮らす人たちが、まちの魅力に気づき、まちに誇りを持って、まちの未来を考えてほしい」との願いを込めて、二〇〇一年（平成一三年）から毎秋、空堀商店街界隈を舞台に開催している「からほり まち アート」も、二〇〇三年（平成一五年）・二〇〇四年（平成一六年）には週末の二日間で一万数千人が来場。多少の摩擦は起こしながらも、新旧住民の価値観を刺激し、まちの人々の意識を動かす原動力として育ちつつある❻。

❻長屋と路地を舞台にした「からほり まち アート」（大阪市中央区）

紙幅の都合で多くを紹介できなかったが、当然からほり倶楽部以外にも「まちとのつながり」に向き合っている取り組みはたくさんある。商店街の近くの長屋を改修した、地域の交流・情報発信拠点「にぎわい堂」（寺西章江さんが運営）や、空堀界隈にアーティストやデザイナーを呼び寄せる大きな魅力のひとつとなった「楓ギャラリー」（三島啓子さんが運営）もそのひとつ。もちろん、その他にもたくさんのキーパーソンや空間が存在する。
一方、大阪市が、歴史的景観を生かしたまちづくりを目的に、空堀地区をＨＯＰＥゾーン事業対象地区として、改修や新築の外観工事の補助制度を導入する。二〇〇四年（平成一六年）八月には、基本理念やルールづくりのための地元協議会も設立された。修景を入り口に、都心の長屋が投げかける、都市計画・建築行政・防災上の課題や、産業政策やコミュニティ政策と一体の居住政策の重要性に対して、地域住民とともに市の事業がいかに向き合いどう生かされ、将来に何を残していくのか、試される取り組みともいえるだろう。民の側・そこに住み暮らす主体の側からのまちづくり、ソーシャル・キャピタルの再構築を可能にする、都市再生への展開を期待したい。

参考文献

『大阪市立住まいのミュージアム図録　住まいのかたち　暮らしのならい』大阪市立住まいのミュージアム、二〇〇一年。

弘本由香里「もうひとつの都市再生へ大阪長屋文化再考」『ＣＥＬ』六五〜六八号、二〇〇三〜〇四年。

和田康由「大阪の長屋」、橋爪紳也編『大阪　新・長屋暮らしのすすめ』創元社、二〇〇四年。

『からほり絵図』からほり倶楽部、二〇〇三年。

二　つながりのある町——谷中での試み

手嶋尚人

東京都台東区谷中《やなか》。この町にとって「都市再生」はちょうど現在進行形の状態と言えるだろう。この町は、昔からの住民が暮らし続けることができているという点で、多くのほかの地域に比べコミュニティの基盤がしっかりしているといえる。しかし、都市部での共通の課題である高齢化や建物の老朽化、跡取りの転出等で、町が弱ってきていることも現実であった。これに対し、谷中では様々な組織や個人がこれまで町の活性に取り組み、ある成果を挙げて来ていると言える。

ここでは、谷中における「町の再生」を行ってきた組織のひとつである『谷中学校』、そして、そこから派生した二つのNPO法人『ひとまちCDC』『たいとう歴史都市研究会』の活動について、参加してきた一人として報告したい。

1　谷中の魅力——まちが大切にすべきこと

台東区谷中は、江戸時代に江戸城の鬼門を塞ぐ寺町として、寛永寺とともにつくられた町であり、江戸名所図

❶谷中の町は寺町として形成された

絵にも多く登場する行楽地でもあった❶。関東大震災や戦災の被害が少なかったため、江戸、明治、大正、昭和の道、建物や昔ながらの自然も残り、山手線の内側という立地では唯一と言ってよい江戸の風景を面的に伝えている町である。人も代々暮らし続けている人々がおり、コミュニティの要となって生活文化が受け継がれている。町を歩いているとなぜかホッとするこの谷中の町に惹かれ、訪れる人や移り住みたいと考える人が増えている。

多くの人が暮らしたいと考えるこの町の魅力とはいったい何なのか。いろいろあるが一言で言うと「つながりが大切にされている町」ということではないだろうか。

①「人と人」

人と人のつながりは、「暮らし」の豊かさとなり、年をとっても安心して住める町をつくる。人と人のつながりは、昔に比べれば希薄になったかもしれないが、商店が町に多くあることで人と人が取り次がれコミュニティを豊かにしている。また、様々な催しやお祭りは町を活気づけ、人をつなげる役割を持っている。

「年寄りの面倒は少し若い年寄りがみるのが良い」、「ボケが始まったから近所のお惣菜屋さんに合鍵を預かってもらっている」という話や節分の豆まきという伝統的なものから最近のフリーマーケットまで、この町における催し物の多さも、人と人とのつながりを大切にしていこうという思いの表れだ。

②「いまとむかし」

時のつながりは「こころ」の豊かさとなり、共通の記憶による幸福感を生む。そして、過去とのつながりにより自己が確認され安心感ともなる。谷中に新たしく暮らしはじめた人たち、そしてこれから暮らしはじめる人たちにとっても過去から積み重ねられた暮らしの記憶は、この町の懐の深さを感じるものである。言い換えればここに暮らす誇りと言える。

寺町の風景、町家と路地のあたたかみ、大きな樹木、空の広さ……これらがこの町には残り受け継がれ、変化も緩やかな形で行われてきた。

❷町家の軒先は豊かなコミュニケーションの場である

③「いえとまち」

家と町のつながりは「住環境」の豊かさになり、狭い家でも町で暮らすことを可能とし、行き来しやすい家のつくりが人と人をつなげる役割を果たす。谷中の家は狭い家が多い。しかし、路地を家の玄関の延長と考えるなど、様々な工夫、協調によって家を豊かにすることを可能としている❷。また、喫茶店や飲み屋を居間とするなど町全体を暮らしの場とする知恵で環境を豊かにしている。谷中では「家に住む」発想ではなく、「町に暮らす」発想が知恵とともに生きている。

これら「つながり」を大切にし、より豊かなものに育てていくことが、谷中の町にとっての「都市再生」と言えるのではないだろうか。

2　まちづくりグループ「谷中学校」の活動

昭和六一年から三年間、地域住民と地元大学である東京芸術大学建築科前野研究室が協働する形で「上野桜木・谷中・根津・千駄木の親しまれる環境調査」が行われた。調査は一旦終わったが、この調査で、谷中の様々な魅力が再認識され、その魅力を育てていこうとまちづくりグループ『谷中学校』が平成元年結成された。

谷中の魅力をいかに育てられるかと、この一六年間試行錯誤を繰り返しながら様々な試みを行ってきた。大きくは三つに分類できる。ひとつは「谷中の再発見・環境学習」をテーマにしたもの、二つ目は「地域環境の保全と活性」をテーマにしたもの、三つ目は「活動が元気になれるネットワークづくり」をテーマにしたもの。前者二つは町へのアクションであり、三つ目はそれを支える力となっている。

(1)「谷中の再発見、環境学習」

町が元気であるためには、暮らしている人が自分の町にまず関心があることが大切である。長く暮らしている人でも、意外と知らないことは多いようだ。幸いこの町では、地域雑誌『谷中・根津・千駄木』が刊行され、これまで埋もれていた町の宝物が人目に触れることとなり、町への関心はとても高まった。

『谷中学校』でも、寄り合い座談会やまち探険企画などの催しや谷中すご六などパンフレットなどで、谷中の再発見を行ってきている。そして特に定着し、発展し続けているのが平成五年に始まり今年一二回目を数える「谷中芸工展」という町じゅうを展覧会場にしようというイベントである。

「谷中芸工展」は、谷中の特性である職人や美術に関係する人が多いことに注目し、「芸」は芸術や芸能、「工」は手の技という意味合いから「芸工展」という名で行っている。「芸」という意味では、谷中に住んでいる作家や谷中でのインスタレーション、パフォーマンス、「工」という意味ではべっ甲や筆から手焼きの煎餅や和菓子等の作品を扱うお店が参加している。ガイドマップを片手に町じゅうを巡るという趣向で、普段通勤、通学路としてしか町を歩いていない人も、「ここに、こんな人が。こんな店が」と再発見してもらおうというのが狙い。当初は約四〇件の参加だったが現在は一四〇件に増え、「芸工展」をきっかけに店を始めたり、閉める予定が後を継ぐ人が出たりと、うれしい話もあった。こういった手づくりを大切にするお店やギャラリーも増え、交流の場が広がったという点において、谷中の町の魅力の増大にも一役買えた。また、子供たちにも町を楽しんでもらおうと毎年谷中小学校全校児童にガイドマップを無料配布している❸。

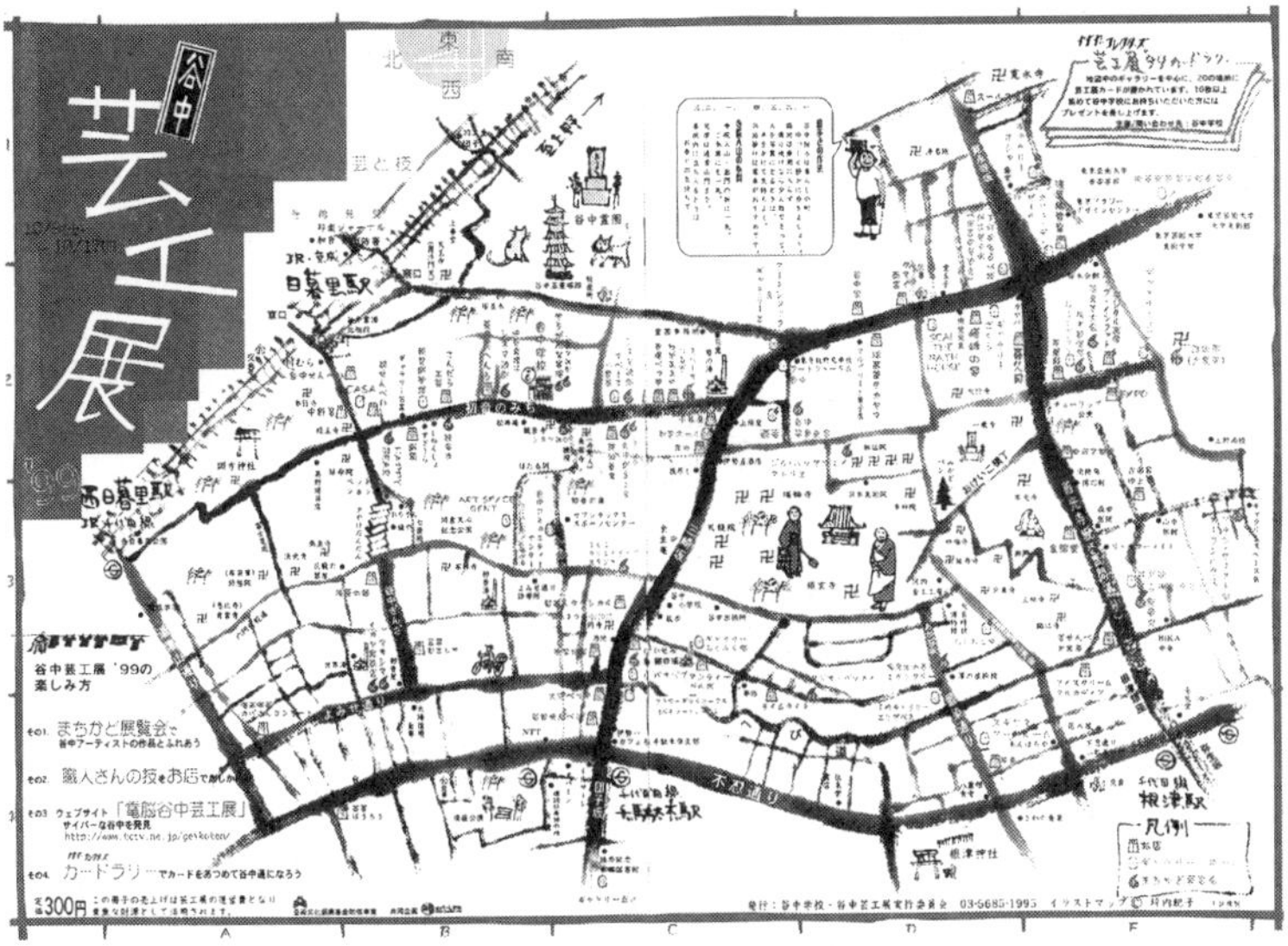

❸芸工展マップ．芸工展マップを片手に谷中の再発見を

(2) 谷中を大切にした住まいの提案

時間がゆっくり流れている谷中においても、開発の波は押し寄せてきており、谷中の魅力のひとつであるホッとする環境も魅力を失いつつある。ここでは、これまで町が培ってきた環境の価値を再確認し守り育てようという活動を紹介する。

「上野桜木・谷中・根津・千駄木の親しまれる環境調査」で、路地や長屋での暮らしについて知ることができたが、その中で新しい住宅が谷中でのライフスタイルを壊すことがあるということも判った。一番大きな問題は、家を建て替えると近所づきあいがしにくくなるという点だった。すべての建替えがそうであるわけではないが、建て替えることによって家の閉鎖性が強まり、「ガラガラごめんくださいの世界」から「インターホンで用件のみが処理される世界」に変わってしまう。玄関の引き戸の世界には、内と外をつなぐいくつもの段階があったのだが、ドアの世界にその実現は難しい。ドアに変わると、一人暮らしのあるお年寄りの家の引き戸が三〇センチ開いていると「誰か訪ねてきて」という

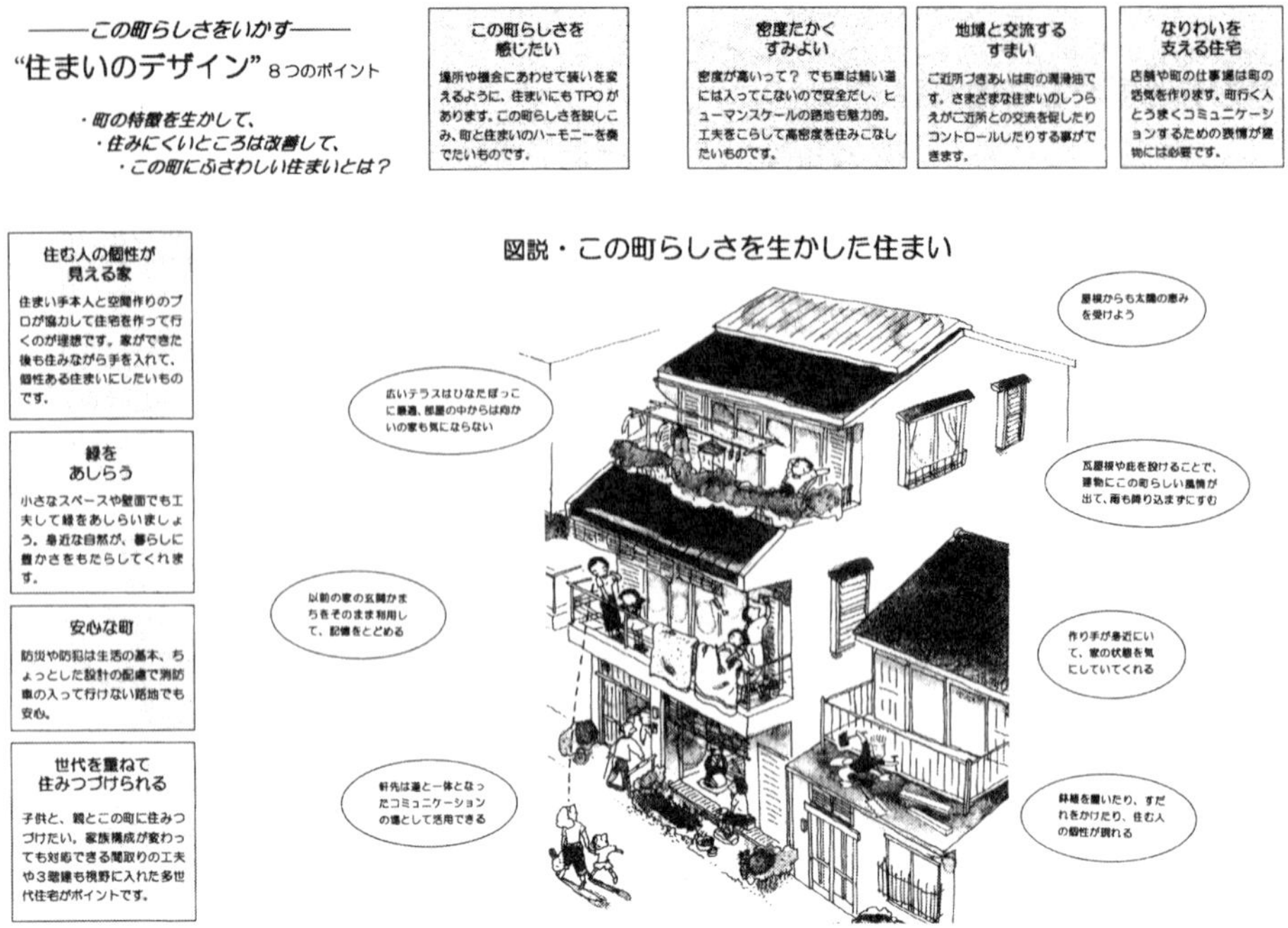
――この町らしさをいかす――
“住まいのデザイン” 8つのポイント
・町の特徴を生かして、
・住みにくいところは改善して、
・この町にふさわしい住まいとは？
この町らしさを感じたい
場所や機会にあわせて装いを変えるように、住まいにもTPOがあります。この町らしさを映しこみ、町と住まいのハーモニーを奏でたいものです。
密度たかくすみよい
密度が高いって？ でも車は細い道には入ってこないので安全だし、ヒューマンスケールの路地も魅力的。工夫をこらして高密度を住みこなしたいものです。
地域と交流するすまい
ご近所づきあいは町の潤滑油です。さまざまな住まいのしつらえがご近所との交流を促したりコントロールしたりする事ができます。
なりわいを支える住宅
店舗や町の仕事場は町の活気を作ります。町行く人とうまくコミュニケーションするための表情が建物には必要です。
住む人の個性が見える家
住まい手本人と空間作りのプロが協力して住宅を作って行くのが理想です。家ができた後も住みながら手を入れて、個性ある住まいにしたいものです。
緑をあしらう
小さなスペースや壁面でも工夫して緑をあしらいましょう。身近な自然が、暮らしに豊かさをもたらしてくれます。
安心な町
防災や防犯は生活の基本、ちょっとした設計の配慮で消防車の入って行けない路地でも安心。
世代を重ねて住みつづけられる
子供と、親とこの町に住みつづけたい。家族構成が変わっても対応できる間取りの工夫や3世帯も視野に入れた多世代住宅がポイントです。
図説・この町らしさを生かした住まい
広いテラスはひなたぼっこに最適、部屋の中からは向かいの家も気にならない
以前の家の玄関かまちをそのまま利用して、記憶をとどめる
軒先は道と一体となったコミュニケーションの場として活用できる
屋根からも太陽の恵みを受けよう
瓦屋根や庇を設けることで、建物にこの町らしい風情が出て、雨も降り込まずにすむ
作り手が身近にいて、家の状態を気にしていてくれる
鉢植を置いたり、すだれをかけたり、住む人の個性が現れる

❹住まいの冊子．谷中を大切にできる住まいづくりの提案

サインになっているという話は生まれなくなる。谷中にはこれまで暮らしてきた作法があり、それを知らずに建て替えるとライフスタイルをも変えざるを得ないということになる。これまで、地元の工務店による建替えが多かったので、作法が自然と受け継がれてきていたが、住宅メーカーの参入は作法の断絶を助長するものとなっている。『谷中学校』では「日頃のつきあいが大切にできる住まい」という考えを中心に冊子でその作法をアピールしたり、また、地元工務店と組んで実際に谷中らしい住まいを実現させ、モデルとしている❹❺。

(3) 歴史ある建物の保全と再生

谷中の大きな魅力に、歴史がつながって存在しているということが上げられる。その生き証人としての建物たちの保全・再生も活動のひとつとしている。

最初の活動は平成二年に再生した「蒲生家の町家」であった。この建物は明治末の出桁造りの酒屋さんで当初、全面的にアパートに建て替える予定であったが、持ち主の思いと『谷中学校』の提案、そして台東区の

❺「日頃のつきあいが大切にできる住まい」の実現

後押しもあり、道路に面した店部分を残し再生した。その元店部分を『谷中学校』の寄り合い処として平成一六年六月まで活用させていただき、谷中のまちづくりのひとつの拠点となった。

また現在、谷中の現代アートの中心的ギャラリーである「スカイザバスハウス」となった銭湯「柏湯」の再生も活動のひとつ。江戸期から続く由緒ある銭湯「柏湯」の廃業に伴い、ここでも当初、マンションへの建替えが検討されたが、持ち主のこれまで銭湯という町のコミュニティの核としての役目をこれからも担いたいという思いが、銭湯という建物を壊すのではなく、ギャラリーとして転生させるという決断となった。

『谷中学校』で関わった事例は他数カ所あるが、それ以上に町の人が時として経済を度外視してまで歴史ある建物を大切にしたいという思いで残されているものが数多くある。その気持ちこそが大切であり、『谷中学校』はそのお手伝いができればと考えてきた。

(4)　公共施設等へ町からの提案

平成二年に三崎町会会長から谷中小学校前にできる小公園に対して、地域で要望をまとめたいのだが手伝ってもらえないかという要請が『谷中学校』にあった。町会の人たちの声を図面や模型といった具体的な形に落とし込む作業や、計画の仕方や法規等の適切な情報を専門家という立場で町会の人に伝えることは『谷中学校』にとって初めてのことであり、町の役に立つという実感を持てる活動でもあった。

その後、三崎坂の派出所や谷中霊園の塀、防災ふれあい広場といった公共施設に対し、町の声を具体的に挙げていくという気運ができる良い機会となった。また、民間ではあるが、この経験が後述するマンション問題への関わり方にも役立つこととなる。

(5) 自然環境の存続と復権

谷中には大きな樹木がある。そして、広い空、土の地面もまだ残っている。寺町であり震災や戦災で大火に会わなかったことにより、これら自然の恵みが都心にしては豊かに残されているところである❻。

都心であることで自然環境をあきらめかけている考え方に対し、谷中にある自然を再発見する活動やその回復を小さくとも目に見える形で行おうと「坪庭開拓団」というプロジェクトを行っている。ちょっとしたスペースでもアスファルト等で固められた地面を土に戻そうというもので、路地や家と道の間等で数カ所実践している。そこには植木鉢でない土からの緑が生え地中との水循環も行うようになる。ほんの小さな自然だが、都心でも自然があり、楽しめることを実感してほしい。そして、より大きな自然、斜面の緑地や墓地の緑等にも関心を持ち、自然が循環できる町にしていきたいと考えている。

❻二項道路内に土と緑を復権させた路地

3　活動が元気になれるネットワークづくり

前述してきた活動を支える、実践するためには、町の人の支持が必要であり、また、自分たちにない専門性は外の専門家やまちづくり団体とネットワークする必要がある。そして、台東区との関係も大切であり、活動が公益性を持っていることを明快に示していくことも重要であった。実際にはメンバーの多くが谷中の住人であり、個人として暮らしの中で様々なチャンネルで地域と交流を持つことが地域への信頼となっていった。こうした活動では何を言っているかも重要だが、誰が言っているかの方がそれ以上に重要ということである。

❼地域共生を実現したライオンズマンション

(1) 谷中での再開発

『谷中学校』の転機は、谷中に二つのマンション問題が起きた平成一〇年。『谷中学校』の役割が変化した。

一つは、平成一〇年（一九九八）、三崎坂中腹に大京による九階建てライオンズマンションの計画が持ち上がった。谷中ではこれまで地主さんによるマンション計画はあったが、大手ディベロッパーによる再開発は初めての経験だった。当然、当初計画は地域性を無視して最大限に建てるものであった。この計画に対し、谷中地区の町会連合会をはじめ仏教会等、谷中をあげての計画見直し運動となった。幸い事業主大京の社の方針として地域共生を打ち出した時期でもあり、地域側も建築協定を結ぶという社会性の高い解決方法を提案したことによって、地域と共生できるマンション計画へ変更されていった。結果として六階建て（道路に面しては四階）四三戸のマンションとなった❼。

もう一つは平成一一年（一九九九）に、言問通りの看護学校跡地で起こった。こちらは事業主総合地所、施工長谷工コーポレーションによって「ルネ上野桜木」が計画された。一四階一五二戸という谷中にとっては最大の再開発となった。この計画に対しても、町として計画の見直しを求めたが、長谷工の強行姿勢により谷中を大切にしてほしいと言う地域共生の願いは拒絶される方法でできあがった。

これらマンション問題を経験し、谷中では、黙っていては町が守れないという認識が高まり、平成一二年に「谷中・上野桜木地区まちづくり憲章」を制定、「谷中地区まちづくり協議会」が設立された。まちづくりの気運をきちんと協議会の形で継続できるように働きかけた台東区まちづくり推進課の役割は大きかった。また、谷中学校のメンバーを含め、土地、建物の専門家がこれらの運動を支援できたことが評価され、地域密着型の専門家の価値が高まる結果となった。

「谷中地区まちづくり協議会」ができ、台東区の方でも「密集住宅市街地整備促進事業」や谷中地区全体のマスタープランづくりを開始するなど、まちづくりを支援していく体制も整ってきた。

『谷中学校』も任意団体として谷中のまちづくりの最初の一歩を行う場所として誰もが入りやすい体制でいこうということになった。そして、建築やまちづくりの提案、まちづくりの運営支援やまちづくりの事業の実施など、より専門性、事業性を必要とされる役割に対しては二つのNPO法人で担うことになった。

ひとつは「ひとまちCDC」で、これまで『谷中学校』で行ってきた住まいや公共施設への提案という役割に加え、協議会運営や地域共生型の土地利用活用事業を行うもの、もうひとつは「たいとう歴史都市研究会」で『谷中学校』での歴史ある建物の保全と再生という役割を進め、谷中の歴史ある環境の都市計画での位置づけや建物保全活用の具体的な事業化に取り組んでいる。

(2) NPO法人ひとまちCDC

「NPO法人ひとまちCDC」は、平成一五年に設立された。谷中のまちづくりを支援をしようという「地域のまちづくり活動」と「地域と共生する土地・建物活用」への専門的な支援による「つくって残す、つくることで残る、まちの暮らしを壊さない発展」を目指している。

具体的には、「地域のまちづくり活動」への支援として、「谷中地区まちづくり協議会」事務局を担っている。「地域と共生する土地・建物活用」の方は、そのひとつのプロジェクトとして「谷中くらすかい」を立ち上げ、谷中でコーポラティブ方式を中心とした住宅供給を行う事業を開始した。

「谷中くらすかい」とは、谷中に暮らしたい、暮らし続けたいという居住希望者や谷中に持っている土地や建物を有効活用したいという人たちの会員組織である。そして、現在、第一号として、地権者の建替えと合わせたコーポラティブハウスの計画を検討している。

谷中地域の居住需要は大きいと考えている。しかし、現実にはそれに見合う供給はなく、賃貸にしても暮らし続けるためのファミリータイプの物件が少ない。また、建て替えたいけれど狭小敷地であったり高齢で資金がなかったりという理由で建て替えられない等、問題を抱えている人もいる。といって、大手ディベロッパーによる大規模マンションやこれまで暮らしていた人たちが出て行かなければならない再開発を受け入れるわけにもいかない。

「ひとまちＣＤＣ」としては、谷中の暮らしを受け継げる小規模の住宅供給をしていけたらと考える。その方法のひとつとしてコーポラティブ方式を採用している。また、谷中二、三、五丁目で行われている「密集住宅市街地整備促進事業」の共同建替えなどでもいかせればと考えている。「谷中くらすかい」という谷中を大切に思い暮らしたいと思っている人たちと共同建替えをしたいという地主さんを引き合わせるのも「ひとまちＣＤＣ」の役割である。

「ひとまちＣＤＣ」が考える地域共生の住宅のあり方は『谷中学校』での考え方を踏襲しており、「日頃のつきあいを大切する住宅」を中心としたものである。人が暮らすためには、箱である家がただ面積や設備、眺望といった家の性能が優れていれば良いというものではなく、町とともに家があり、町に暮らすという考え方が必要なのである。それでなくては「町の再生」「都市再生」はありえない。

見方を変えれば、町の中の「つながり」は教育や福祉といった制度を地域が補完してきている表れであり、経済的意味合いにおいても「つながり」は大切な資産であって、「つながり」を壊すような再開発は長い目で見た場合、経済的負担がかかる地域をつくり上げてしまうことになると考える。

「ひとまちＣＤＣ」の求めるところは、谷中の魅力を生かした豊かな地域社会の実現であり、そのために町の「つながり」を壊さない再開発を行うことである。

(3) 谷中地区まちづくり協議会

一方、台東区は、まちづくりの気運の高まった谷中に対し、平成一三年から谷中全体のまちづくりを総合的に考えていこうと東京芸術大学の協力を得て「谷中地区まちづくり事業調査」等を実施してきた。それらを踏まえ「まちづくり交付金事業」に展開していく予定である。また、平成一一年度から「密集住宅市街地整備促進事業」も導入し、防災ひろばの獲得に大きな成果を上げた。

それに呼応する形で「谷中地区まちづくり協議会」は、「防災部会」「環境部会」「交通部会」を立ち上げ、台東区の密集地の環境改善や防災、歴史的環境の保全・活用や交通問題等の課題に対する活動を始めている。

「防災部会」は、平成一一年に台東区が行う「密集住宅市街地整備促進事業」に併せて発足した。平成一三年度には、防災がハードウェアに偏り過ぎ、谷中の培って来た生活文化を壊さないよう、また、ソフトウェアの防災の視点を重視した事業となるように、〝人のくらしが、町をつくる。〟という提言書をまとめ、台東区に提出した❽。また、谷中にとってとても貴重な約七千平方メートルというスポーツクラブ跡地を、防災用のひろばとして台東区に取得するように積極的に働きかけ、それを実現させることができた。平成一六年度は、「谷中地区の

谷中2・3・5丁目地区
密集住宅市街地整備促進事業への提言

“人のくらしが、町をつくる。”

まちづくり提言の構成

第一章　はじめに
■谷中・上野桜木まちづくり憲章
■密集住宅市街地整備促進事業とは？
■谷中三四真人町普請とは？
■提言の目的 “人のくらしが、町をつくる”
第二章　谷中における防災まちづくりの考え方
■谷中暮らしが大切にされる災害への備え
第三章　“谷中らしい” まちづくり宣言
■ “谷中らしさ” の原則
第四章　“谷中らしい” まちづくりを実現・達成させるために
■住民が主導的に考えること
■行政が主導的に考えること

谷中地区まちづくり協議会
『谷中三四真人町普請』防災部会
平成13年8月 提言

❽ “人のくらしが，町をつくる.”　密集事業への町からの提言書

防災計画」を住民の視点からまとめており、その結果を台東区や各町会に働きかけていこうという計画である。

「環境部会」は、平成一五年度に発足し、台東区のまちづくり整備方針にも位置づけられているように、谷中地区の歴史的町並みと寺社や住宅地の緑、良好な環境の保全・活用を考えることを目的としている。一五年度は、谷中霊園の塀の改修に伴い、生け垣部分をつくってもらう調整をした。今後、東京都が行う谷中霊園の再整備なども大きな課題のひとつとして取り上げていく予定である。

「交通部会」は、通過交通による渋滞や交通安全の問題が近年悪化して来ている状況に対応して平成一五年度にできた。この部会は、埼玉大学の協力を得て、交通量調査や一方通行の変更等のシミュレーションを行うという研究・勉強会を積み重ねて来ている。昨年発表された谷中地区内の都市計画道路の見直しも視野に入れつつ、どのようにまちづくりとして具体化していくかが今後の課題である。

また、どの部会も、住民が主体となって活動しているが、谷中全体にかかわる議論も多く、部会だけで何かを決定できるわ

けではない。行政上の位置づけも特になく、台東区が行うまちづくりとの役割分担も考えつつ、現在は勉強会の域にとどまっているこれらの部会が何を担えるかを考えていくことも大きな課題である。

(4) 谷中の中のまち活動

これまで『谷中学校』、「ひとまちCDC」、「谷中地区まちづくり協議会」と私自身の関わってきたまちづくり団体について述べて来たが、谷中の町にとって最も重要なのは、従来からある「谷中地区町会連合会」であり、「台東区青少年育成谷中地区委員会」や「谷中コミュニティ委員会」といった組織であることを忘れてはならない。確かに「谷中地区まちづくり協議会」の部会のようにテーマを持った議論でまちづくりを考えることは大切であるが、特に谷中においては、町の一番ベースのところは、人と人とのつながりであり、そこを最も元気にしているのはこれらの組織であると言える。

これら組織の活動はとても活発であり、それこそ谷中の町が長年培ってきた経験の蓄積であり、住み続けている強さを感じる。これら組織の軸になっている人たちは幼なじみが多く結びつきは強い。その関係には外から来た私には入ることはできないが、後から来たものとしての役割を担うことはできる。しかし、普通の新住民にとってはちょっと敷居の高い世界にもなっていることも事実である。

4 これからの谷中

住民参加のまちづくりと言われだしてから久しいが、私が谷中と出会った一八年前はちょうど奈良まちづくりセンターが動き出した頃であり、世田谷で界隈塾なるまちづくり講座が開始された時期でもあり、私も専門的な立場で住民参加のまちづくりに参加することへの強い意義を感じていた。その後、谷中で町と接して気づかされたことは、都市計画家や建築家の考えるまちづくりだけでなく、もっと日常の中のベーシックなところでの付き合いの重要性やそれを活性化していく活動の大切さであった。谷中の場合その部分については町の人によってすでに築き上げ継続されていた経緯があり、そのお陰で『谷中学校』のようなテーマ型まちづくりが受け入れられたことを改めて実感している。

ただ、日常のまち活動とでも呼べるような活動だけでも良いわけでもなく、マンション問題などは、地域密着に加えて、専門性を持った人間が町の意思を代弁する覚悟が求められたものであった。町にとって、あるときは専門性、あるときは日常性といったまちづくりの両輪が求められ、また、総合的基本的なまち活動を基軸に課題となる領域への専門的解決を行えることが重要である。

谷中では、住民と専門家と行政の意識において、やっとその歯車が嚙み合い動き始めたといった状況であろうか。そして、そうした状況をつくり出せた要因として台東区職員の活躍があったことも忘れてはならない。どこの町においても町を大切に思い町の魅力を育て、悪いところを改善しようという人々はいる。その人たちを活かせるかどうかは、地元自身でもあるがやはり行政が大きな役割を果たすものだと思う。

谷中の町はここ数年が正念場である。「密集住宅市街地整備促進事業」、「まちづくり交付金事業」、「都市計画道路の見直し」、「谷中霊園の再整備」等、様々な事業等が立ち上がってきている。そうした事業を谷中の幸せのためにどう活用できるか課題は山積みである。

三　ミニ再開発を都心再生の主役に
――神田の共同建替え＋コーポラティブ方式

杉山昇
関真弓

1　都心再生の意味

都心回帰といわれているなかで、都心のそこここに超高層マンションが建ってきている。ビジネスという観点でみれば、さまざまな事業手法を駆使して、付加価値の高いマンションを供給し、見事に完売となれば万々歳、同慶の至りである。

しかし、地域社会という視点からみると手放しでは喜べないことも多い。まずは、土地の買収がはじまると地域社会は混乱して、不可解な情報が飛び交う。資金的な裏づけがあれば、「この機会に」と考える人もでてきて、いずれ櫛の歯が欠けるように空き地ができてくる。

お金と時間をかけて、新しい建物が完成する。新しく購入された方が続々と引越しをしてくる。もともとの地権者も少しいるかも知れないが、このまちの歴史などに関心をもってくれる人はあまりいない。周辺に住んでいるもともとの住民の皆さんとの交流も、新しい建物のなかでよほどがんばってくれる人がいないと実現しない。

その地域の文化の伝承もなくなる。結果として、新しい便利な建物ができて、その便利さを求めて移り住んできた人々の暮らしと、これまで続いている地域社会の人々の暮らしとが隣り合わせに、ほとんど交流もなくはじまることになる。

今、都心に求められているのは、人の顔の見える地域社会である。

この数年、私たちは、都心の小さな再開発を時間と手間のかかる手法で実践してきた。以下、NPO都市住宅とまちづくり研究会（以下、「としまち研」という）の成り立ちと取り組んだ事業の概要を報告する。

2　NPO都市住宅とまちづくり研究会の誕生

「としまち研」の代表杉山昇が、平成七年七月、神田のまちに再開発や不動産分野のコンサルタント事務所を開設してから一年ほど経ったころ、杉山は、「このまちは死にかけている」と感じるようになった。

お祭りは、高齢化の進む町会幹部を中心に数少ない青年部、婦人部などががんばり、神田から外に出て暮らしている子や孫たちの応援も得て、連綿と続けている。しかし、このまま一〇年先、二〇年先になることを想像すると青年部のみなさんがしっかりがんばっても同じようにお祭りを続けていけるとはどうしても考えられない。

神田に住む方々との交流が少しずつできてくるなかで、杉山は町会役員の方などに疑問を投げかけてみると、まちの状況は外から見ているものとあまり違わないものであることがわかってきた。バブルのなかで踊らされ、バブルの崩壊でまちの将来をどう考えてよいかわからないというのが地域の方々の気持ちであったと思われる。

このまちに住んでいない杉山は、自分の専門分野でまちの役に立てないかと考え、短絡的な思考ではあったが、若い子育て世代が取得して住むことのできる価格の安い住宅の供給ができないものか、と真剣に思い詰めるようになり、まずは仲間を募って勉強会をしようと思い立った。平成七年九月から毎月続けてきた月例の勉強会、一《いち》木会《もくかい》の仲間を中心に、平成九年二月に『みらい』都心居住促進研究会（以下、「みらい研」という）がメンバー一五名で誕生した。

「みらい研」は、定期借地権を活用することで価格の安い住宅を提供できないだろうかというテーマで検討を開始した。この頃には、つくば方式によるマンションが話題になっており、みらい研にも、定期借地権住宅団地や定期借地権を使った分譲マンション事業に取り組んでいるメンバーがいたので、事業手法や想定される効果については割合短期間で検討が一巡した。しかし、具体的な取り組み案件をつくるという点ではまったく見通しがたたない状況であった。

平成一〇年一〇月一日、展望を見つけられないまま元気がなくなりかけていたみらい研に、ある情報がもたらされた。一木会に㈶千代田区街づくり推進公社の地区計画部長を招いて、「既成市街地におけるまちづくり―千代田区型地区計画―」というテーマで講演してもらった際に、同公社がまちづくりグループを支援する「第一回千代田まちづくりサポート」という新規事業を行うので応募したらどうかと勧められたのだ。応募期限は迫っていたが、これまでのみらい研の研究成果をもとに、「都心に住む人を呼び戻すための活動をする」という主旨で応募した。応募内容を公開の場で発表でき、かつ、審査委員の意向に対しても意見がいえるという公開審査の方法であったため、地元在住メンバーの地域の実情に関する発言もあって、最下位ながら一四万円の助成を受けるという成果を得た。

その助成金をもとに、神田のいくつかの地域の方々の協力を得ながら、まちづくりに関するアンケートを行い、さらにヒアリングも行った。その結果、神田のまちの人々は、家族世帯に神田に住んでもらいたい、仮に隣近所と共同建替えをするについてもアレルギーのない人が多いなど、みらい研の今後の活動にとって励みとなるデータを得た。また、直接お話を伺う機会を得た方からは、現実の共同建替えの話もでてくるなど地域の状況も少しずつわかってきた。

翌年の第二回千代田まちづくりサポートにも応募し、再び最下位で通過して、一二万円の助成金を得た。この時期には、すでに実際の事業に取り組む場合の体制について検討をはじめていた。すなわち、事業協同組合か、特定非営利活動法人（NPO）かであったが、みらい研に参加している方のなかには小さな会社の経営者や社員のほか、大手企業の社員、公務員もいるため、目的をしっかりと掲げて、その実現のために活動する組織として「NPO」がふさわしい形態ではないかということになった。一定の準備期間を経て、平成一二年八月四日に「NPO都市住宅とまちづくり研究会」が設立された。

3 現実のプロジェクトとの出会いと取り組み

(1) COMS HOUSE（コーポラティブハウス神田東松下町）

［取り組みの意義］

第二回千代田まちづくりサポートの活動の一環として、平成一二年七月一三日、公開勉強会「神田型共同建替え方式の提案」を実施した。この公開勉強会に参加してくれた方から、「これまで地権者四人でデベロッパーと協議してきたが、どうしても条件が折り合わない。としまち研なりの提案をしてみてくれないか」という話をもらった。

みらい研の活動のなかで、地権者四名とデベロッパーとの等価交換事業が検討されていることは、すでに知っていたし、その図面の概要も入手して、「この事業は都心居住の促進に寄与するか」などの検証を行っていた。従来の等価交換型の事業では、地権者が取得する以外の区分所有建物は、それを引き取ってくれるデベロッパーを探して卸売りをするというのが基本的なパターンであった。

としまち研には、みらい研のメンバーを主力に、コーポラティブ方式の事業に取り組んでいるメンバー、車椅

❶ COMS HOUSE の住宅金融公庫総裁賞の受賞を記念して裏の路地で合同バーベキューパーティ（H 15 年 9 月）．地域の方や事業参加者，スタッフ等 100 名参加

子障害者のための賃貸住宅づくりなど福祉系の分野に取り組んでいるメンバーなど多様な専門家が結集していた。検討の結果、共同建替えにコーポラティブ方式を組み合わせる事業形態が最も合理的であり、まちづくりに寄与するであろうことが期待できた。

この事業は、地権者と新規に事業参加してくる入居希望者とで民法上の組合をつくり、事業を推進することが軸となっている。また、地権者を橋渡し役として地域社会から顔の見えるマンションづくりという枠組みが明確になってきた。

COMS HOUSEは、その一棟目の取り組みであり、この事業の成否が神田における今後の展開を左右するため、多くの会員が力を合わせて、事業推進をした。

［評価すべき点］

・管理規約を作成する際も、若手の民法学者の協力を得て、国土交通省の標準管理規約にいくつかの重要な項目を追加して作成した。特筆すべきは、賃借人などを準組合員として管理組合活動に参加することを義務づけた（議決権はない）こと、事情があって区分所有建物を賃貸もしくは売却する際に管理組合の了解を得ることなどを盛り込んだ。

［問題点・課題］

・募集住戸は約六六平方メートルと約五七平方メートルのふたつのパターンとなったが、広さの点で三～五名の家族には狭いという印象があり、一～二名の小家族が中心となった。神田では、はじめての事業ということもあり、消極策であった。

・用途としては、一階及び二階が事務所、三階から一〇階までが住宅という複合建物となった。募集広告には、住宅と事務所の動線は分離される旨を明示していたが、現実には二階の事務所へはエレベーターの利用が可能となっており、組合の検討会や総会などで大きな議論となった。二階事務所への出入りは、原則として階段を用い、高齢者や車椅子利用者などが来訪したときはエレベーターを利用することで決着した。

・その他、車椅子対応のトイレを二階共用部に設置したが、この使用法をめぐって議論があり、この部分を二階の事務所が専用使用することで解決した。

(2) 桜ハウス（コーポラティブハウス神田東松下町パート2）

［取り組みの意義］

としまち研代表の杉山が、平成一三年八月の都市経営フォーラム（㈱日建設計主催）において、COMS HOUSEの事業を世に紹介させていただける機会を得たときに、講演終了後、参加者から「ユニークで面白い話なのに、何故、二つ目の事業が立ち上がらないのか。地権者から話がないのか」という大変きびしい指摘があった。神田で二つ目の事業を…と苦しんでいた時期で、としまち研のその時点での実力であり、やむを得ないところであった。

そのようなところ、COMS HOUSEの事業に参加していた方から、同じ町内にある実家の建替えについて相談があった。ちょうど同時期にその実家と隣り合った土地（相続により地権者六名で共有）が売りにでていたことから、コーポラティブ方式により地権者一名と新規入居希望者とで建設組合を設立して土地を取得し、共同住宅（後に建設組合で桜ハウスと命名）を建設する事業を提案し、事業をスタートさせることとなった。基本は、COMS HOUSEと同様の事業形態である。

［評価すべき点］

・企画段階で、COMS HOUSEの反省事項である住戸面積が狭い点を、約六四平方メートルと約七二平方メートルを基準階の面積とし、それを一定のルールのもとに広くすることもできるような募集方法を採用した。設計事務所は大変だが、五フロアのうち三フロアの参加者からあと一〇平方メートル広くしたいという希望があり、結果として、三~四人の家族世帯が参加してくれることになった。

・神田駅より東側の地域は公園や緑がほとんどないという状況のなかで、ベランダを緑化する提案をし、基本的に実現することができた。量的にはわずかだが、ホッとする集合住宅となった。

［問題点・課題］

・COMS HOUSEの募集は短期に完了したが、桜ハウスの募集は難航し、募集完了までには一定の時間が必要であった。日常から「神田に住もう会」など、としまち研の取り組みの中心的プロジェクトを円滑に成立させるための組織と活動が求められている。

・また、住宅設備を知人から安く買うので「支給品」として取り付けをしてほしい、知り合いの内装業者に自分の部屋の施工をさせたい、などの組合員の要望をできるだけ取り入れるようにしたところ、必ずしも満足のいく結果とならないなど、設計者、施工者の苦労が報われないこともあった。

・ベランダの植栽は、募集時点での提案に入れず、組合設立後の設計者提案として行ったため、議論が沸騰した。どのようにすべきであったかは分からないが、人間関係にしこりが残るなどのことはなかった。

(3) 神田須田町二丁目共同建替え（クレアール神田）

［取り組みの意義］

クレアール神田は、としまち研の取り組みの中で、唯一、コーポラティブ方式ではなく、共同建替えと分譲マンション事業との組み合わせによる事業形態である。

この取り組みは、地権者二名とデベロッパーが等価交換事業に合意し、既存建物の解体工事に着手したときにはじまった。地権者が、隣接する築七三年になる長屋の住人のところに、解体工事のあいさつにいったとき、「いっしょに建替えができるといいね」と声をかけられたのを長屋の皆さんは真剣に受け止めた。としまち研に相談があり、長屋の住人がまとまって取り組むことを最優先とし、先行していた地権者二名の事業に合流するということになった。

その結果、地権者一〇名で、神田須田町二丁目共同建替え協議会を設立し、竣工までに一三回の会合を開催し、むずかしい事業を短期間で推進することができた。地権者のうち二名が「元気なうちに息子の家族と暮らすことにする」などやむを得ない事情によって転出したほかは、五軒の店舗を含め、それぞれの生活再建に必要な床を取得して、住み続ける、商売を続けるという神田の地域社会にとって願ってもない建替え事業として成立した。としまち研としては、コーポラティブ方式で取り組むことが基本であるが、その事業の経緯や規模などにより必ずしもコーポラティブ方式で取り組むことができない場合がある。しかし、大事なことは地域社会の再生にとってどうかということである。

［評価すべき点］

・何よりも神田に住み続けたい、この場所で仕事を続けたいという地権者のニーズを実現できた。

・デベロッパーとの話合いのなかで、地下一階に約七〇平方メートルのコミュニティルームを設け、かつ、屋上を使えるようにした。そして、この共用スペースを活用することの意義、レイアウト、使い道などについて、千代田区内の学生グループとの共同研究を行い、提言をした。また、この共同研究を通じて、学生と地元の皆さんとの交流が生まれ、学生が地元の「お囃子」の練習に参加し、お祭りのときにはお囃子メンバーに加わって地元の皆さんに喜ばれた。

・協議会を組織し、何回も会合を行ったことで、地権者の皆さん同士の結束も強まり、入居後に新しい住民との

❷KTハウスの屋上で花火見学パーティ（H16年7月）．左の写真は，入居者の皆さんが持ち寄ったご自慢の料理の一部（写真：NPO都市住宅とまちづくり研究会）

「顔合わせ会」を実施することができた。分譲マンションという形態ではあるが、住民同士の交流と町会長が歓迎のあいさつをするなど地域社会との交流の確実なキッカケとなった。

［問題点・課題］

・デベロッパーは販売会社に販売業務を委託したが、販売に入った時点から、すべての価値は「売る」ことに集中し、それまで積み上げてきた新しい住民同士の交流や地域社会との交流ということは、販売の促進材料にはならないとして排除された。

・また、入居後の管理を受託した管理会社に、クレアール神田の事業の成り立ちが伝わっていないため、管理会社は、地権者の組織である協議会との話合いもせず、新しい住民だけで理事会を構成するなどの問題があり、としまち研として事業全体への目配りが不足していたと反省している。

(4) KTハウス（コーポラティブハウス神田司町）

［取り組みの意義］

KTハウスは、製本業を経営していた地権者が時代の変遷のなかで営業の継続が困難と判断したが、廃業しても住み続けたいとのことで、COMS HOUSEの事業と同じような取り組みができないか相談があった。

この事業は、これまでのように数個の敷地の共同化ではなく、単独の敷地での建替え事業である点が大きく違っていた。

また、敷地が小さいため一フロア一住戸となり、しかも、一住戸の面積が約八三平方メートルとこちらは大きい面積となった。大きい面積となると募集総額＝出資額も大きくなるため、募集には時間もかかった。しかし、老親も一緒に暮らす家族、車椅子を使う高齢者のいる家族、子供のいる家族など家族数二〜五名という頼もしいコーポラティブハウスとなった。再入居した地権者が、町会の役員をしており、町会とのつながりも安定したものとなっている。

［評価すべき点］

・地権者の基本的な要望である居住継続の実現を図ることができ、かつ、賃貸住戸を所有することができた。

・車椅子使用者もいることなどから、当初計画にはなかった屋上までエレベーターをあげるように設計を変更した。そのため、屋上が使いやすくなり、物干し場として活用されたり、隅田川の花火大会のときの懇親会場としても使用されるなど、わずかなスペースながら今後のKTハウス内外の交流の場として定着している。

・世田谷などの住宅地でのコーポラティブハウスと違って、幅広い年齢層の家族が住むことになった。

［問題点・課題］

・住戸数が一一戸、組合員九名で、一フロア一住戸という建物のため、管理費や修繕積立金が割高となる。一括委託管理ではなく、個別管理委託の方法をとった。今後、会計業務などを中心に管理組合自体で行うなど自主管理的な要素を強くしていく課題がある。

4　目標・到達点と今後の課題

(1)　地域コミュニティの構築と再生

としまち研は、過疎化や高齢化の進行する都市において、高齢者や障害者にとっても安全で快適な、個性ある都市住宅の供給と暮らしやすい地域コミュニティの構築と再生をめざして、幅広い展開を行うことを目標としている。

そして、神田地域における四プロジェクトは、事業のしくみ、地権者とのかかわり、としまち研の役割など、それぞれ少しもしくは大幅に違うものであるが、としまち研の目標を達成するうえで、確かな足がかりとなって

1. COMS HOUSE（神田東松下町）
事業方式：共同建替え＋コーポラティブ方式
構　　造：RC造　　地上10階建
用　　途：住宅11戸＋事務所3区画
工　　期：H13年5月着工／H14年5月竣工
敷地面積：306.68m²
用途地域：商業地域(80%／600%)
利用精度：ミニ優良(補助金)、都市居住融資

2. 桜ハウス（神田東松下町）
事業方式：共同建替え＋コーポラティブ方式
構　　造：SRC造　地上11階建
用　　途：住宅17戸＋事務所1区画
工　　期：H15年1月着工／H16年4月竣工
敷地面積：234.18m²
用途地域：商業地域(80%／600%)
利用制度：ミニ優良(補助金)、都市居住融資

3. クレアール神田（神田須田町二丁目）
事業方式：共同建替え＋分譲方式
構　　造：SRC造　地下1階・地上13階
用　　途：住宅63戸＋店舗5区画
工　　期：H14年12月着工／H16年6月竣工
敷地面積：516.25m²
用途地域：商業地域(80%／600%)
利用制度：都心共同住宅供給事業、総合設計、都市居住融資

4. KTハウス（神田司町二丁目）
事業方式：建替え＋コーポラティブ方式
構　　造：SRC造　地上11階
用　　途：住宅11戸
工　　期：H15年5月着工／H16年5月竣工
敷地面積：154.01m²
用途地域：商業地域(80%／600%)
千代田区型地計画指定区域
利用制度：ミニ優良(補助金)、都市居住融資

※ミニ優良(補助金)…千代田区建築物共同化住宅整備促進事業
都市居住融資…住宅金融公庫の都市居住再生融資

❸各事業の概要

いる。

COMS HOUSE、桜ハウス、KTハウスなどの共同建替え（建替え）とコーポラティブ方式の組み合わせによる事業は、新築されるマンションに住む「ひと」と「ひと」のつながりを自然に醸成し、安心して暮らすことのできる居住環境を形成するとともに、建替え事業として参加する地権者が地域社会との橋渡し役を担い、地域に開かれた顔の見えるマンションをつくりだしている。

また、共同建替えと分譲マンションとの組み合わせによる事業であるクレアール神田も、地権者による共同建替え協議会を組織して、協議会が新しく住んでくれる人々との交流を意識的に働きかけるなどの努力をすることで、地域社会から顔の見えるマンションとして歓迎されるものとなる。

設立以来約四年半、としまち研の目標を達成するための礎が築かれたといっても過言ではない。供給できた都市住宅の戸数や新しく移り住んでくれた人口などは、まだまだ緒についたばかりであるし、新しい住人が地域社会において中心的な役割を果たすには、これから五年、一〇年と時間が必要ではあるが、充分な期待をして間違いないものと思う。

超高層マンションではなく、ミニ再開発による小さなコーポラティブハウスこそ、存亡の危機に瀕した地域社会再生の主役にふさわしいものと考える。

(2) これからの課題

①組織と資金力

としまち研はまだまだ自立した活動主体としての事務局組織を擁するに至っていない。会員や会員の属する企業が、先行リスクを負いながら、事業組み立てを行う。としまち研事務局は、それらの会員や会員の属する企業とともに、事業推進を担うという位置づけになっている。取り組んでいる事業そのもののしくみでは充分な収入が得られず、まだしばらくは専業的にＮＰＯの活動にたずさわる役員を置くことができない。また、としまち研が独自に資金調達をできる状況にはなっていない。

今後、実績を積み上げながら、自立できるＮＰＯをめざすことが最大の課題である。

②福祉分野への展開

としまち研の定款には、「まちづくり」のほか「福祉」を特定非営利活動として規定している。加齢とともに身体機能の低下は確実に進行し、介護を要することになる人も少なくない。また、一人暮らしの高齢者も増加傾向にある。

としまち研は、一人暮らしの高齢者などがいつまでも元気に暮らしつづけることができるよう、高齢者が共同で生活できるグループリビング（高齢者の家事サービス付き賃貸住宅）づくりをめざしている。そして、当面、神田地域での高齢者福祉分野の事業として、ミニデイサービスセンターの設置をめざしている。現在は、設備投資や運転資金などの資金調達、人材の確保などを視野に入れながら調査研究を行っている。

③調査研究と実践

ミニ再開発を組み立てていくうえで、一人暮らしの高齢者の生活再建が大きな課題となっている。借家に住んでいる場合、戻り入居を勧めても家賃が高くなる、電気・ガス・水道代などが高くなるなど、誰がその差を埋めるのかをめぐって、戻り入居もむずかしくなってしまう。高齢者居住法など各種の制度を研究して、ミニ再開発が地域再生の主役となれるような現実的な手法をつくりだし、実践していかなければならない。

都心に、専用住宅のみのマンションがふさわしいか議論がある。先に紹介した神田須田町二丁目のクレアール神田の一階と地下一階には、地権者の五店舗が入居した。敷地の規模にもよるが、四六時中静まりかえっているマンションよりは昼間の時間帯は店舗、事務所などがあって、人の出入りがあり、夜は住居の灯りがともるマンションが今の都心には必要と思われる。

住宅以外の用途の施設もいろいろあるが、それらの施設は誰が、どのように保有し、管理するかは大きな課題である。ミニ再開発が住宅のみという企画ではなく、立地によってはスモールオフィスであり、店舗である施設との複合の企画を可能とするまちづくりファンドなどの研究が求められるところである。

としまち研と地域社会とのかかわりという分野も独自に調査研究をしていき、その現実的なあり方を整理していく必要がある。地域社会というある意味ではとらえどころのない実体がどのように変化していくのか、つねに注目していかなければならない。

以上、神田地域における共同建替え＋コーポラティブ方式というとしまち研のミニ再開発の現場で、としまち研は経験を積み、失敗を重ね、それらを教訓にして、五つ目、六つ目の事業への取り組みを行っている。

四　山谷——ホームレス問題の解決と地域の再生をつなぐ

大崎　元

1　「山谷」とまちづくり

「山谷」のまちづくりにある独自性あるいは特異性は、ホームレス問題という日本全体あるいは世界的な課題を前面に据えているところにある。活動主体もＮＰＯを中心にした支援サービス提供団体であり、ボランティア的な支援活動と事業性を確保したプロジェクトが並行している。一方では、通常のまちづくりには欠かせない「住民参加」がほとんど見られないという状況が残されている。支援の対象は「住民票」を持たない都市生活者であり、活動と住民の乖離は「社会的排除」の問題を内在させている。

かつてのホームレス支援団体、寄せ場支援団体は、炊き出しなど支援対象者のみに目を向けた活動を展開してきたが、九〇年代に入ると米国ＣＤＣなどの影響を受けつつ、「居住支援」からまちづくりへと展開する方法論をイメージするようになった。山谷でもそうした転換は進んでおり、支援活動と地域との連携が模索されている。

2 「寄せ場」山谷

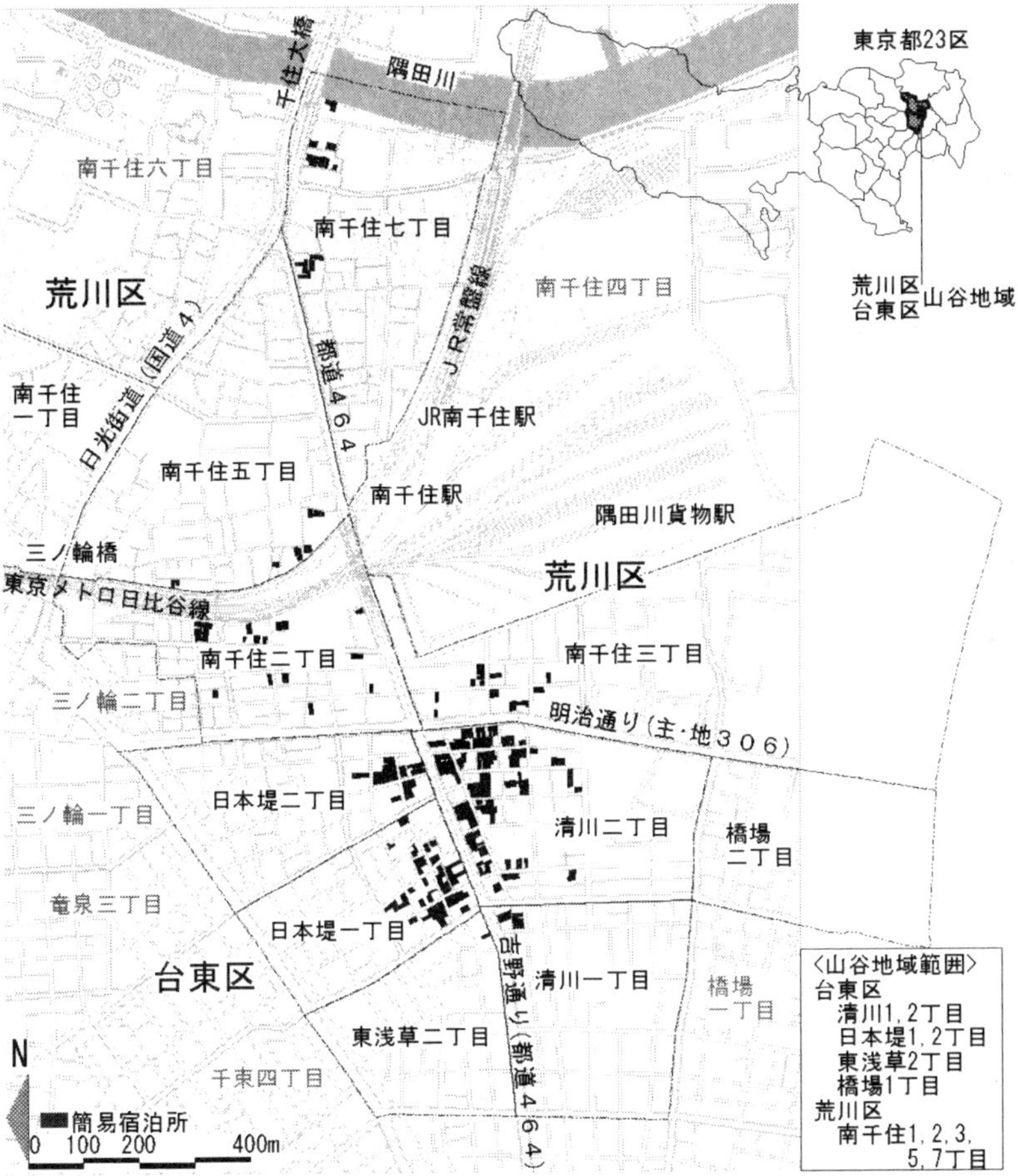

❶山谷地域位置図

「寄せ場」という言葉の発祥は、江戸幕府が江戸・石川島に開設した「人足寄せ場」からともいわれている。戦後復興期から高度経済成長期になると、主に建設・港湾の単純労働・日雇労働を就労斡旋する場所として、各大都市に一カ所ずつ、大規模集約的な近代的「寄せ場」が形成された。山谷、釜ヶ崎、寿町、笹島……、どの地域も都市域の内側にありながら、なんらかの周縁性を多重多層に有している。どこも耕地整理や区画整理のグリッドで明確な境界もないのに、他とは区分され囲い込まれている。なぜか歴史的に著名な「遊

❷ベッドハウス型（上），旅館型（中），ビジネスホテル型（下）の簡易宿泊所

郭」に隣接している。その名は知っていても場所を特定できる人は少なく、貧困・浮浪・マジールといったイメージを内在させた記号として浮遊する。周辺の都市活動との接点は少なく、独自の成長変化、発展、そして衰退の様相を見せているが、その理由の一端には「社会的排除」の論理が強く働いているとも言える。

東京・山谷地域は大阪・釜ヶ崎と並ぶ日本最大の「寄せ場」地域である。台東区北東部と荒川区南東部にまたがり、隅田川が境界をなす東京都心の最周縁域にあたる❶。約七五〇×一五〇〇メートルのこの地域には、最盛期で二〇〇軒以上、現在でも一六〇軒以上の「ドヤ」と呼ばれる簡易宿泊所（簡易旅館）が集積している。しかし、その集積は密集度の高い釜ヶ崎や横浜・寿町とは違って、一般住宅地や近隣商業、町工場が点在する準工業地域の中にいくつかの小さな集積群をつくりつつ分散している。寄せ場特有の空間要素や生活が一般住宅地と併存する。山谷は戦後に上野周辺の浮浪者対策でこの地に収容テントや簡易宿泊所が誘致され、そこから日雇い労働者の集住地へと成長した。高度成長期には木造二階建のベッドハウスが集積し、八〇年代に入ると鉄骨造中層階建・個室型へと需要に応じて変化してきた❷。しかし、九〇年代にバブル経済が崩壊すると急激に衰退する。

3　ホームレス問題の解決と寄せ場地域の再生

(1)　都市問題の二つの位相

山谷地域の抱える問題点としては次の二つが挙げられている。一つは、変質した寄せ場問題であり、もう一つは、ホームレス問題である。

九〇年代以降、建設産業の構造転換によって、山谷の寄せ場問題もその様相を大きく変えた。高度経済成長期を通じて大きく成長した山谷は、景気の変動に揺れながらもバブル経済崩壊前までは日雇い労働供給市場として独自の役割を担い、地域経済や地域力も「寄せ場」に依存しつつ、活力を有していた。地域の「いろは商店街」では人通りが多すぎてまともに歩けない時もあったという。日雇いにあぶれて野宿する人もいたが、それまでの山谷対策は就労や医療、金銭問題からの生活再建、非住居での子供の教育など、寄せ場特有の問題への取り組みだった。しかし、バブル経済崩壊後、労働経済の構造的変化とそれに取り残され高齢化した人々の非労働化と野宿化、社会学者岩田正美氏の言う「新しい貧困」の姿が鮮明になり、それに応じて山谷対策も福祉対策の色が非常に濃くなった。現在の簡易宿泊所には多くの生活保護受給者が長期滞在している。私たちの調査でも五割近くの簡易宿泊所で生活保護受給者が増え、今後も生活保護依存の意向を示す。こうした状況は地域全体の沈滞につながり、一般的なインナーシティ問題と合わせて、衰退を再生産する多重の問題状況を抱える地域になっている。

もう一方、ホームレス問題を地域との関係で見ると、日本でホームレス問題が採り上げられた当初は、ホームレスの人々の多くが日雇い労働者層からと言われ、また日雇い労働は「住所」がなくても可能な就労形態の代表だったため、「寄せ場」周辺に多くの段ボール野宿、ブルーシートテントが集まった❸。しかし九〇年代後半になると、そうした路上生活の常態化だけでなく、従来のイメージでは捉えられない貧困の新しい形としてのホー

❸隅田川河川敷に並ぶブルーシートテント

ムレス問題がはっきりしてきた。東京都「平成一一年度路上生活者実態調査」によると、最長職（今までで最も長く従事した職種）時で常勤など安定雇用を得ていた人が六割以上を占め、サービス業など建設業以外からが四割近くある。単身男性が圧倒的で五五歳～六五歳の「福祉の谷間」にいる準高齢者が多い。地方出身者でも東京で長く生活してきた人々であり、飯場、住み込み、社宅など職場直結の住居から都市空間に追い出された層が約四〇％弱ある。「新しい貧困」のかたちとしてのホームレス問題は高齢化など日本独自の形態を示しつつ、単純な労働問題ではなく都市の構造的問題と捉えられるようになった。都内二三区の路上生活者で山谷を経験した人の割合は三四％。大阪調査での釜が崎経験五八％に比べると少なく、その集住地も都内全域に広がっている。しかし、寄せ場「山谷」がその最大の中心であることに間違いはない。

(2) ホームレス問題の解決と寄せ場地域の再生

寄せ場問題とホームレス問題はいくつかの点で微妙に位相が異なる。しかし、問題の現場に立ってみると、ホームレス問題の解決と寄せ場地域の再生を連動させる可能性を強く感じることができる。私たちの取り組みもこうした可能性に立脚している。「寄せ場」であることは山谷地域を決定する大きな特徴だが、寄せ場の特異性だけを採り上げてはいない。「山谷」を、大都市に普遍的に見られるインナーシティ問題、居住貧困問題の解決に向けての豊かな社会的資源が見い出せる地域として捉えている。こうした視点の転換とそのための方法の蓄積が、従来の労働問題に依拠した山谷問題への取り組みと大きく異なる点である。そこから居住支援という段階に到達

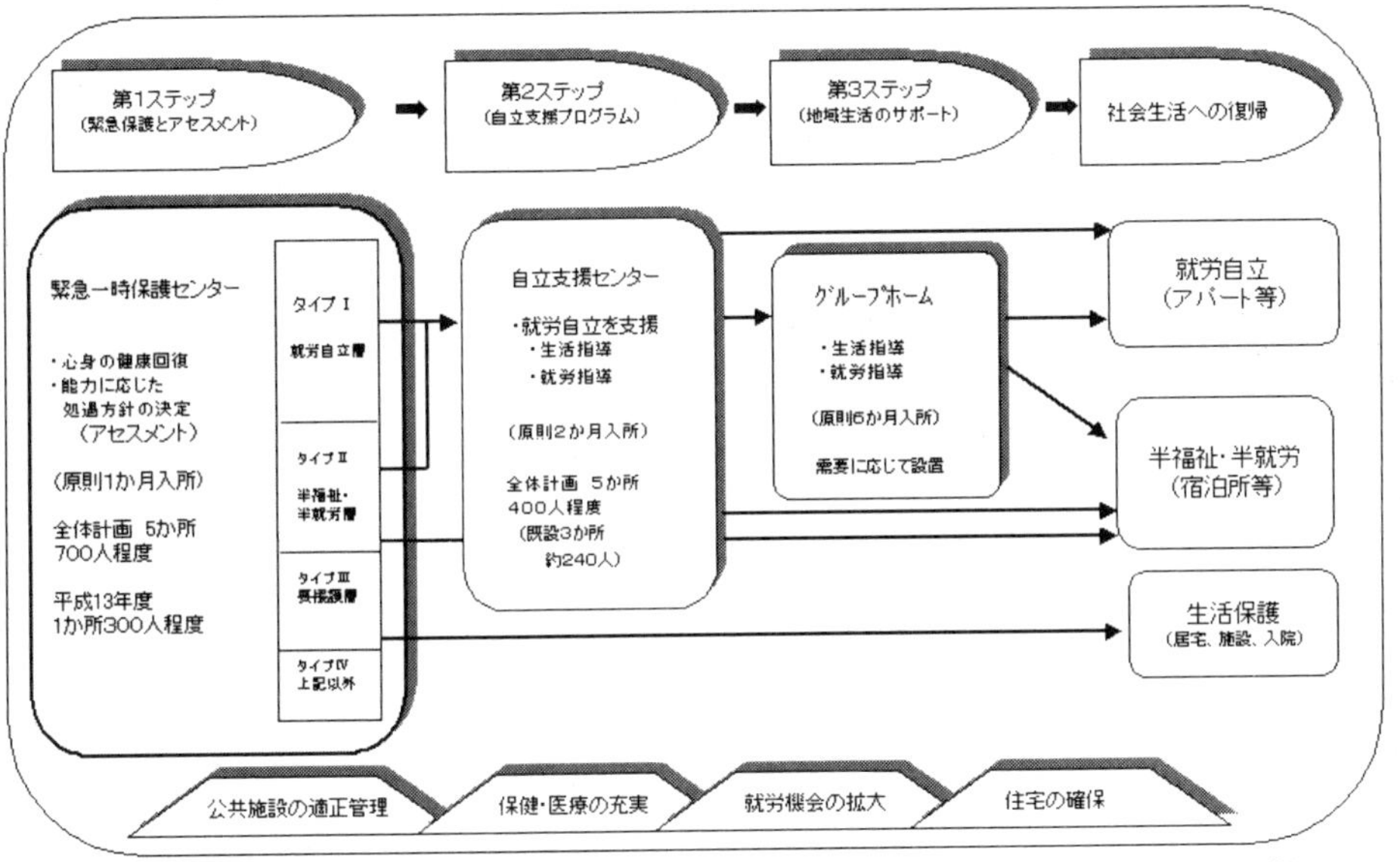

❹**東京都・路上生活者の自立支援システム**（出所：東京都福祉局「東京のホームレス―自立への新たなシステムの構築に向けて―」平成13年3月）

し、小さいながらも一定の成果を上げている。

日本に先立ってホームレス問題が社会顕在化した欧米では、その日その日のシェルター提供と仕事斡旋という対処療法では限界があることを認識し、ＮＰＯによる多様なサポートプログラムを受けながら安心して居住し、自立生活へステップアップできる「サポーティブハウジング」という方法が実践されてきた。そうした活動を通じて地域再生を可能にするまでに成長したＣＤＣも生まれた。私たちはこうした経験を学びつつ、日本版ＣＤＣを探ろうとしている。

東京都も平成一一年度の調査を受けて、福祉局「ホームレスの自立支援システムの構築について」でホームレス自立支援プロセスを構想した❹。そこでは、山谷の中間居住施設をサポーティブハウジングと位置づけての実践が生かされ、ＮＰＯによる居住支援が明確に位置づけられている。国レベルでも、二〇〇二年には「ホームレスの自立の支援等に関する特別措置法」が一〇年間の時限立法ではあるが成立し施行された。二〇〇〇年「特定非営利活動促進法（ＮＰＯ法）」による活動主体の確立と併せて、一定の法的根拠も整いつつある。

しかし、現実の場面では、資金面での問題だけでなく、ＮＩＭＢＹ（Not In My Back Yard）施設に対する拒否や営利目的で参入してくるNPO問題など、様々な問題状況に囲まれているのも事実である。

サービス内容 ＼ 主体別団体・組織	食事・炊き出し	安否確認	物品サービス	健康相談	医療サービス	就労支援	宿泊所提供(数)	その他
行政								
東京都城北福祉センター	※		※	※	※		※	※
敬老室				※				※
（財）山谷労働センター						○		
台東区，荒川区，他	※		※	※	※			※
NPO 組織								
自立支援センターふるさとの会		○	○	○		○	3	*a
山友会（02.4 より）★	○			○	○	○	*b	*a
友愛会 ★					○		3	
SSS							1	
訪問看護ステーションコスモス		○		○				*c
山谷マック ★					○		*d	*d
ボランタリー組織								
山里の家 ★	○	○						*e
山谷兄弟の家伝道所 ★	*f							
山谷伝道所 ★	○	○	○	○				
ほしの家 ★	○					*g		
ふるさとの会	○							

★ キリスト者連絡会：他に浅草北部教会，日本堤伝道所，清川教会，神の愛の宣教者会，ありがとう教会の計 12 団体がある．

※ 東京都城北福祉センターおよび台東区，荒川区福祉事務所では，法外援護としての給食，宿泊，医療援護（相談）をおこなっており，相談内容によって 2001 年に開設された緊急一時保護センター（シェルター）および 4 カ所開設されている自立支援センターの入所につなげる．

*a 共同リビング，城北福祉センター敬老室管理委託，アパート保障など．

*b 2002 年 3 月段階で入院待機用に 1 室確保しており，4 月には増室．

*c 介護保険による居宅での訪問看護，ケアマネージメント．

*d アルコール依存症者の社会復帰のためのグループホーム．デイケア施設の「リブ作業所」でおこなわれる AA に参加．

*e 病気・高齢者の入院見舞い．

*f 1999 年以降「まりあ食堂」から低価格の弁当サービスに切り替える．

*g 1995 年からリサイクルショップ「ゆいまある」を開始し作業．

注：表中の「東京都城北福祉センター」は，2004 年度から「㈶城北労働・福祉センター」に改組．

❺山谷地域の NPO・ボランティア（出所：中島明子他「寄せ場型地域―山谷，釜ヶ崎―における野宿生活者への居住支援―「自立」支援と結合した居住支援の課題―」住総研研究年報 No. 29，2002 年版所収）

(3) 「山谷」の社会的資源

山谷は今、産業構造の変化と労働者の高齢化などによって福祉受給者の街になりつつある。その前提には、東京都が簡易宿泊所でも一定の条件を満たせば住所と見立てて「居宅保護」を認め、生活保護の住居費を受けられるようにしたことが大きい。「居宅保護」は横浜市で始まったといわれているが、大阪市は現在も居宅保護を認めていない。

しかし、視点を変えれば、山谷地域には非常に大きな社会的資源があると言える。震災復興区画整理によって都市基盤がそれなりにでき上がっていることもあるが、ここには生活保護に代表される福祉予算が膨大に投入され、簡易宿泊所や木賃アパートなどアフォーダブルな住居になりうる居住資源がまだ多く残っている。また、山谷地域には古くから炊き出しなど様々なボランティア活動を行う組織があった。そのいくつかは福祉、介護、医療などのNPOに成長し、専門を横断するネットワークもできた。こうしたネットワークの存在が居住支援プログラムを支えるもう一つの社会的資源である❺。さらに、隅田川両岸などで野宿生活を送る人々の多くが、生涯生活の場として山谷への強い帰属意識、高い定住志向を示している。

山谷型CDCによるまちづくりは、こうした社会的資源を少しずつ掘り起こし、地域事業として実体化することでリアリティを増してきた。その活動の中心に位置するのは地域で活動するNPOであり、NPO相互、行政とNPO、ボランティア組織とNPO、専門医療機関とNPO、などの連携を深めている。東京都とも広範な場面で役割分担、事業連携が行われている。各NPOは訪問看護や地域医療、依存症対策AA（Alcoholics Anonymous）などそれぞれに専門性の高い活動を行っているが、居住支援と就労支援を中心に担っているのがNPO自立支援センターふるさとの会（以下NPOふるさとの会）である。

4　NPOによる居住支援

(1)　NPO自立支援センターふるさとの会

「ふるさとの会」は山谷地域で一〇年以上ボランティア活動を続けてきた。一九九八年頃、急激な路上生活者の増大とともに従来からの炊き出し等によるボランティア活動に限界を感じ、また欧米ＣＤＣの成果を受けて、高齢路上生活者のための自立支援施設を計画することになった。「山谷」ふるさとまちづくりの会の前身である「山谷プロジェクトチーム」は、その提案を建築的にプレゼンテーションするために集まった。一九九九年ＮＰＯになったふるさとの会は、中間居住施設としてのサポーティブハウジングの管理運営と、二四時間体制での生活ケア、日常生活、就労、地域生活支援サービスを各施設で展開し、訪問看護、医療などのサービスをＮＰＯネットワーク等を通じて提供している。「山谷」ふるさとまちづくりの会はこうしたプロジェクトに対する専門家集団として、ＮＰＯふるさとの会を補佐している。

以下では居住支援事業を中心に見ていくが、ＮＰＯふるさとの会ではこれ以外に、厚生労働省委託の技能講習、ホームヘルパー育成、訪問介護ステーション、「就労支援ホームなずな」などの就労支援事業や、東京都自立支援センター墨田寮の生活相談業務、㈶城北労働・福祉センター分館敬老室の運営管理、自主事業「共同リビング」などの生活支援、さらには商店街と連携しながらまちづくり活動に関わっている。ＮＰＯのベースとなったボランティアサークルふるさとの会でも、越年や夏祭りの他、隅田川を中心にアウトリーチ活動を続けている。「山谷」ふるさとまちづくりの会でも、地域基礎調査や向島、谷中など周辺まちづくり活動との連携を具体的なプロジェクトを通じて図っている。

(2) 宿泊所による居住支援施設

ＮＰＯふるさとの会では現在、第二種社会福祉事業・宿泊所の制度を利用して、五つの居住支援施設（男性施設四、女性施設一）を運営している。男性施設では生活訓練だけでなく、要介護者が一階に入居し稼働能力層を二階に置いてヘルパー研修を行なう就労支援や、稼働能力層が「働きグループ」として集団生活をする「なずな」など、多様な取り組みがなされている。二四時間体制での宿所と食事の提供に加え、入所者への相談対応や就労指導等のサービス、退所後のアパート保証やアフターケアなどを行ない、重度対応ではないが介護などのサービスも地域ＮＰＯとの連携で行なっている。四施設（ふるさと千東館、ふるさと日の出館、ふるさとあさひ館、ふるさとせせらぎ館）は木造二階建民家やかつての「置屋」、鉄骨造三階建小工場などの既存建物を改装したもので、すべて賃貸である。どれもが共有スペース「共同リビング」を大きくとり、その分個的スペースは制限される。三畳個室の女性施設以外は大部屋にベッドで、最初のふるさと千東館（一九九九年）では六畳に二段ベッドを並べたが、徐々に個的空間は広がり、ふるさとせせらぎ館（二〇〇三年）では一人当たり空間を三畳程度と

❻ふるさと千東館／最初の第２種社会福祉事業・宿泊所

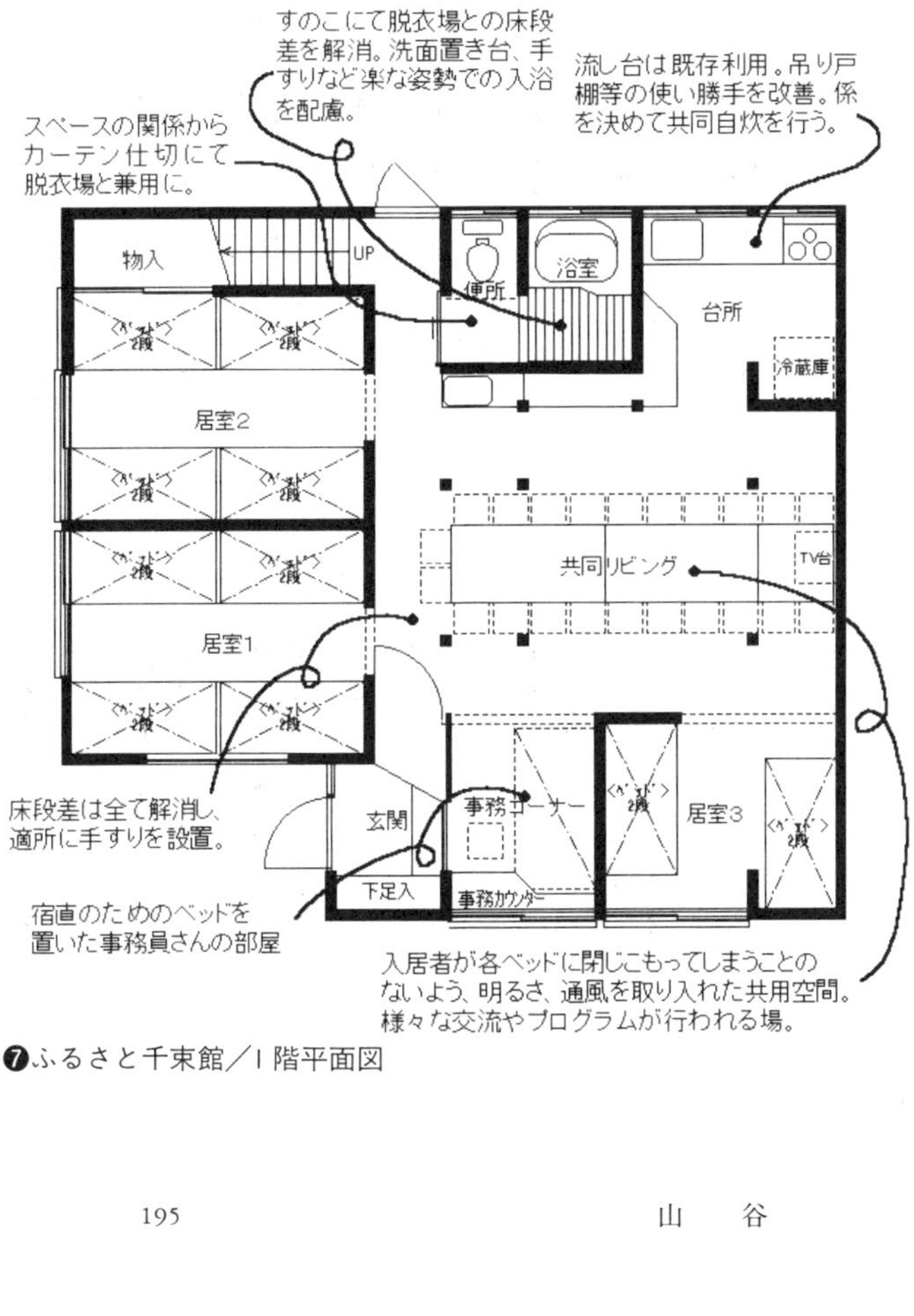
すのこにて脱衣場との床段差を解消。洗面置き台、手すりなど楽な姿勢での入浴を配慮。
流し台は既存利用。吊り戸棚等の使い勝手を改善。係を決めて共同自炊を行う。
スペースの関係からカーテン仕切にて脱衣場と兼用に。
物入
UP
便所
浴室
台所
冷蔵庫
居室2
共同リビング
TV台
居室1
玄関
事務コーナー
居室3
下足入
事務カウンター
床段差は全て解消し、適所に手すりを設置。
宿直のためのベッドを置いた事務員さんの部屋
入居者が各ベッドに閉じこもってしまうことのないよう、明るさ、通風を取り入れた共用空間。様々な交流やプログラムが行われる場。

❼ふるさと千東館／１階平面図

しつつ、カーテンで間仕切って二〜四人を一部屋にしている。

当初の想定では、入居者は野宿生活者の平均年齢五五歳から福祉を受けやすくなる六五歳までの「福祉の谷間」層で、稼働能力層あるいは日常生活は自分でできるADL（Ability of Daily Life）をもつということだった。しかし、二四時間のサポートがあることなどから、すぐに高齢者、要介護者など処遇困難層が区の福祉事務所から優先して紹介されるようになり、施設内での生活様相も様変わりしてきた。毎日散歩することで地域へのつながりを感じさせていた入居者像も、徐々に動きのない静かなものとなってきた。高齢化、長期滞在者の増加、上

❽ふるさと日の出館／女性のための中間居住施設

❾ふるさと日の出館平面図

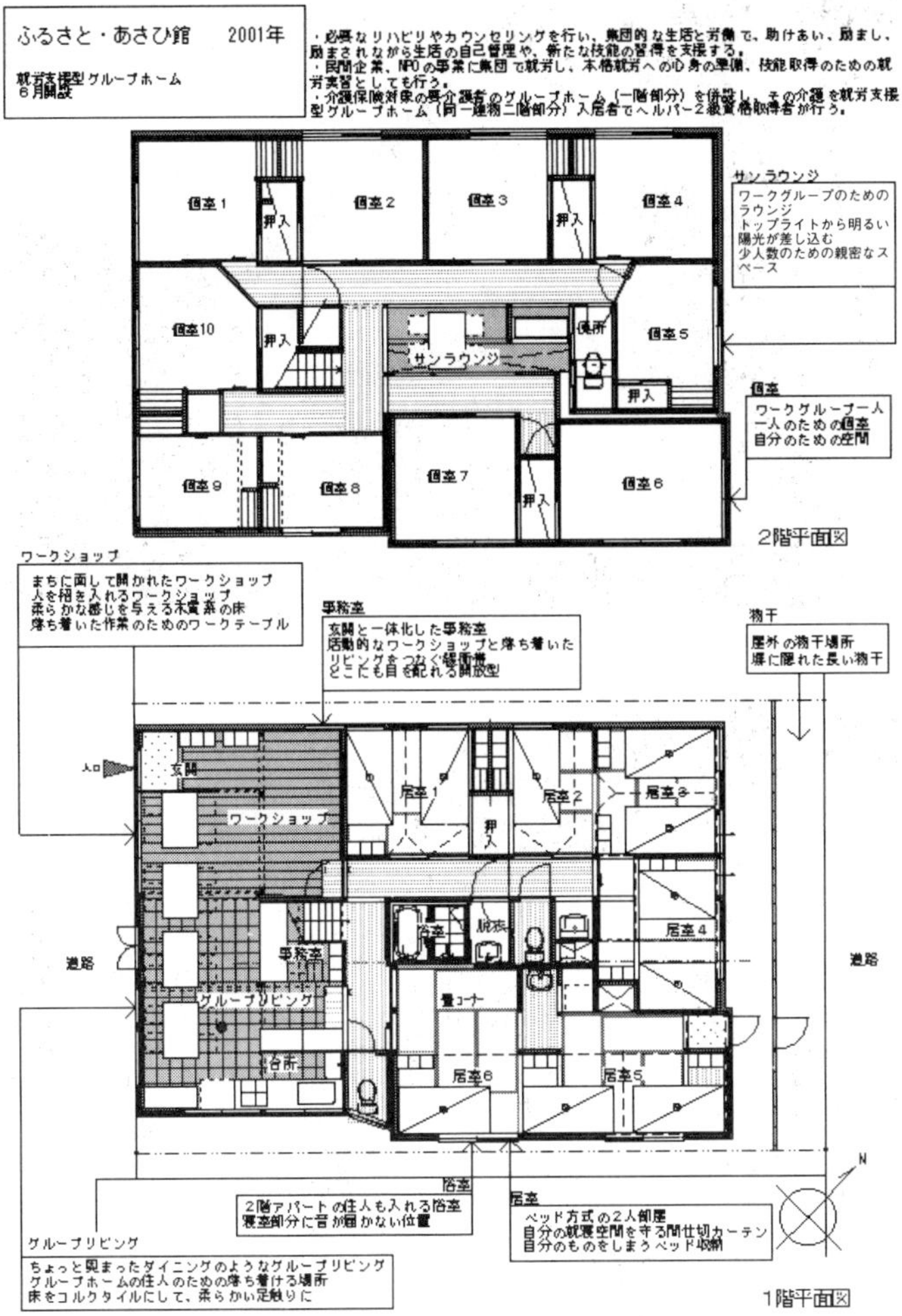

⑩ふるさと・あさひ館平面図／就労支援型グループホーム

階への要介護者の入所など当初の想定を超えた運営が、階段、手摺、段差や便所、浴室での介護要求など建築的な課題も表面化させている。

都内の民家アパート改造型の宿泊所事業は、一部資本力ある企業組織を除き、多くがボランティアからの転換組や中小ＮＰＯによるもので、資金力が弱く、生活保護費（主に住宅扶助費）だけで賃料とスタッフをまかなっており、施設の改良までは向かわないのが現状である。東京都新ガイドラインの一人当たり三・三平方メートルという低い基準は満たせるが、現行の建築基準法などには適合できない。厚生労働省指針の一室一人分のみ生活

⓫ふるさと・せせらぎ館／小工場のリノベーション

⓬ふるさと・せせらぎ館／居室階

保護適用は実質的に個室化を意味し、多くの宿泊所で対応できないだろう。今のところ既存宿泊所への指針・ガイドラインの遡及はないが、大きな転換点に立っていることは間違いない。

(3) 居住支援の新しい方向

宿泊所は中間居住施設として一定の役割を果たしてきたが、入居者の多様性、とくに処遇困難層の増大に対応し切れていない。生活保護受給によるアパート自立へのステップにはなり得ているが、就労による自立へのステップにはなり切れていない。いつ退所になるかという不安のつきまとう中間居住施設では安定した生活像が描けない。高齢、要介護、精神疾患やＤＶ等を受けた女性などは、就労自立、アパート自立での一人暮らしという将来イメージが描きにくい。こうした処遇困難層の増大は、「アパート自立＋就労自立」という一般解でなく、福祉あるいは半就労半福祉による「終の棲家」的な居住支援の方向が必要であることを示している。

ＮＰＯふるさとの会でも、生活保護だけに頼らない居住支援の方法を模索している。アウトリーチから自立支援センターなど公的機関のアセスメント機能を生かしつつ、生活保護によるアパート自立、借上げによる就労支援住宅、生活支援アパート、介護支援のあるグループホームなどが候補に挙がっている。また、地域内にデイケアや要介護化防止の地域リビングスペースを用意するなど、地域居住を維持できるプログラムを検討している。行政や地域ＮＰＯとの連携、商店街などとの連携がそうした地域生活を支えるという像へと、徐々にではあるが焦点を結びつつある。地域居住の回復はそのまま住民の増加を促し、その人たちの生み出す生活経済の地域内循環を誘い、地域経済の活性化につながる。地域福祉を前提にした路上生活者の地域居住への再帰を通じて地域を再活性化するという「まちづくり」の視点が、ホームレス問題に取り組むＮＰＯ等支援団体共通の新たな方向として浮上してきた。

現在、東京都で模索されている自立支援システムや地域移行支援事業などは福祉局（現・福祉保険局）を中心に実施されている。国においても「ホームレス支援法」の担当は厚生労働省である。逆に言えば、居住支援の場面では建設・住宅部門からの積極的なアプローチは見られない。そのため、生活保護法などによる住宅扶助や収容施設などの施策はあっても、アフォーダブル住宅、サポーティブハウジングなどの直接的供給といった公的施策としての「ハウジング」はほとんどない。この点が欧米諸国と大きく異なる。ここでの「ハウジング」は、単に物理的な住宅を供給することではなく、さまざまな支援を合わせ持った居住の新しい形態を用意しなければならない。そうした新しい「ハウジング」概念、枠組み、分野の確立が、広い意味で求められる。

5　地域再生へのプログラム

日本NPOセンター山岡義典氏はホームレス問題への対応を五つのレベルにまとめた。生存保障─居住保障─就労保障─まちづくり、と提言のレベルである。

山谷では多くの団体が古くから生存保障に取り組み、いくつかのNPO、団体によってサポーティブハウジングによる居住保障が実践されている。実現したのは居住保障のいわばプロトタイプであり、実際にその事業採算性も確証できた。次の展開は地域生活への移行システムの確立である。地域在宅サポートシステムをつくり、福祉だけでなく就労支援との二人三脚で、半福祉半就労が可能な地域居住支援のプログラムが求められている。そのためには、介護保険も視野に入れた地域のコミュニティビジネスを構築していくことも必要だろう。

二〇〇四年度からの新しい取り組みとしては、東京都精神障害者地域生活援助事業によるグループホーム（二〇〇四年二月開設）、アパートの家賃補助を緊急対策として施策化した「東京都ホームレス地域生活移行支援事業」の東京東部での担当実施（二〇〇五年一月から）、地域生活支援センターの設置などが計画されている。また、これらと連動して他県過疎地での農業実習などの就労支援活動が動き出している。居住支援と就労支援を結びつける技術は山谷を超えて展開する。これらの取り組みは地域としての「山谷」を超えて広がり始めている。しかし、それぞれの地域において、NPOを中心に生活支援・就労支援を組み合わせて地域居住を取り戻すという点では同じといえる。ホームレス問題は「排除」では解決しない。ホームレス問題を含む居住の問題を「地域」の問題として受け止めることから始めていく必要がある。

活動と地域との連携はまだ模索の段階ではあるが、NPOと行政との連携を軸にして簡易旅館組合や商店街とのつながりができはじめている。NPOが商店街に事務所を構えてイベントに参加したり、商店街の清掃作業を行政から請け負うなど、いくつかの展開を見せている。しかし、その関係はまだ断片的であり、今後の地道な取り組みを必要とする。

もともと緊急支援活動が盛んな地域であり、そうした活動に参加するボランティアや学生は、まちにとってのもう一人の主体となりうる。近年は若い人、特に女性の積極的な参加が目立っている。ボランティアサークルふるさとの会でも、㈶城北労働・福祉センター分館敬老室を拠点に、夏祭りや越年だけでなく、毎週の定常的なアウトリーチ活動を商店街や隅田川沿いで確立してきた。

⑬いろは商店街祭り／商店会と NPO との共催

⑭いろは商店街／花いっぱいプロジェクト

一方、山谷は谷中、向島といったアートによるまちづくり活動先進地域に隣接しており、墨田区グループホーム事業などの福祉に基づく事業もこうした先進地域に展開し始めている。先進地域にとっては事業性を持った新たな主体のまちづくり活動への参加であり、山谷の活動にとっては広く一般的な認識の獲得につながるだろう。

しかし、問題点も多い。現段階では活動のほとんどが公的資金に基づいている。居住支援事業も生活保護や公的福祉事業の制度資金に大きく依存しており、建物の改修などに対しては自己資金の供出をそうした公的資金で長期間かけて回収するという方法しかなく、建物ハード面への初期投資が改修の必要最低限にも満たない状況が続いている。ヘルパー派遣事業や訪問看護ステーションなどの福祉事業は地域に根付いてきているが、さらにさまざまなコミュニティビジネスの創出や活動資金、特に建物のような大きな初期投資への資金を作り出すシステムが求められる。米国での取り組みにあるように、ホームレスや低所得者へのSRO（Single Room Occupancy）を再生してのアフォーダブル住宅の確保や家賃補助（バウチャー）制度、コミュニティ再投資法といった施策がない日本の現状において、いかなる事業資金確保のシステムがありうるのか。居住支援だけでなくまちづくり全般での今後の大きな課題となっている。

ホームレスの人々への居住支援を地域の新しいまちづくり事業として位置づけ、そこから生まれた居住のアフォーダビリティが新しい地域住民を生み出し、単身高齢者の孤住問題、地域介護の問題などの受け皿ともなって地域居住のサスティナビリティを高めていく。そのことが地域事業者にとっての地域地場産業の活性化につながる。こうしたプログラムを一つ一つ着実にかつ批判的に実行していくことで新たなまちづくりの課題が生まれる。ホームレス問題をも受け止めることのできる、多様性を受入れるアフォーダビリティが都市のサスティナビリティを支える条件であり、それは山谷だけでなく、木造密集市街地に代表される都市の漸進的再生にとっての条件でもあるだろう。取り組みは始まったばかりである。景気後退―ホームレス問題の増大―地域衰退といった「負＝ネガティブ」な循環を、市場主義経済に左右されない、地域に立脚した「正」の循環に変えていくこと。山谷にはそのための社会的資源が豊かに存在する。

IV

都心の暮らしとマンション紛争

――事例研究②

一　東京・神楽坂——界隈の魅力を紡いでいくために

窪田亜矢

1　小さな単位が活きている多様性のあるまち・神楽坂

(1)　インターフェイスの多いまち

神楽坂。地名は非常に有名だ。東京都新宿区という都心に位置し、JRの駅名で言うなら飯田橋駅から登っていく神楽坂は、今でも賑わいをみせている。電線類は地中化され、欅が豊かに育っている。幅員は一二メートル前後で、時間帯によって向きが変わるという珍しい（タクシー運転手泣かせの）一方通行である。そのため、歩行者は向こう側へひょいと渡ることができる。通りの両側が一体となって神楽坂という賑わい空間を創っていることが強く感じられる。

大型店舗が少なく、個人商店が多いため、店の間口は数メートル程度であり、歩くことが楽しい。店舗が完全にガラスで閉じているのではなく、商品が街路にあふれ出して並べられている。この地で発祥したと言われる縁日が日常的に行われているようにも感じられる。主の顔がみえる。主と客のやりとりが聞こえる。和装の履物屋、漆器屋、近所の料亭を対象とした酒屋、煎餅屋など、日本の伝統的な情緒を感じさせる店舗も多い❶。

神楽坂通りから一歩路地に入ると、突然静かになる。神楽坂通りから東側には、路地を基盤とした料亭街が拡がる。路地は細く曲がっているため、見通しがきかない。石畳には打ち水されている。両脇には黒塀が連なっている。料亭や小料理屋など敷居の高そうな店が多く、そのほとんどが和風家屋できちんと手入れされている。玄関には格子が設けられており、そこから植木鉢や丹精込められた緑を垣間見ることができ、内部の様子が何となく伝わってくる。

料亭にしろ商店にしろ住まい手にしろ、主の多くは、ただ神楽坂というネーム・バリューに依拠して金儲けをしているのではなく、自らが環境形成主体として、細やかな努力を暮らしのさもないことのように営んでいるのである。都市における街路空間では、歩いた人が、その界隈の担い手の、大げさに言えば、生き様を感じ、それに反応できることが正しい。それこそが、都市再生のめざすべき、「高度利用」であろう。

(2) 多様な界隈があるまち

以上のような神楽坂通りそのものの商店街や料亭街の他にも、多様な界隈が拡がっている。

坂下には東京理科大学が位置しており、個別の建築物の規模はまちなかの他の建物とは異なり、大きい。しかし校舎がひとつの塊ではなく、群となっているため、まちまでキャンパスが拡がっているように感じられる。近くには日仏学院などの特色ある専門学校もある。

神楽坂通りを幹とすれば、そこから派生する枝として、名前のついた横丁がいくつか出ている。小さな生活圏を支える商店街もあちこちにある。

神楽坂通り沿いの西側には、戸建て・低層住宅地が拡がる。最高裁判所長官公邸をはじめ、ゆったりとしたお屋敷街もある。北にあがれば新宿区の木造密集市街地整備事業の対象地区もある。印刷業に関連する町工場が軒を連ねている地区もある。坂上の台地には寺が集まっている。

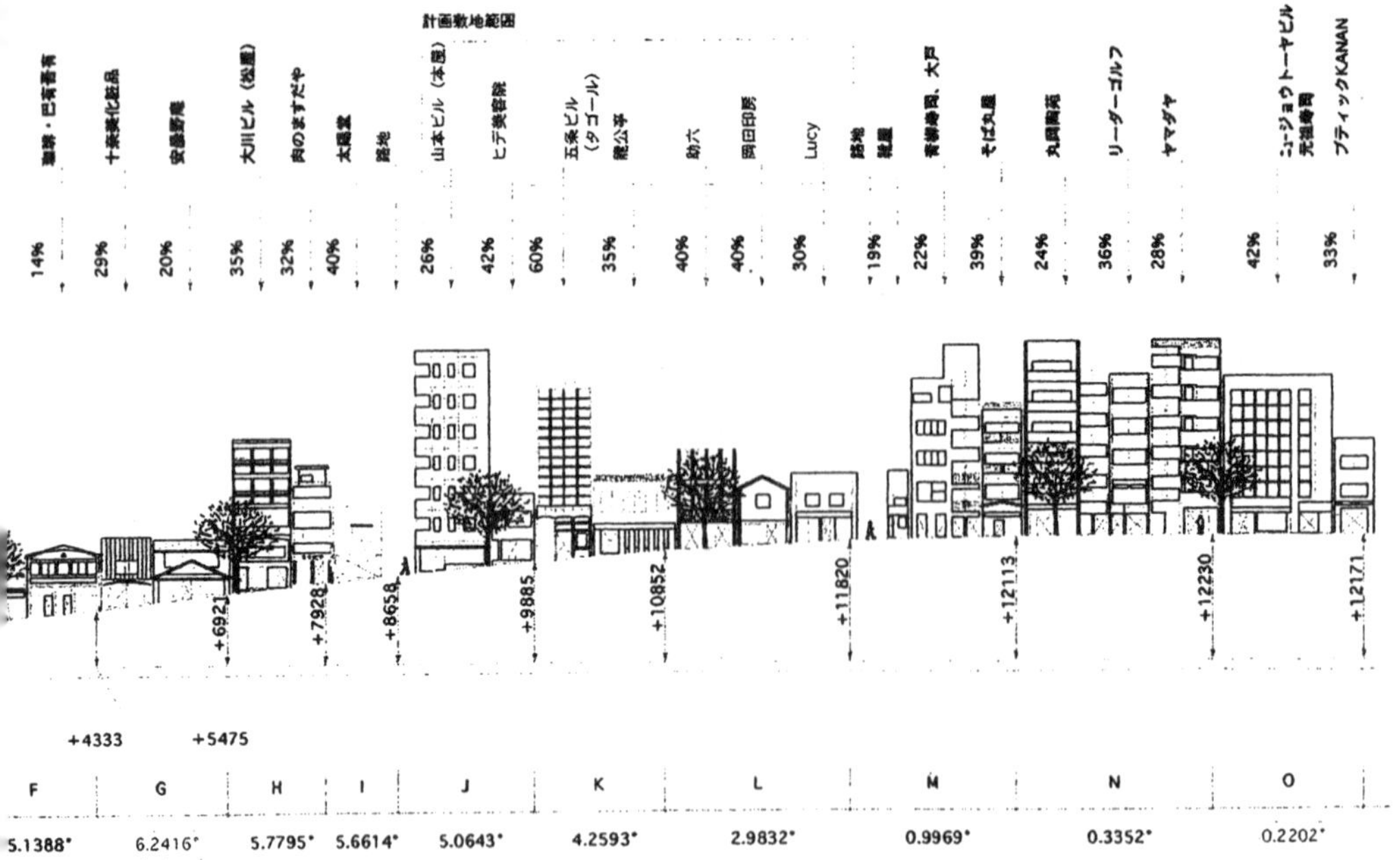

本章のなかで、神楽坂という地名をあまり厳密に使用していないが、神楽坂一帯ほど様々な町名が残っていることも東京では珍しい❷。町名にはいちいち歴史があるが、昭和三七年「住居表示に関する法律」を受けて昭和四〇年代ごろ、住居表示の変更が進み、この一帯も〇〇×丁目という町名への変更案があったが、町名保存運動が起こったという。

そうした町名に対するこだわりは、現在も生きており、たとえば白銀町にお住まいの方は、神楽坂に住んでいるという意識はない。横寺町の方も然りである。つまり正確には牛込と呼ばれてきたエリアには多様な界隈があり、そのひとつとして神楽坂があると位置づけられる。

このように多様な界隈が活きている理由のひとつには、地形という要因があるのではないだろうか。大きな地形としては、濠から北西に向けて高くなっていく神楽坂通りを背骨とし、小さな地形があわさって、異なる坂では異なる傾斜を経験する。平らな部分と急な坂と緩やかな傾斜地と、細やかに変化する地形によって場所が特徴づけられ、そのひとつひとつに名前がある。

必然的な結果として神楽坂一帯には様々な人が集まる。

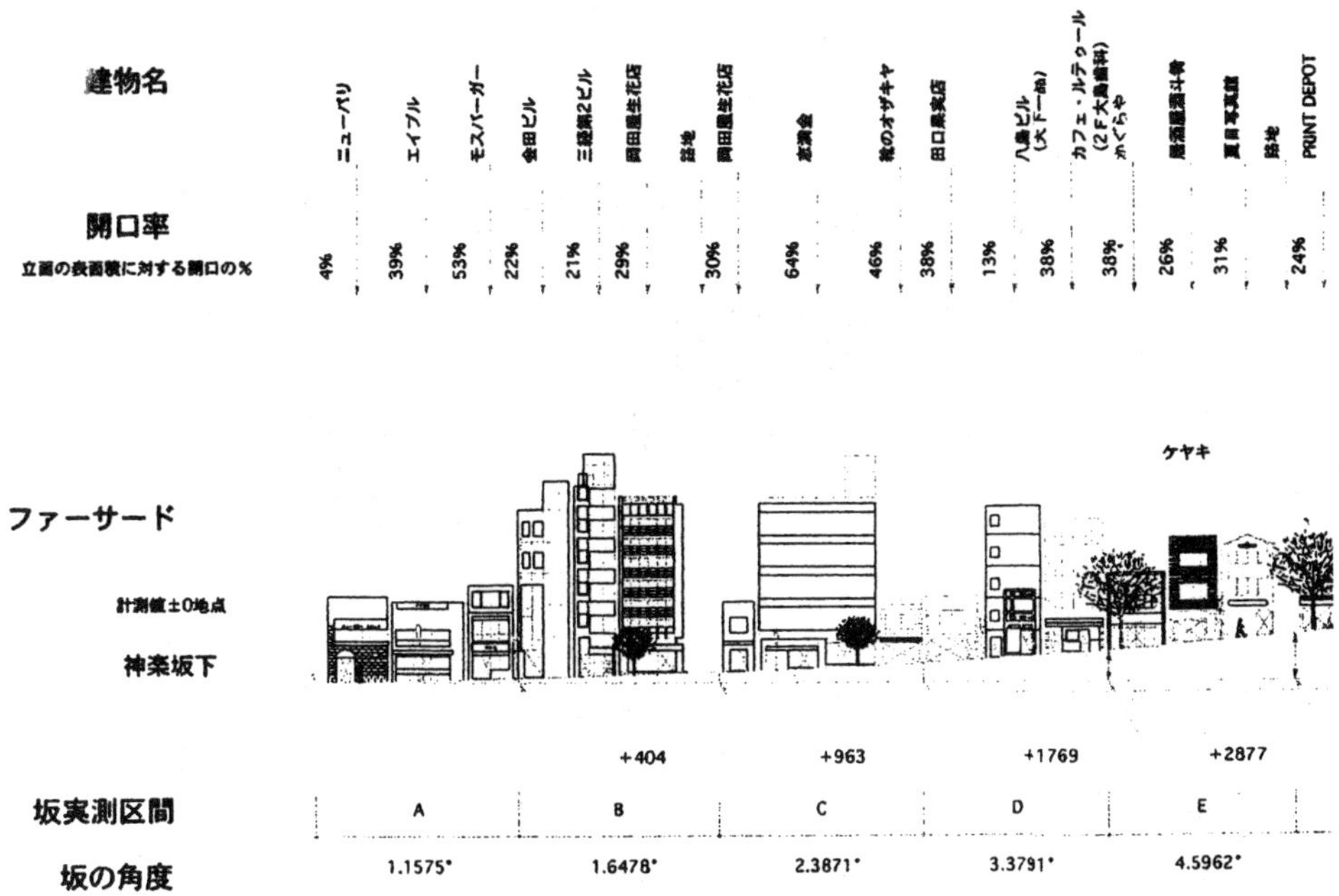

❶神楽坂通り立面図（東京理科大学工学部第2部建築学科4年生有志（2002））

多様な人々は多様な結びつき方をしている。最近の動きに限っても、たとえば、まちづくりに関心のあるものがNPO法人「粋なまちづくり倶楽部」をつくったり、神楽坂に惹かれて住み着いた新規住民がまちづくり組織に加入して古くからの住民とともにボランティア活動にいそしんだり、地域情報誌「まちの手帖」ができたり、住民ではないが神楽坂を研究対象とする様々な学生が緩やかなネットワークを持ったり、清掃活動を行ったり、と、数えあげればきりがない。これからそれらの組織間で、必要な連携も形成されていくだろう。

(3) 時間を超えたヒューマン・スケール

これらの多様な界隈を束ねているのが、聖なる場所である。

神楽坂通りの善国寺毘沙門天、坂下の若宮神社、筑土八幡神社、坂上の赤城神社。四つの神社は緩やかになわばりをもち、周辺住民の多くが氏子となっている。さらに寺が多いのも特徴であろう。これらの聖なる場所は、この地に連綿と継承されてきた。

そもそも神楽坂が明治時代より繁栄を続けてきたのは、

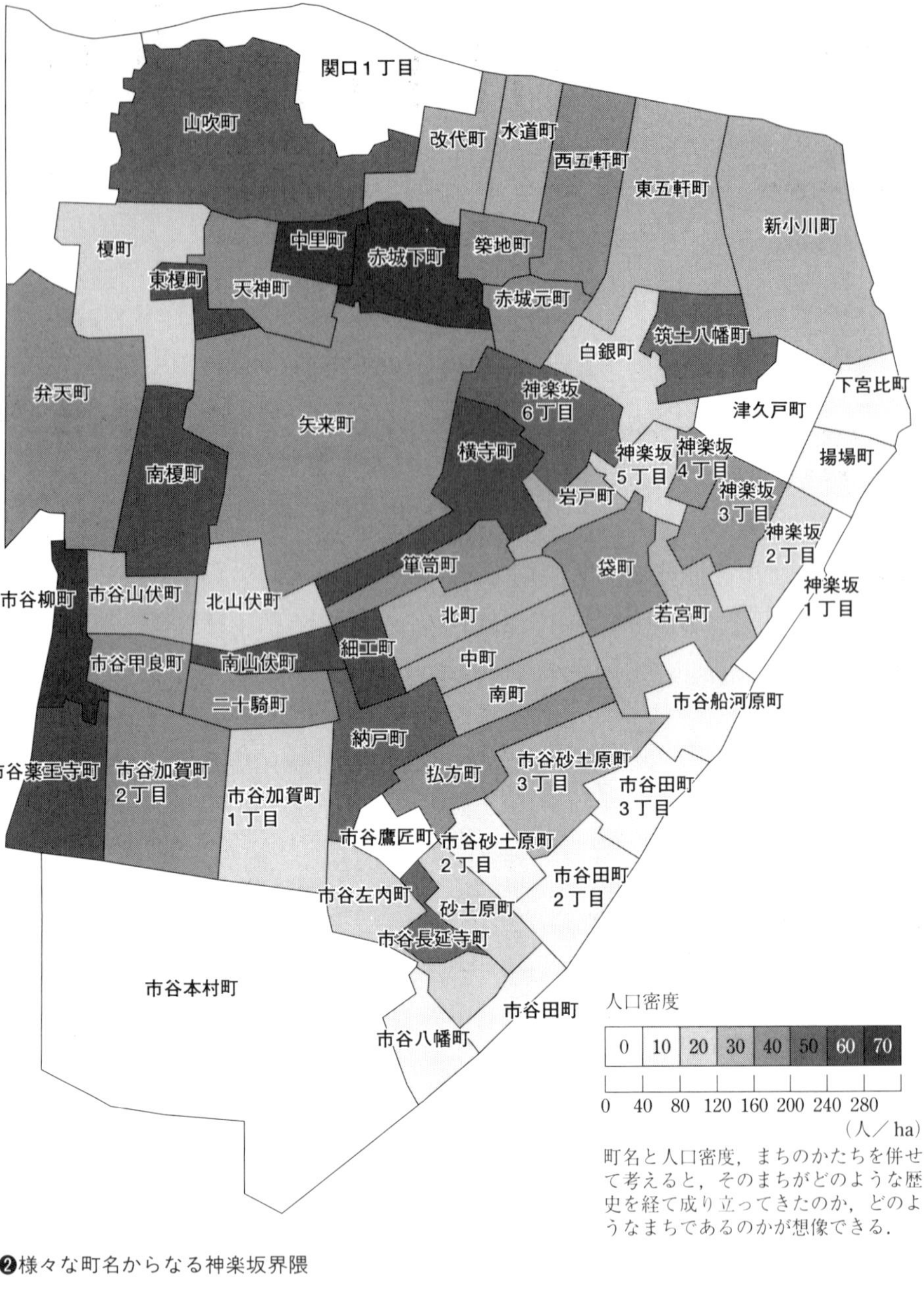

町名と人口密度，まちのかたちを併せて考えると，そのまちがどのような歴史を経て成り立ってきたのか，どのようなまちであるのかが想像できる．

❷様々な町名からなる神楽坂界隈

山手七福神のひとつである毘沙門天が寛政五年（一七九三）に麹町より移転してきたことにより、庶民が参詣に集まってきたからである。さらに花街として栄える。三業地、すなわち料理屋、待合、芸者置屋の三業の営業が許可されたのである。バブル崩壊後、料亭は激減したが、今でも検番は活きており、三味線の音色が聞こえてくる。

第二次世界大戦で焼け野原となった神楽坂一帯では、戦前の建物は、神楽坂通り沿いのアユミ・ギャラリー（設計・高橋博、一九四七年、改修一九九三年）と横寺町の路地奥にひっそりと建つ同建築家の自邸位のものである。それでも歴史的な雰囲気が強く感じられる理由は、その街割にある。

江戸時代以来の切り絵図、明治時代に軍が作成した地図、最近の地図を比較しても、濠沿いの外濠通りから直角に神楽坂が上がっており、武家屋敷や寺社などの大きな敷地割りをしている街路網もそのままである。江戸時代の地図には路地が記載されていないので、寺社地内の路地がどのようであったかは定かではない。それでもすれ違う時に相手を気遣い、右肩を少し引く仕草が江戸所作と呼ばれていること、また横寺町にある袖摺坂という名称があることなどから、現在の路地の様子は江戸時代から継承されてきたものといえるだろう。大きな変化としては路面電車用に開設された大久保通りである。このことが本文で後述する超高層マンション紛争への禍根となる。既存の街並みを無秩序に貫いていることが地図からも読みとれる。

街割は街並みを決定する重要な要因のひとつである。

なぜなら建築基準法や都市計画法の主要な規制の方法は容積率であり、敷地面積の広さが建築物のボリュームに直結しているからだ。もしも建築物の高さを主要な規制方法としていると、多少敷地面積に差があろうと顕れる街並みはほぼ予想がつく。しかし容積率による規制は敷地面積に法定容積率を掛けて床面積が算出されるので、大きな敷地が現出すると周辺とは異なるボリュームの建築物が可能となり、住環境の悪化、街並み景観の不調和という事態になる。多くのまちでは残念ながらしばしば起こっている状況であるが、神楽坂の場合には街割があまり崩れていないために街並み景観が継承されているのである。そしてその継承は、既述のように個々の建築物が凍結的に保存されているわけではなく、中身の更新をはかりながら建て替わった建築物のヒューマン・スケールによって達成されているのである。

(4) 急激なマンション開発と老舗の減少

以上のように、個々の建物がまちと接点を持ち、様々な人が関わりあい、ヒューマン・スケールを保った多様な界隈が拡がっていることが神楽坂一帯の魅力である。

しかし、急速な変化をみせつつある。第一段の波はバブルの時代、一九八〇年代後半からで、特に幹線道路沿いで建築物の中高層化、大型化が進んだ。第二の波が今である。二〇〇一年に発足した小泉内閣都市再生本部が推進する「都市再生」が本格化してきたことを背景としている。

まずひとつが急激なマンション開発だ。神楽坂一帯には社宅が非常に多かったが、それが企業の経営改革のなかで、また都心居住推進施策を受けて、民間マンション用地として悉く売却され、あちこちでダンプカーが行き来している❸。JR総武線、東京メトロ東西線、有楽町線、南北線、都営大江戸線が利用できる便利さは、民間マンション用地としての価値に直結している。社宅は容積率をめいっぱい使わずにゆったりと緑地を多く確保していた場合が多かったため、身近な緑が多く失われた。特定の会社員のみの住宅があるよりも民間マンションの方が用途としては公共性は高いと言えよう。しかし密度や緑といった点からは環境の質を下げてしまっている(1)。

またこれまで神楽坂一帯の文化的側面を担ってきた老舗の店じまいが顕著となっている。たとえば毘沙門天隣の洋食レストラン「田原屋」は夏目漱石が好んだ老舗だったが、二〇〇二年閉店し、チェーン店に替わった。料亭へ酒を卸していた酒屋「万長」も店を閉じた。

神楽坂通りは坂下から次第にチェーン店が増えている。固有の名前のある場所だったまちが次第にどこにでも

❸近年の大規模開発の状況（情報提供協力：益子三有紀氏）

①セントラルプラザ・ラムラ：昭和 40 年代半ばより飯田堀の水質が悪化し，埋立・再開発事業の計画が持ち上がるが，飯田堀を守る会等を中心に反対運動が起きた．昭和 55 年着工 61 年完成．商業・業務ビル．

②東京理科大学の新校舎構想：現在進行中で，周辺住民への説明会を重ねている．ボリュームという点から周辺環境への調和を考えて欲しいという住民からの要請にどのように応答するかが問われている．

③神楽坂通り沿いの商業ビル：まちづくり協定で決められている内容，すなわちセットバックせずに高さ 7 階まで，という約束が守られず．反対運動が起きたがゴミ集積場の位置の変更などに留まった．

④オフィスビル：平成 4 年，隣接する津久戸小学校への日影が問題となり，住民による反対運動が起きた．

⑤マンション 1：元料亭（松ヶ枝）敷地（面積 1,072m²）に 8 階地下 1 階，延床 2,913m²，平成 14 年完成．

⑥東京理科大学森戸記念館：梢，喜久美という 2 つの料亭建築を，東京理科大学が購入し，維持会館として活用していた．神楽坂通りからの路地の突き当たりに位置し，石畳や周辺の飲み屋の情緒などと相まって，最も神楽坂の料亭らしい景観だった．平成 13 年取り壊し，同機能の森戸記念館として新築．

⑦超高層マンション：江戸時代には行元寺の境内で，今でも寺内と呼ばれる．約 50 ほどの敷地に分割され花柳界発祥の地となっていたが，バブル期の再統合が起こった過程で路地も廃止され，平成 15 年，超高層マンション建設となった．反対運動などの経緯については本文中を参照．50 年定期借地権．敷地面積 4,564m²，建築面積 1,847m²，延床面積 30,237m²，高さ 83.5m.

⑧マンション 2：20 年ぐらい前までは神社だったが都有地になり，その後，都の参考価格（13 億 8 千万円）よりも高い 20 億円で落札した開発事業者により，平成 16 年完成．高さ 9 階．

⑨マンション 3-1：元 JR 社宅だったが・と併せて山手線内で最大規模といわれるマンションとして，平成 15 年完成．既存の樹木を残す努力の痕跡はあるが，地上 11 階地下 1 階で規模が大きい．

⑩マンション 3-2：元朝日生命社宅跡地，白銀公園が南側に拡がる 5 階建て，平成 15 年完成．

⑪ワンルームマンション＋1 階店舗：15 階で 1 階は銀行．一帯でワンルームマンションとして最大規模．

あるまちになりつつある。

次節では、神楽坂一帯が直面した超高層マンション紛争の経緯を振り返り、現行の「都市計画」や都市再生の問題について考えていきたい。

2 超高層マンション建設の経緯

(1) 計画敷地の変遷

神楽坂一帯ではじめての超高層マンションが計画された敷地は、神楽坂通りと大久保通りの交差点近くに位置し、約五千平方メートルの広さである。敷地の北側が接している大久保通りは、現行一六メートルの幅員で、倍の三二メートルへの拡幅が都市計画決定されている。計画敷地がある一帯は、寺内と呼ばれてきた。由来は行元寺という寺の敷地であったことによる。寺内であったときの敷地割りは判然としていないが、その後、花街が発祥し、路地沿いに料亭街が形成された。一九八〇年頃まではそうした当時の状況が続いてきた。特に一九九〇年代に入ってから、広幅員道路であるため容積率がめいっぱい実現する大久保通り沿いで、いわゆる地上げによる敷地統合が進んでいく。住宅地図では、敷地の中央部を走っていた区道（一部通り抜けのための私道を含む）の記載も消える❹。実態としては使用者もいる区道として存在していたわけだが、マンション計画の過程で区と開発事業者が等積交換を行った。この交換については、その後、住民から区が訴えられることになるが、結局、実態としても路地がなくなり、周辺の敷地割りとは全く異なる規模の巨大な敷地が出現し、そこに二六階というボリュームの超高層マンションが建った。

都市計画の規制としては、用途は商業地域、容積率は五〇〇%だった。一般的に、用途地域が指定されるにあたっては、既存不適格となる建築物がなるべくないように、既成市街地の状況が考慮される。当該計画敷地のあるエリアは、路地すなわち都市計画用語的に言うならば、二項道路や私道である細街路を基盤としており、建替えも難しい。そのためもあって二階建ての木造家屋が圧倒的に多く、料亭として使われていた。料亭は、飲食店ではなく料理店として分類されるため商業地域でないと既存不適格になってしまう。しかし商業地域の指定のもとで組み合わされる容積率・建坪率は（平成一五年改正され選択肢が拡がったが）高くなってしまう。実態としては二〇〇%程度しか使われていなかった市街地に五〇〇%が指定された。それがどのような結果をもたらすのか、一般市民にとっては想像しにくかった。

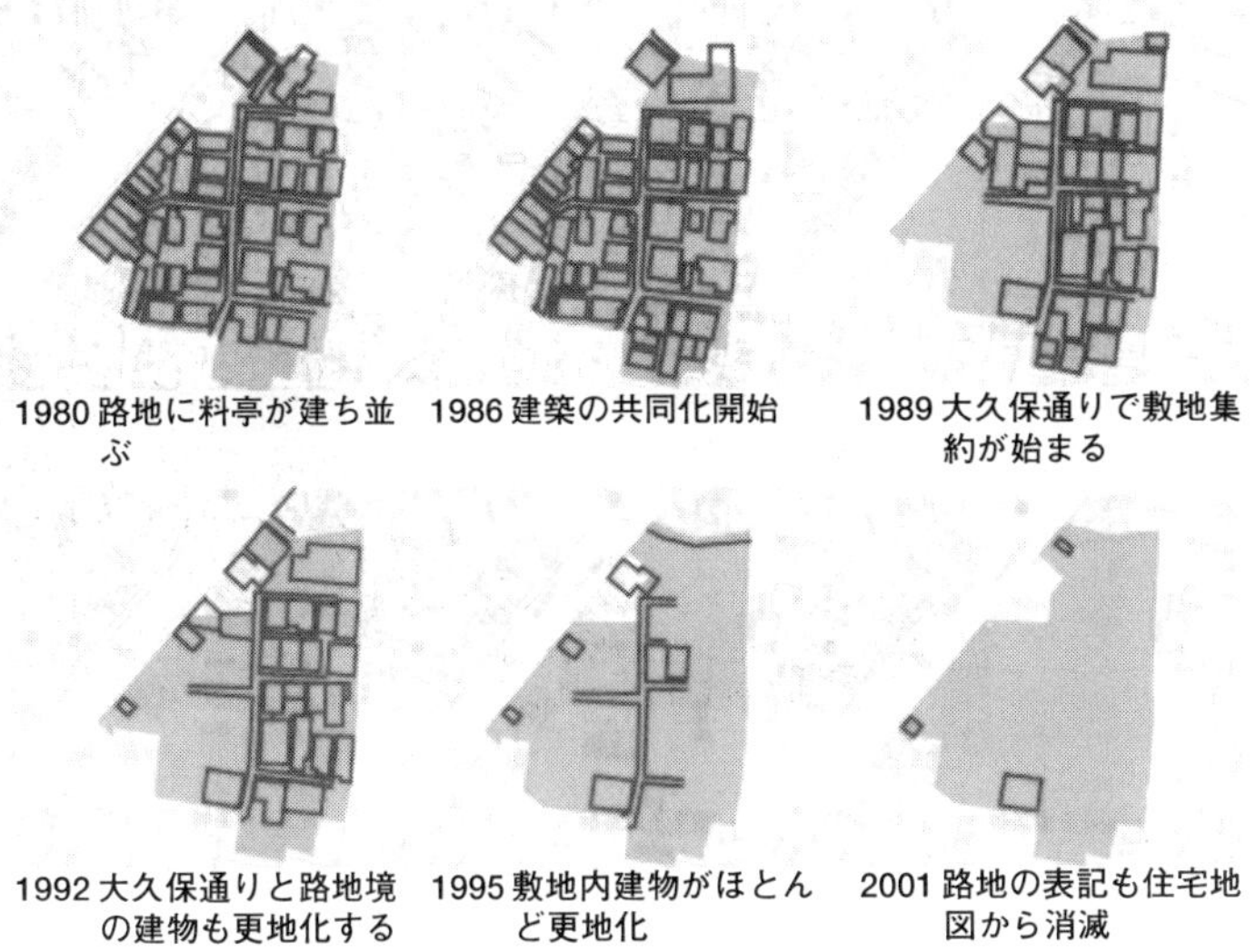

1980 路地に料亭が建ち並ぶ
1986 建築の共同化開始
1989 大久保通りで敷地集約が始まる
1992 大久保通りと路地境の建物も更地化する
1995 敷地内建物がほとんど更地化
2001 路地の表記も住宅地図から消滅

❹マンション敷地の変遷（出典：池田晃一，2002）

(2) 超高層マンション計画をめぐる紛争

現行の超高層マンション計画について開発事業者が新宿区と事前協議を始めたのは一九九九年五月のことだった。その後、敷地中央部を走る区道の廃止と付け替えが申請され、区は同区道には使用者がいないものとして廃止を決定する。そのころ、地域住民による「神楽坂高層マンション対策協議会」（以下、協議会）が設立される。協議会は、この廃止について留保を求める陳情書を、四千三百名を超す署名とともに提出する。これを受けて、区は廃止についてはすでに決定済みとしたが、付け替えについては留保とする。その間、住民説明会において、開発事業者は協議会や住民の意向を受けるかたちで、当初三一階だった計画を、徐々に下げる。しかしながら抜本的な変更はないまま時間が過ぎていく。協議会は、タウン誌「ここは牛込神楽坂」の編集発行人である立

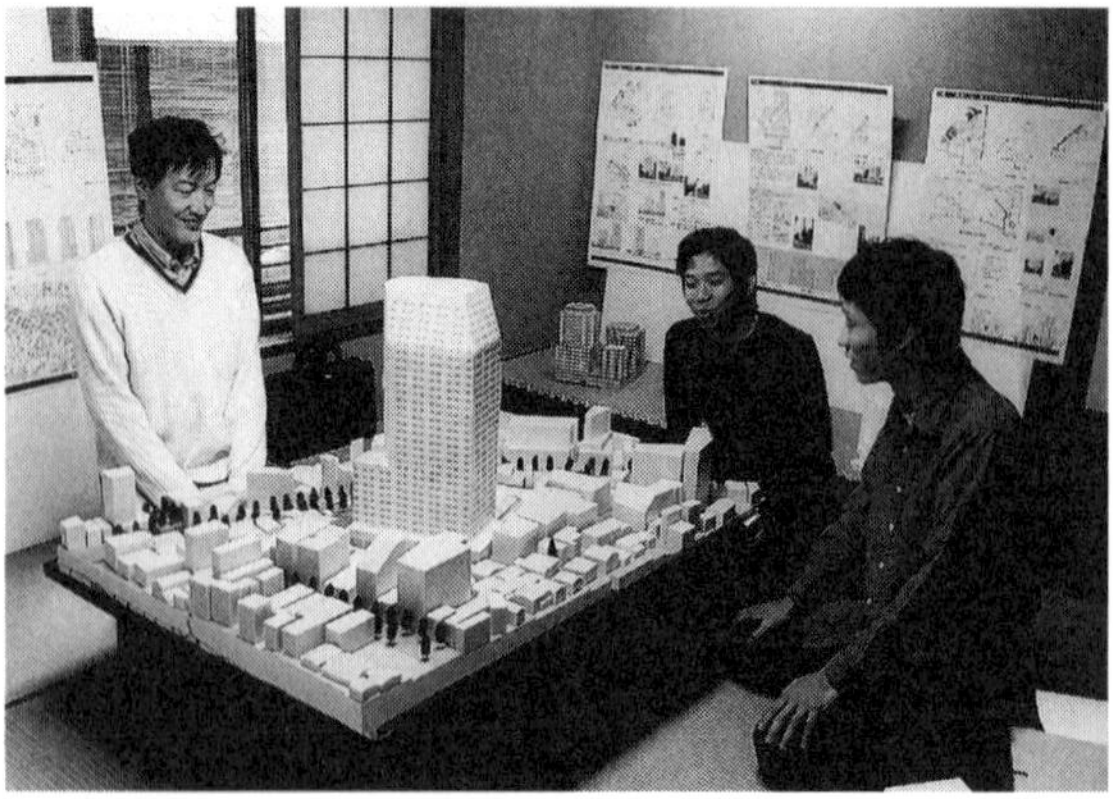

❺まち飛びフェスタにて模型を説明する.

壁正子氏らを中心として緩やかに外部の大学研究室などとも協力しながら、まちイベント「まち飛びフェスタ」にて、超高層マンション計画が如何にこのまちにふさわしくないかを訴えた。代替案とともに模型で展示された超高層マンション計画の異様なボリュームが、それまであまり関心をもっていなかった住民にも率直に伝わった❺。協議会による二度目の陳情書に添えられた署名は八千四百を超えた。その内容は、建設計画を抜本的に変更するように、区が開発事業者を指導する旨の要望と、開発事業者と住民だけではなく行政や第三者機関なども含む協議の場を設置する旨の要望であった。この陳情の第一点については採択、第二点についても継続審議ののち協議会側の要望に沿うかたちで区も努力をみせた。しかし、この計画は当然のことながら建築基準法や都市計画法を遵守していた。特別な審査を必要とする総合設計制度なども活用していなかった。法定容積率五〇〇%で十分に三〇階の超高層マンションが可能であったのだ。区は開発行為として許可せざるを得ないという判断を下した。建築確認は民間の検査機関において為された。以後、協議会メンバーにより、まちなかで遊説なども為されたが、着工され、完成、入居済みという状況になっている。

超高層マンションの足元には代替の公共用地として公園が設置された。これには寺内公園と名付けられ、花街の由来などについて書かれた銘板が置かれている。地元住民からの要望によるものである。

周辺の老朽化したアパートは改修されて、カフェテラスになった。これは超高層マンションが契機となって、地域に新しい投資を呼び込んだ好例といえよう。それでもなお筆者にはこの超高層マンションがこの地に相応しいとは考えられない。通風、日照、採光といった環境を、周囲の低層市街地に依存し、外部とのインターフェイスがきわめて少ない建築タイプである超高層マンションは、永らく都市文化を醸成してきた小さな単位であることの魅力を捨て、一定水準の住環境を捨てることだからだ。

(3) 超高層マンションはなぜ止められなかったのか

そこで、発せられる問いは、なぜ超高層マンションが止められなかったのか、というものである。答えはいくつもあろう。

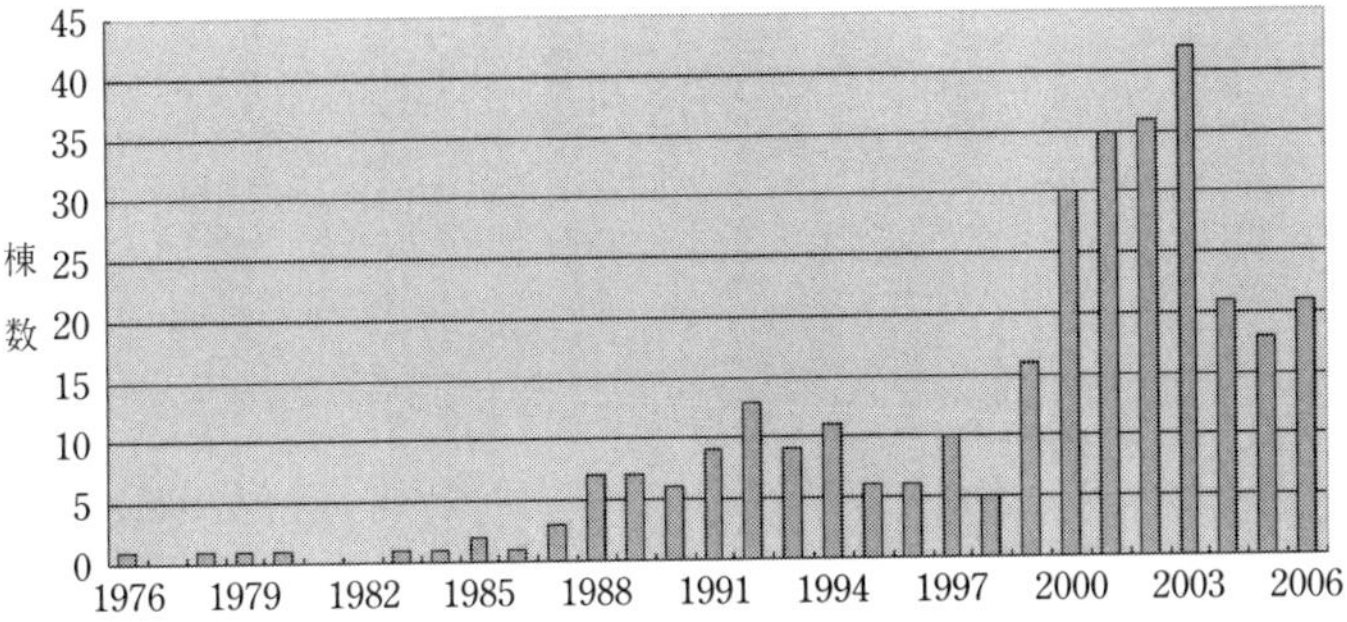

❻首都圏における超高層マンションの建設/計画数

たとえば超高層マンションという建築タイプは、現行の建築基準法（一九五〇年）や都市計画法（一九六八年）が制定された当初、全く想定されていなかったために、容積率という規制のもとでは規制が効いていないということが挙げられる。本格的に普及したのは二〇〇〇年以降から❻、居住者の健康問題や周辺の日影電波景観などの影響についてもまだまだ不明な点が多い。また、建築基準法が改正されて、民間機関が建築確認を出せるようになったことももちろん事業が迅速に進んだことの理由ではある。しかしそれだけではない。

そのような建築そのものや法制度の問題の他に、まちとして止められなかった要因は何だったのだろうか。

建築確認が出された直後から、地域住民も地区計画策定に向けて勉強会をはじめた。せめて建築物の高さだけでも地区計画で抑えられれば超高層マンションを防ぐことができるからだ。しかし結論から言えば、地権者の方々が一丸となることはなかった。

区は当該超高層マンションを阻止しようとする地区計画はスポット・ゾーニングとなるので止めるべきだ、地区計画を考えるなら建ったあとのまちづくりとしてやって欲しいという認識を示した(2)。区は当初より手続き上の不備を出さないことを至上としており、その結果、現行の法制度のもとでは事業の推進に荷担せざるを得ない状況となっていた。神楽坂通りは区により、街並み環境整備事業の対象地域として選ばれていた。そうした関係で、地元に「まちづくりの会」を設立することを支援していた。すなわち「まちづくりの会」は行政と連携して商店街を中心とした美化・美装事業などに取り組むための組織であったため、超高層マンション計画が公にされたとき反対運動をするにはなじまなかった。協議会は「まちづくりの会」から有志が飛び出す格好で設立されたものだったのだ。こうした経緯もまた、地区計画への賛同が大きくならなかった要因のひとつであった。

また地区計画という制度についての知識を全く持っておらず、さらには都市計画についてこれまで興味や関心を持っていなかった地権者の方々にとっては寝耳に水の話であったろう。そのような状況で、地区計画策定にまでこぎ着けるのは至難であった。高さを制限するとどうなるのか、そうなると自分の敷地ではどの程度の規制が課せられることになるのか、そもそもそれによってこの神楽坂が守れるのか……。

さらに、本質的には、地区計画によって超高層マンションを防ぐことができたとしても、神楽坂の魅力を守り続けることはできない、という状況があった。どういうことか、付言したい。

(4) 地区計画の限界・路地は守れない

神楽坂の魅力を守る努力がこれまでなかったわけではない。「まちづくりの会」が中心になって、神楽坂通り沿いではまちづくり協定を策定し、外壁面を道路境界線に揃えたり、七階建てまでとして七階部は神楽坂通りの対岸から見えないようにセットバックすることなどをルール化している。しかし内容は個人の財産権に踏み込んで規制をするものではなく、法定容積率は使い切れるようにしたうえで、賑わいを創出するためのデザインについて触れたに留まっている。

実は、路地に象徴される街割は、現行の法制度のもとでは守ることができないのだ。建て替えがあったときに前面道路の幅員は原則四メートルへと拡幅される。風情があるから、とか、歴史的な資産であるから、とか、生活の情緒やコミュニケーションを育む場であるから、といった理由で、幅員を狭小なままにすることができない。もしも地区計画によって建築物の高さを制限したところで、それらが幅員四メートルの区画道路に面していたら、果たしてそれが神楽坂の魅力を継承していることになろうか。道路内の建築制限を規定している建築基準法第四四条を緩和することができるのは、原則、伝統的建造物群保存地区内に限られてきた。[3] 凍結的保存に値する伝統的建造物群保存地区以外に、緩やかな動態的保全を行える制度が日本にはなかったのだ。

さらに地区計画で対象と出来る項目は限られている。たとえば使用できる建築材料についても限定されている。敷地規模についても最低限度は決めることができるが最高限度は決めることができない。バブルの時代に相続を通して敷地が分割されることで生活環境が悪化したことを受けて、敷地規模の最低限度が決められるようになったことは重要だった。しかし最近では社宅やグラウンドなど大規模敷地が民間マンション用地になって紛争となる事例が増えている。大規模敷地への統合は近代的な街をつくるために積極的に推進されてきた。しかしそのような単一の価値観だけでなく、むしろ最高限度を設定することによって生活環境を守るという価値観も制度に反映されるべきだろう。さらには車が侵入してこないという点を路地の好ましい特徴と挙げることもできるだろう。現行のように駐車場の付置義務を推奨するのではなく、駐車場を設けないエリアがあってもよい。

つまり、神楽坂なら神楽坂の良さを十分に守ることができるような仕組みがないのだ。

3　神楽坂から考える都市再生のあり方

最後に、それではどのような仕組みがあるべきなのか、また今後の都市再生のあり方を神楽坂に引き寄せて考えてみたい。

住民が主体的に都市計画に関わることの重要性は、昨今繰り返し指摘されてきた。実際、一九八〇年地区計画制度の創設をはじめとして、二〇〇二年都市計画法に位置づけられた都市計画の提案権、同年の都市再生特別措置法における提案権など、制度としても担保されつつある。

こうした制度改正そのものは重要だし必要だったといえよう。しかし現行の都市計画は、神楽坂でもみたように既存の市街地に不適格が出現しないように緩めに課せられている。前面道路の幅員が十分でないことによる容積率の低減、いわゆる歩留まりを念頭に設定されたとも指摘されている。そのような状態で、本事例のように周辺に不調和なマンション計画が突然発表されて、住民は一体何ができるだろうか。都市計画や建築のルールは複雑だ。住民の心に響く言語で構成されていない。手続きは期間が区切られており、どんどん進んでいく。常日頃から備えておけ、という話になるが、何も起きていない状況で、都市計画やまちづくりに多くの時間を割けるわけがない。第一なぜ備えておかなければならないのか。住民の日常感覚に合った都市計画、すなわち、もともとの容積率を低く設定しておけばよいのだ。ダウンゾーニングだ。そのような面的な都市計画は、むしろ自治体が率先して決めておけばよいのではないか。この点については、国立市の大学通りに建設されたマンション訴訟において、市はマンションが計画される以前から都市計画規制を変更しておかなかったことが怠慢である旨、指摘されている。

一方、容積率を増したい主体は、その多くが住人としての個人ではなく、相続や売却を念頭に、敷地の短期の経済的価値を重視する土地所有者である個人や業務や商業を営みたいと考える企業などであろう。その場合にはアップゾーニングを提案すれば良い。そうした提案は十分な検討がなされるべきである。しかし時間をかけることはコストが増すことにつながってしまう。そこに行政が助成金を支出すればよい。都市再生の名目で、制度の緩和によって事業期間をなるべく短縮して事業を推進するために税金が使われているが、地域を考え質の高い提案を行う時間を生み出すために使うべきだ。

また新たなビジョンを伴う計画もなかなか住民主体だけでは出てこないのではないか。時には専門家を雇って代替案を創らせたり、たとえば介護という面からまちをチェックしてもらったり、ということも必要だろう。都市計画の提案権を制定した際の衆参両院では付帯決議として「都市計画の提案制度により住民がまちづくりに積極的に参加できるように、都市計画に関する知識の普及、教育、啓蒙等に格段の努力を払うとともに、住民、まちづくりNPO、まちづくり協議会等を支援するための施策の充実に努めること」としている。自治体にとってはこれまで以上に積極的な姿勢と工夫が求められている。

住民主体を闇雲に推進する制度のみでなく、ダウンゾーニングをしたうえで、住民主体を行えば生活環境の質が保たれ、さらには改善されていく、という実質的な裏付けがないなら、住民主体は今後衰退してしまう恐れさえあるのではないか。

環境の質は、個別の建築物のボリュームや意匠によって大きく影響される。たとえば神楽坂では、東京理科大学が所有し維持会館と呼ばれていた元料亭の建物が建て替えられた。路地の突き当たりに位置していた元料亭の建物の前には木の塀や整った植木があり、その景観は神楽坂でも最も重要なものであった。それが失われた。このことを残念に思った住民は少なくなかったが、何の手段も持ち得なかった。「住民主体」を突き詰めれば、こうした建築物の取り壊しまで含めて、まちの更新には住民の許可を必要とする制度が用意されてよいのだろう(4)。

今後の課題は、多様な環境形成主体がいるときに、どのように意見を反映させつつ、合意形成を行いうるのか、決定をするのか、という点であろう。

注

（1）都心での密度の低い暮らしを、一般市民の通勤地獄を意味するという議論や、既存住民のエゴだという議論があるが、筆者は、前者については都市構造や雇用のあり方、後者については既得権益への対応が問題なのであり、既存の優れた環境の質を損なうべきではないと考える。また身近な緑の喪失については、本来民有地でお互いに貢献しあってきた不文律が壊れてきていることを再認識し、ルール化していく努力が必要だろう。

（2）この点については、筆者は異なる認識を持っており、すなわち地区計画とは、都市計画法第十二条の五によれば、「建築物の建築形態、公共施設その他の施設の配置等からみて、一体としてそれぞれの区域の特性にふさわしい態様を備えた良好な環境の各街区を整備し、開発し、及び保全するための計画」であり、「区域の特性」を損なう事業計画があれば地区計画によってこれを阻止するのは当然であろう。

（3）この点について、状況は大きく変わってきている。「地域の歴史文化を継承し路地や細街路の美しいたたずまいの保全・再生を図る場合」などには、幅員二・七メートル以上四・〇メートル未満の範囲で、いわゆる三項道路をしてもよいという国土交通省住宅局市街地建築課長から、都道府県建築主務部長あての通知は象徴的である。

（4）特定の地区内では、建築物の取り壊し、建て替え、新築などのデザインについて、専門家や住民の代表からなる委員会の許可を必要とする制度がニューヨーク市にはある。ヒストリック・ディストリクトという。

参考文献

池田晃一（二〇〇二）「超高層マンションの立地に関する研究」『東京大学大学院都市工学専攻修士論文梗概集』。

東京理科大学工学部第二部建築学科四年生有志（二〇〇二）「神楽坂」（設計演習の成果冊子）。

東京大学都市デザイン研究室（二〇〇一）「神楽坂から超高層マンションを考える」『造景』三四号。

二　名古屋・白壁地区——歴史的町並み保存と市民活動

井澤知旦

1　白壁地区の市街地形成と変遷

名古屋の街は、徳川家康が天下統一後に西国に対する防衛拠点として、一六一〇年からの名古屋城の築城と〝清洲越し〟により城下町を形成したことに始まる。〝清洲越し〟とは、名古屋の六キロメートル北西にあった清洲の城下町を武家屋敷や町家は言うに及ばず、神社や寺院、橋までも移築したことを指す。新しい街をつくるにあたり、碁盤の町割（都市計画）がなされた。城下南に広がる町人地の標準的な街区は約一〇〇メートル四方に約六メートルの街路が取り巻いていた。東および町人地南の街道入口には城下町防衛のため、家老の下屋敷や寺町が配置された。武家地の東端に尾張徳川家菩提寺である建中寺が建設された。その後、尾張藩は徳川御三家の筆頭として栄え、東西の文化を取り入れながら、名古屋特有の文化が育まれていく。

今回、対象として取り上げる白壁地区は、名古屋城より南東一・五キロメートルに位置する三〇〇石級の中級士族（組頭）の屋敷地であり、六〇〇～七〇〇坪の敷地規模を有する。武家地は城から遠くなるにつれ、家格が下がり、武家地東端の足軽地では一〇〇坪程度の敷地規模であった。

明治に入ると、白壁地区周辺は一時は空地や畑に変わる屋敷もあったが、一部は学校に転用され文教ゾーンを形成し、多くは士族授産の展開により近代産業の推進の地になっていった。ここでは織物工場のほか、マッチ工場、時計工場、楽器工場などが立地していく。これらの出現を可能としたのは、旧士族の子女の優秀な労働力とともに広大な士族屋敷が工場用地として適切な規模であったためと言われている。特に瀬戸や多治見などの陶磁器産業地帯を結ぶ街道が近くを通過していたことから、絵付業地帯を形成するとともに輸出陶磁器関連企業が数多く立地した。

大正中期になると工場拡張のため、郊外へ工場は移転し、近代産業も資本を蓄積していく。明治後期から昭和初期にかけて、工場移転と入れ替わりに名古屋財界人のモダンな邸宅が建ち並ぶようになる。かつての武家屋敷も大正ロマンの屋敷町に変貌していった。伝統的な木造建築技術を駆使し、洋風の建築意匠とも融合して、粋人達の遊び心が加味された魅力的な都市景観がつくられていった。

製造業が盛んで、軍需産業都市でもあった名古屋は、第二次世界大戦で三八回の空襲を受け、当時の市街地の半数以上の三八五〇ヘクタールが焦土と化した。都市のコアであった名古屋城や熱田神宮をはじめ、歴史的資産の多くが失われてしまった。そのなかで、白壁地区や筒井地区（白壁地区と隣接）、四間道地区（西区堀川沿い）は焼失を免れた。

2　白壁物語と「文化のみち」

白壁地区は白壁筋、主税町《ちからまち》筋、撞木町《しゅもくちょう》筋の東西の三つの筋からなるゾーンの総称である。白壁という地名がついたのも、慶長遷府の際、豊田某がここに居を構え、高塀を初めて白壁にし、以降の武家屋敷もそれに倣って白壁にしたため、そのように呼ばれるようになった。主税町は清洲越しの際に野呂瀬主税がこの筋に住んだことにちなんで、また橦木町はその道筋の形状が鐘を叩く丁字型の棒に似ていたことから撞木、これが転じて橦木となるなど、由緒ある地名を持つ。

江戸時代の建造物はほとんどないが、江戸時代の町割に明治後期から昭和初期に建てられた財界人の邸宅等が建築された。栈瓦がのり、白漆喰の小壁と竪羽目板の腰、切石貼の基礎を持つ門塀であり、それらの連なりと見越しの樹木が白壁地区の特徴ある景観を形成している。

(1) いくつかの白壁物語

白壁地区周辺には数多くの物語が存在し、それが建物や地区に生命を息吹かせるものとなり、人々を惹きつける強力な磁石となる。代表的な物語を紹介しよう。

●朝日文左衛門と鸚鵡籠中記／中級武士（一五〇石）で御畳奉行であった朝日文左衛門（現主税町四丁目）は一八歳から死の前年までの約二七年間（一六九一～一七一七）、自身の生活の詳細（酒・女・賭博・芝居・スキャンダル）だけでなく、江戸をはじめ各地の世相、風俗、芸能に至るまで書きつづった「鸚鵡籠中記」を著した。記録マニアであったために、我々は元禄時代の世相に思いを馳せることができる。

●名古屋を俳都と呼ばせた井上士朗／医者であった伯父の家を継ぎ、自らも名医とうたわれたが、俳人としても寛政の三大家と称えられ、蕪村さえ「尾張名古屋は士朗でもつ」と詠ったほど、重んぜられた人物（一七四二～一八一二）でもあった。彼のもとには全国から俳人が集まり、現東区泉二丁目にあった邸の中では俳人たちが朝な夕な自作句を披露しあっていたという。

●豊田家の人々／木製動力織機などを発明した豊田佐吉（一八六七～一九三〇）は現白壁一丁目に居を構えていた。佐吉には二人の弟がおり、その末弟で佐吉を補佐した佐助（主税町三丁目）、佐吉の息子でトヨタ自動車を興した喜一郎（白壁四丁目）、佐吉の娘婿で豊田自動織機製作所の初代社長を務めた利三郎（同）など、豊田家の人々がここに住んでいた。現在唯一、佐助邸が残っており、豊田利三郎邸は門・塀を残してマンションが建っている。

●日本最高の絵付工場／陶磁器貿易商であった森村組は、国内外でのコスト競争に勝ち抜くためにと東京や京都の錚々たる職人たちを説得した末、現東区橦木町一丁目に一流画工場を集結することに成功した。これが名古屋を輸出陶磁器の中心地とする原動力となったのである。わが国最大の陶磁器貿易商となった森村組は、後に名古屋で日本陶器（現ノリタケカンパニーリミテド）を設立、その子会社として東洋陶器（現ＴＯＴＯ）、日本碍子（現日本ガイシ）、日本碍子から独立した日本特殊陶業が生まれた。

●日本初女優川上貞奴と電力王福沢桃介／川上貞奴（一八七一～一九四六）は一八九一年川上音二郎と結婚し、一八九九年の渡米公演、翌年にはパリ万博に出演し名女優貞奴が誕生した。貞奴の楽屋には若きピカソやロダン、ジイドが通い詰めたという。川上音二郎の死後、舞台から退いた貞奴は絹布工場の女社長となり、一九二〇年二葉御殿を現東区白壁三丁目に新築した。貞奴はここで、一五歳の頃から旧知の仲であった電力王福沢桃介とともに暮らし、赤い屋根、緑の芝生、水を湛えた噴水を持つ屋敷に招かれた客は、あまりの豪華さに思わず声をあげる者もいたという。

(2)「文化のみち」の整備

名古屋市ではこの白壁地区およびその周辺だけでなく、名古屋城から、昭和初期の帝冠様式を持つ市役所・県庁、現存する最古の控訴院である旧名古屋控訴院・地方裁判所（現市政資料館）、白壁地区、尾張徳川家菩提寺の建中寺、徳川園まで、直線距離で東西約三キロメートルのエリアを「文化のみち」として位置づけ、武家文化及び近代化の歴史遺産の宝庫として、それにふさわしい環境整備や施設整備を進めてきている❶。

徳川園一帯の約四ヘクタールは尾張徳川家の所有地であったが、一九三一年にうち約三ヘクタールが名古屋市

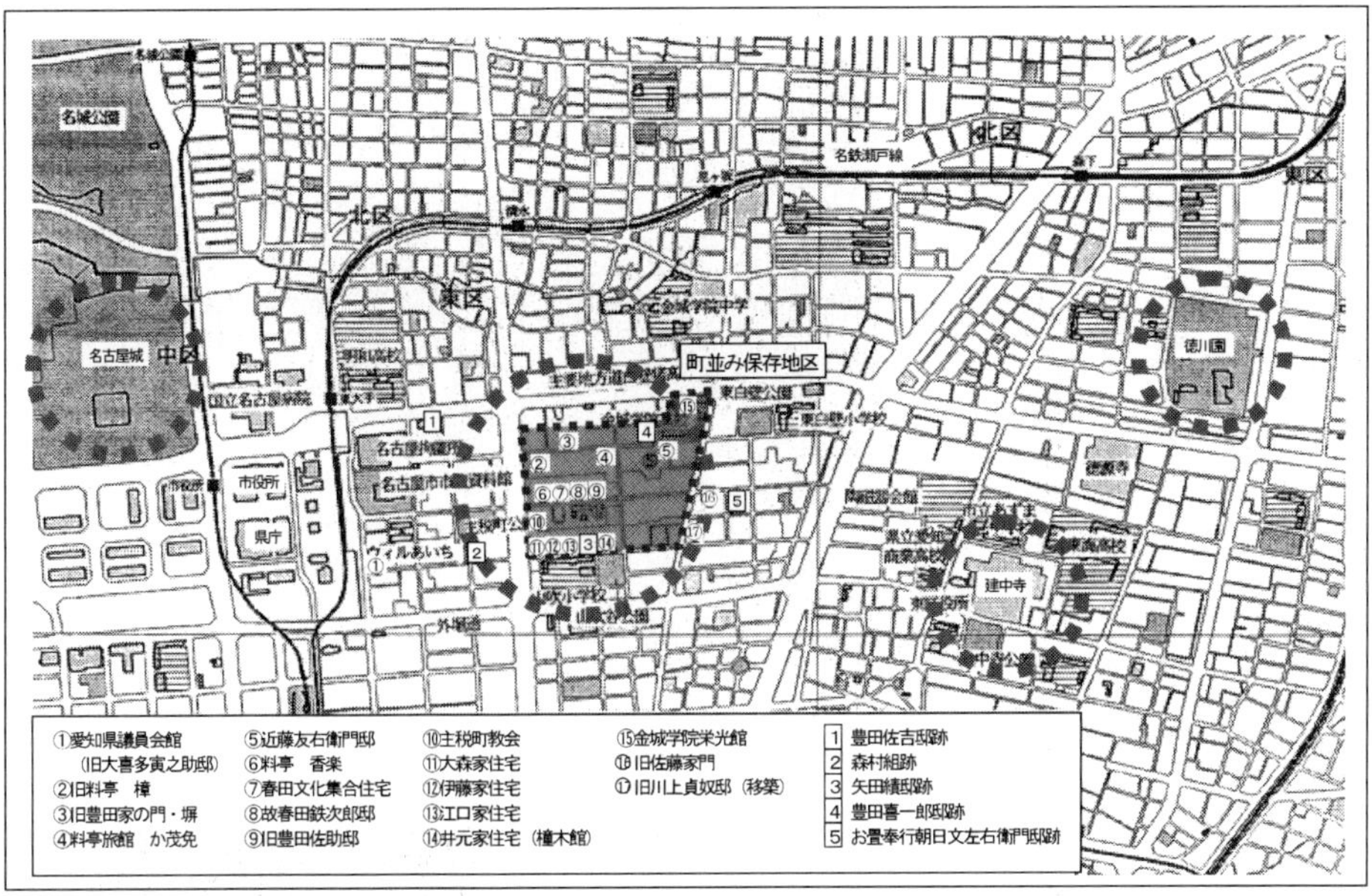

（番号入り○印は伝統的な建造物の位置　番号入り□印は現存しない建物の跡地）

❶「文化のみち」（名古屋城〜白壁地区〜建中寺〜徳川園）の周辺図

に寄付されて公園として整備された。公園内には徳川家康から譲り受けた「駿河御譲本」を主とする一万五〇〇〇冊が収蔵される「蓬左文庫」がある。現在は近代武家文化を体感できる池泉回遊式庭園として再整備され、公開された。残り一ヘクタールに尾張徳川家に伝わる大名道具一万数千点を収蔵・展示する徳川美術館が建設（一九三五年）・拡張（一九八七年）されている。

もう一つに旧川上貞奴邸の移築による創建当時への復元がある。「文化のみち」のほぼ中間点に移築し、その案内および休憩の場としつつ、川上貞奴や福沢桃介の紹介、郷土ゆかりの文学資料（城山三郎等）に関する展示を行うべく、「文化のみち二葉館」という愛称で平成一七年二月に開館した。

名古屋城にあった天守閣や本丸御殿等は、一九四五年五月の空襲により焼失した。天守閣は、市民の浄財により一九五九年にコンクリート造で外観復元され、「尾張名古屋は城でもつ」の面目を保っている。本丸御殿は武家風書院造の代表的建築物であり、本格的復元に向けて市民が継続して運動している。

3　白壁地区における市民による保存・活用運動

(1)　白壁地区と町並み保存地区

名古屋市は一九八三年に「名古屋市町並み保存要綱」を策定した。これは「市街地として建造物等が連担して歴史的地域的に豊かな特色を持つことにより、市民に親しまれ、愛着をもたれるような景観を形成している町並み」を保存するため「町並み保存地区」が指定される。市内で四地区指定されているが、当地区（白壁・主税・

❷白壁筋にある旧家の門と黒塀．見越しの庭木が見える様が，落ち着いた雰囲気を醸し出している．

❸門塀の連続性と鬱蒼と茂る庭木が白壁地区の町並みを特徴づけている．写真は料亭の門塀．遠方に高架の高速道路が見える．

檀木の一四・三ヘクタール）は一九八五年に指定された。それに合わせ「修景基準」が設けられ、「原則として二階以下」や「やむをえない場合は、町並みとの調和を十分配慮」などのほか、建物、門塀、樹木等の基準が設定された。ここには「町並みの特性を維持していると認められる、主に戦前までに建てられた和風・洋風建築・土蔵等の建築物及び門・塀」である「伝統的建造物」が指定当時三一件であったが、現時点では二三件に減少した。これは、一敷地一住宅の規模が大きいだけに、相続税対策や共有持分者間の土地利用・処分意見の不一致および建物修理費・庭の管理費や固定資産税の日常的負担を内的要因とし、バブル経済崩壊による地価下落と一体となった都心居住回帰によるマンション需要拡大を外的要因として、近代建築物が消失していっている。以前には、住宅が料亭へと用途転換することで建造物がそのまま残ることもあったが、今日ではその料亭がマンション化しているのである。個人の力で近代建築を保存することに限界がきており、また法人であっても維持するための経費以上の収益を生み出す事業展開が困難な状況にある。つまり市民社会が如何に支えていくのかが問われる時代になってきたと言える（町並み保存地区内の建物❷〜❻）。

(2) 白壁地区に係わる市民活動と白壁アカデミア

地元には町内会や学区連絡協議会があり、主として交通安全など生活環境の改善に取り組んでいる。また、歴史的町並みの景観等の維持に向けて、由緒ある町名の変更を思いとどまらせ、あるいは街の歴史の記録集を作成し、さらに都市高速道路建設反対や環境整備のための電柱の地中化の要望を出すなど、様々な活動を行ってきた。愛知建築士会は一九九五年頃から、地域の歴史的建造物を視察するイベントを実施していった。建物所有者との内部見学交渉の中で、空家化した建物を活用する事例が生まれ（檀木館）、また「文化のみち」ウォークラリーでも解説役等で参加しながら、市民の関心を高める活動を行ってきた。

このような実績のもとで、一九九六年頃から、民間企業、大学関係、行政関係、地域住民、コンサルタントなどの有志三十余名がボランティアで集まり、白壁地区をどうしていくのかを検討していった。一般に町並みの活用といえば、長浜の黒壁のように商業的利用が多い。しかし、白壁地区は住宅地であり、居住者は静かに暮らしたいというのが本音である。そこで見出した方向性は観光による大量集客でなく、住宅地と共存する「静かな集客」をめざす、「市民のための市民塾『白壁アカデミア』」の展開であった。「文教のさきがけ」である当地区にふさわしく、市民自身が自ら学びたいテーマを据えて、自ら運営していく市民塾の展開である。このことは同時に、この塾に集う参加者が白壁地区を都市の財産としてその存在を認識することにもつながる。市民の支持があれば行政施策も実施しやすい。

❹見事な門塀を保存しながら，背後に賃貸マンションを建設．塀越しに庭木が見える風情はなかなかのもの．これも１つの活用事例．

❺主税町筋の町並みの変化．一部はマンションに建て変わり，一部は門塀が残され，住宅が新築される．

❻コミュニティ道路の整備

(3) 白壁アカデミアの活動と体制

白壁アカデミアは一九九八年一〇月から本格的な活動が始まった。次の三つの活動を柱にしている。第一は交流講座であり、歴史的町並み保存・活用で頑張っている地区（東海三県を中心に）を訪問し、視察交流する事業を展開している。単なる観光に終わらせず、地元保存活動団体と意見を交換、専門的内容をわかりやすく解説、普段は見学できない場所を見学したり等々、白壁アカデミアらしさを出しながら、市民の白壁地区への関心が高まるよう実施している。すでに交流講座は五〇回近くを数え、会員の支持も高い。第二は研究講座である。一つのテーマを深く追求する五回連続講座（年二クール）である。市内の近代建築を巡る「レトロ建築を探る」や職人の技を学ぶ「手の知」、古道を歩く「道の歴史学」は人気のある講座である。講座開催にあたり、できるだけ白壁地区内で開催場所を設定してきた。これは当地区に来訪することで歴史的町並みを目で見、肌で感じるよう配慮しているためである。第三は白壁地区居住者のまちづくり支援である。活動当初は地元住民がメンバーになっているとは言え、多くは非居住であったため、いわば外部から意見を言う専門家集団という見方がなされてきた。地域との信頼に基づく良好な関係づくりがまちづくりには不可欠である。白壁アカデミアもそのことは意識していたので、事務所を地区内に構え、事務局員を常駐させる体制をとってきた。活動が定着するに従い、信頼度が増してくる。そして五年の月日を重ねることでようやく白壁地区の住環境を守る住民活動の事務局を担うなど、第三の柱であるまちづくり支援に取り組めるようになってきた。このことは組織としてより安定性が求められる。増大する固定経費を捻出するために活動事業を拡大することや社会的信用力を得るために非営利活動法人の認証を得ることなど新たな課題も生じている。「文化のみち」の拠点施設である旧川上貞奴邸を指定管理者（民間）と協力しながら施設運営していくことになったが、これも課題対応の一つである。

(4) いくつかの市民活動団体の設立

この間にいくつかの市民活動団体が生まれた。名古屋市役所では特色ある区づくり推進事業を実施しているが、白壁地区のある東区では「文化のみち」をテーマに育成してきたガイドボランティアの人々や前述の橦木館に集う人々が中心となった「東区まちそだての会」が活動を活発化させてきている。また、市民・行政・専門家協働のまち育て活動を実践しているＮＰＯ法人まちの縁側育み隊が二〇〇三年五月に設立され、活動拠点を白壁地区近傍に置いていることから、旧川上貞奴邸や長屋門などの活用方法について市民が議論する場のファシリテーターを担ったり、まち育てにむけた様々なイベントを企画・実践している。

4　一棟のマンション建設の衝撃

(1) これまでの地区の変貌

これまでにも多くの建造物が用途転換をしたり、建て替えられたりしてきている。主要な非住宅用途の事例を表に整理した❼。特に地域にとってインパクトが大きいのがマンションの建設である。賃貸マンションの場合は所有者が変化しないため、これまでの近所つきあいから、周辺に配慮した、影響の少ない高さと規模で建設されるのが一般的であった。分譲マンションの場合も同様に概ね二〇メートルの高さ（六階程度）に抑えてきた。い

❼白壁地区周辺の建造物の転用事例（非住宅）

建造物名	活用内容
市政資料館	旧名古屋控訴院で，現存する最古のものである．1979年に裁判所移転に伴い取り壊しが計画されたが，市民や識者からの保存の声を受けて，市が建物を国から無償貸与され，市政資料館として利用している．
旧豊田佐助邸	自動織機を発明した豊田佐吉の末弟の住宅で，民間企業所有の施設であるが，市が借り受け，簡易な補修を行い，市の外郭団体が管理するなかで，市民のイベント等の利用に貸し出している．ガイドボランティアが案内してくれる．
橦木館／井元邸	市の指定文化財の指定を受け，住み手のいなくなった住宅を修理した上で，期限付き（1996年より5年間，さらに2年間延長された）で市民グループに貸し出された．事務所，喫茶等，イベント，会議室などに利用され，市民は自由に出入りできたが，期限とともに，空家となった．2005年3月から開催される愛知万博に合わせ，その期間中にイベント等の利用がなされることとなった．
春田鉄次郎邸	建築家武田五一設計と言われる主屋を市の外郭団体が借り，主要部を民間レストランが営業，和館を白壁アカデミアが事務所として活用している．所有者は同一敷地に別棟で景観に配慮しながら住宅を新築した．
文化のみち二葉館（旧川上貞奴邸）	市は民間企業から建築物を譲受，解体して，橦木町三丁目で購入した用地に移設し，「文化のみち」の拠点施設として2005年2月に開館した．指定管理者制度にのっとって，民間企業により管理されているが，白壁アカデミアも運営に協力している．
旧井上五郎邸	中部電力初代社長宅であるが，著名なシェフのフランス料理のレストランとして大改修された．

わば「暗黙の合意」が歴史的景観の質を維持してきたのである。

(2) マンション建設と訴訟の経緯

二〇〇二年一月頃、そこに一棟の分譲マンション建設構想が明らかになった。名古屋では著名な料亭「櫻明荘」の跡地[1]三七七九平方メートルに、延床面積七七四九平方メートル、総戸数三六戸、地下一階、地上八階建てのマンションが建つ計画であった。高さは三〇・〇九メートルと周辺の建物より群を抜いている。これまで良好な住環境を維持してきた近隣住民から「暗黙の合意」を破るものとして反発の声が上がった。同年八月には建築予防条例に基づく斡旋を市に依頼し、さらに同年一一月に市の調停を求めたが、高さを二〇メートル以下に抑えることの合意形成は図られず、同年一二月には着工されていった。それに対し、住民側は翌〇三年一月に景観破壊と日照被害を防止するため、高さ二〇メートルを超える建物の建築を禁止する仮処分を名古屋地方裁判所に申請した。同年三月に名古屋地裁は住民側の申請を認め、仮処分決定に至った。この決定は画期的であり、景観保全の住民努力への評価と近隣住民の財産権から派生した景観利益の保全にあり、これらの点は国立市のマンション景観訴訟と同様な考え方に立つが、さらに本件決定の画期性は土地所有者のみならず、それ以外の申立人の請求を容認したことにある(2)。

しかし、マンション供給業者は仮処分決定の取り消しを求める保全異議を申請し、その後まもなく和解案を提示した。この案は階数を一階分削り(最上階を削除したのでなく、五階部分を削除している)、さらに最上階を勾配屋根から陸屋根に変更することによって、高さを五・三五メートル減らし、一四・七四メートルに抑えてきた。よって、延床面積は七〇七九平方メートル、戸数も三二戸へ減少することになった。しかし住民側はこれまで自主規制してきた二〇メートル以下を主張し、和解には至らなかった。この和解案を正式建築案とすることで、同年九月に名古屋地裁は仮処分決定の取り消しを決定した。この判断を不服とした住民は同月に名古屋高等裁判所に当初の仮処分決定の保全抗告を申し立てるも、同年一二月に棄却され、マンションは建設されたのである。

(3) 都市再生への課題

住民が「暗黙の合意」のもとで維持してきた高さ制限や「町並み保存要綱」の「修景基準」は法的根拠がなく、最低限度を定めた建築基準法や都市計画法に違反していないため、結果的にそれに対抗することはできなかったわけである。当該マンションの内覧会招待文に「江戸時代以来の豊潤な時間の流れの名残をとどめる由緒ある町並みと調和し、新たな白壁の財産となること」と謳っているが、建築基準法等の限度一杯のマンションで埋め尽くされれば、調和すべき「由緒ある町並み」は消滅するであろう。「先に食ったもん勝ち」でなく、良好な景観や環境を守り、享受できる一定のルールが求められている。住民の合意を得ながら、暗黙でなく法的担保となる地区計画や建築協定などの手法を導入する必要がある。成熟社会のなかで都市再生を進めていくには、保全と開発という古くて新しいテーマが再び脚光を浴びることになろう❽。

現況鳥瞰パース

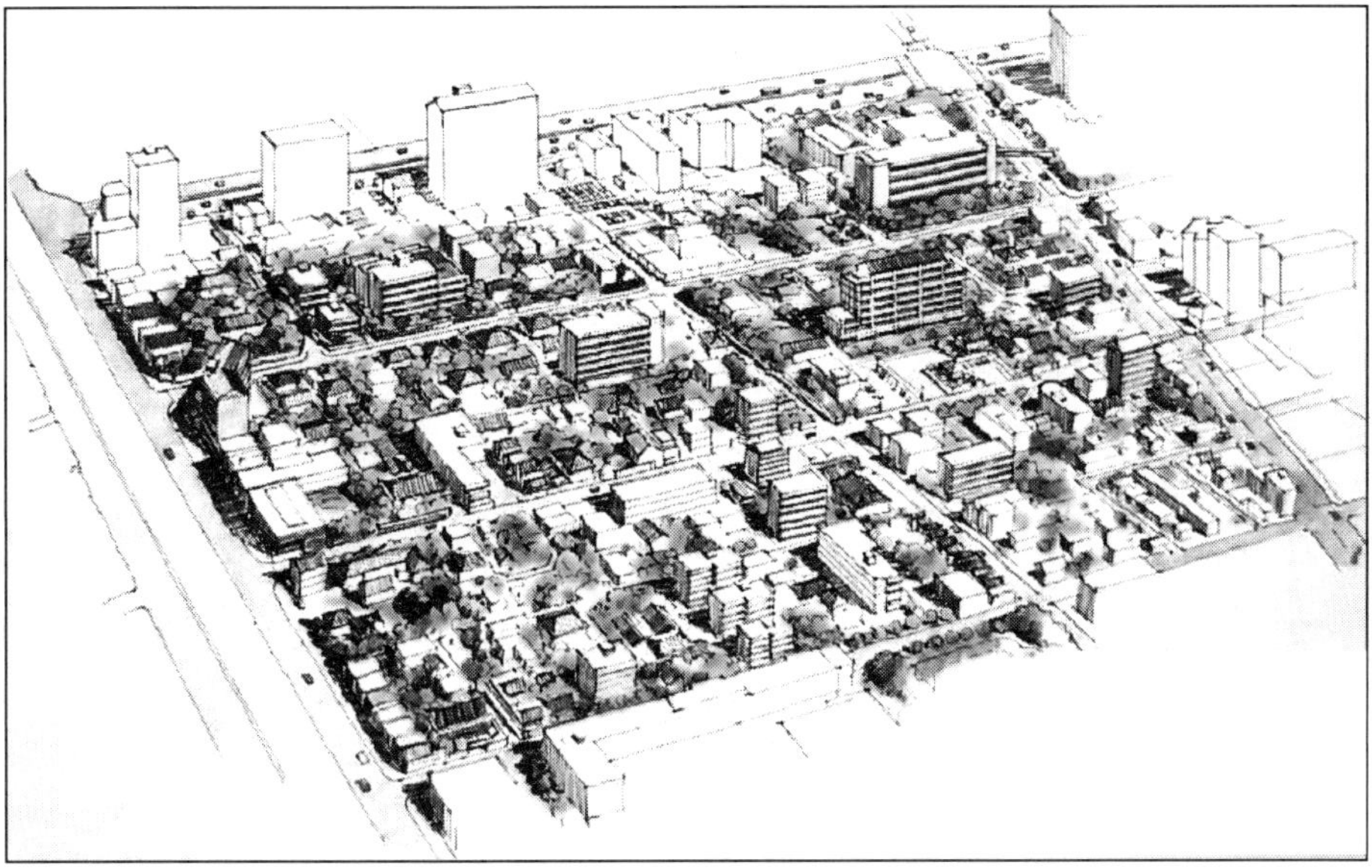

将来予想鳥瞰パース

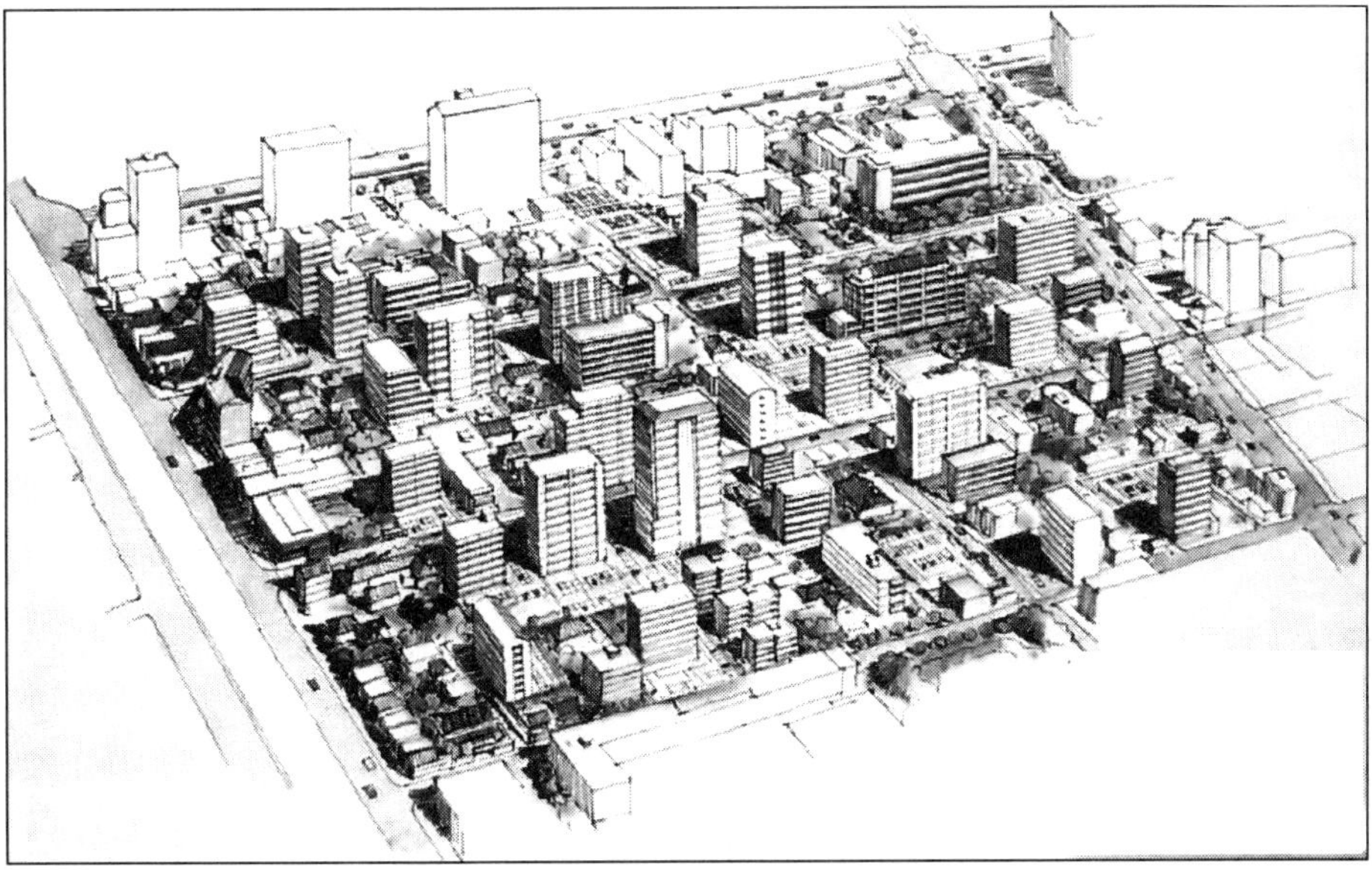

資料：「『白壁・主税・橦木』町並み保存地区の住環境を考える会」設立準備会作成

❽「白壁・主税・橦木」町並み保存地区の現況と将来予想図

5　居住者自らが考える町並みと居住環境

(1)　新たな地域住民組織の設立

この一連の仮処分手続きにおいて住民の活動は無駄であったのであろうか。仮処分申請中も裁判所提出の趣意書や名古屋市への要望書に賛同する者が結集していった。二〇メートルを超えるマンション建設を契機として、白壁地区の変貌が加速し、白壁らしさが消失していくのではないかという懸念が拡大するとともに、防犯・防災、通過交通や不法駐車という日常の生活問題も合流して、住民が結束することになった。それが〇三年一二月に誕生した「『白壁・主税・橦木』町並み保存地区の住環境を考える会」（以下、「考える会」。〇五年三月現在で四三人の会員）である。これまでほとんど隣近所と話し合うことがなかった人々が集まり、会話を交わすようになったことは、一連の騒動の成果であった。

(2)　住民の意向・要望

「考える会」を立ち上げるにあたって、白壁地区の「町並み保存地区」内の住民を対象にアンケートを実施した。(3) その結果は左記の通りである❾～⓭。

白壁地区のもつ独自の魅力として、「都心近くにありながらも、落ち着いた閑静な住環境」や「門や土壁が連なり、つくり出される独自の雰囲気」をあげているが、次々とマンション等の建築がすすみ、町の雰囲気が変化してきていると感じる人が九割弱を占める。そのことに対し「特色ある歴史的な町並みは守り育てる方がよい」と考えている人は全体の四分の三を占める。いま抱えている住宅・住環境等の問題は「防災・防犯対策」、「車の通り抜けや違法駐車」が多く、都心立地のマイナス面が出ている。それに続く「家屋や庭の維持・管理・修繕」、

「相続・税金」は大邸宅を維持していく大きな悩みになっている。

町並みや住環境を守るために、一定のルールが必要となるが、その内容は第一にパチンコやカラオケボックスなどの立地を抑制する土地利用の制限を行うことが九割近くにのぼり、第二に建物の高さを抑制することを七割近くが望んでいる。ちなみに第二の条件を求めた人に抑制すべき高さはどれくらいなのかを聞くと、一〇メートル（三階程度）以下が四五％、二〇メートル（六階程度）以下が四四％に達する。ルールを作

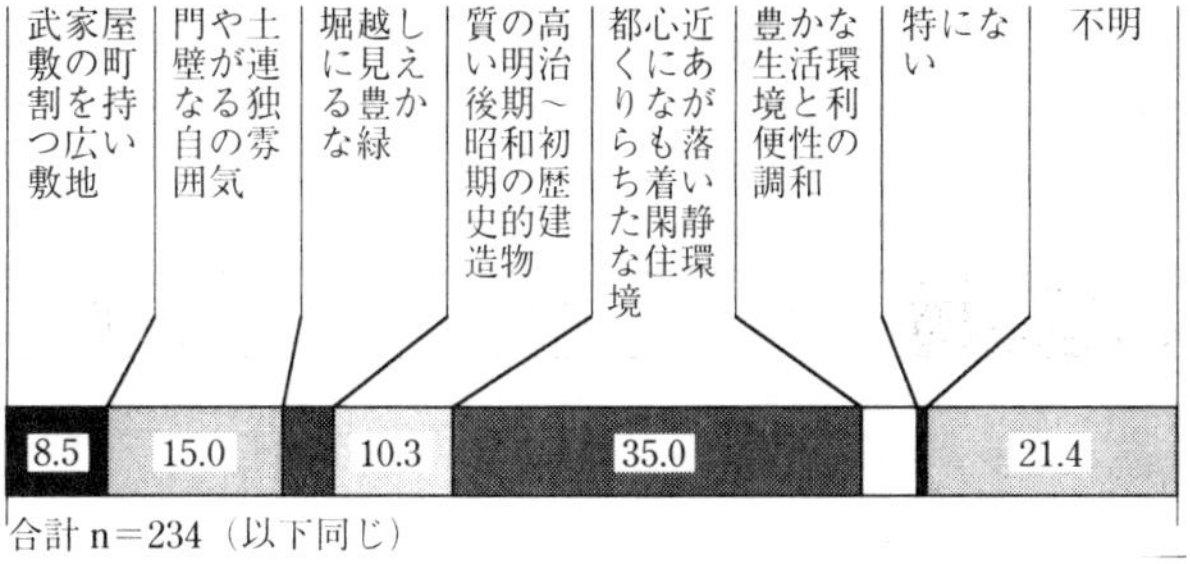

❾白壁・主税・橦木地区のもつ独自の魅力

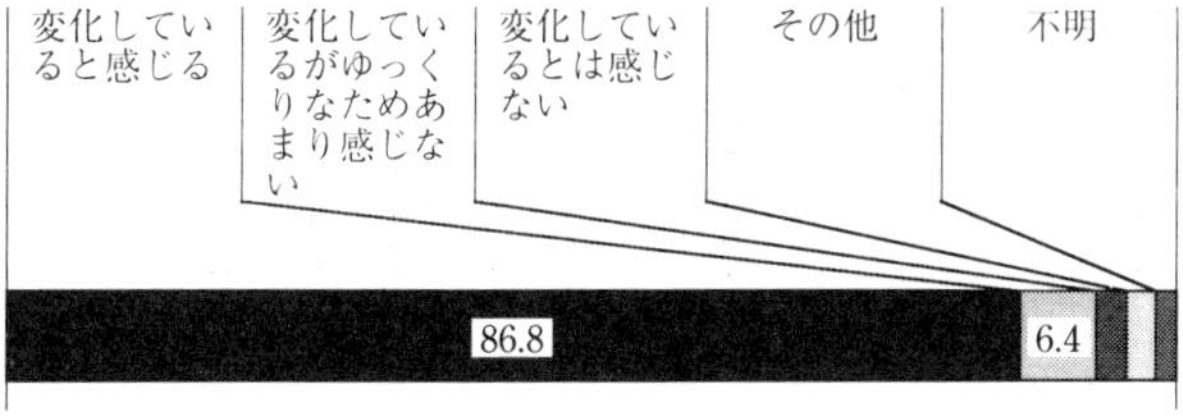

❿町の雰囲気の変化

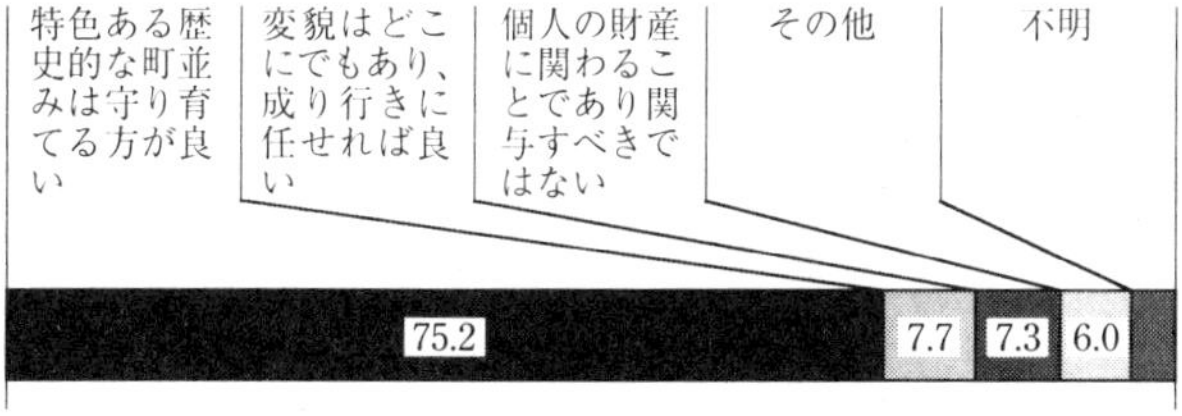

⓫町並みの変貌への対応

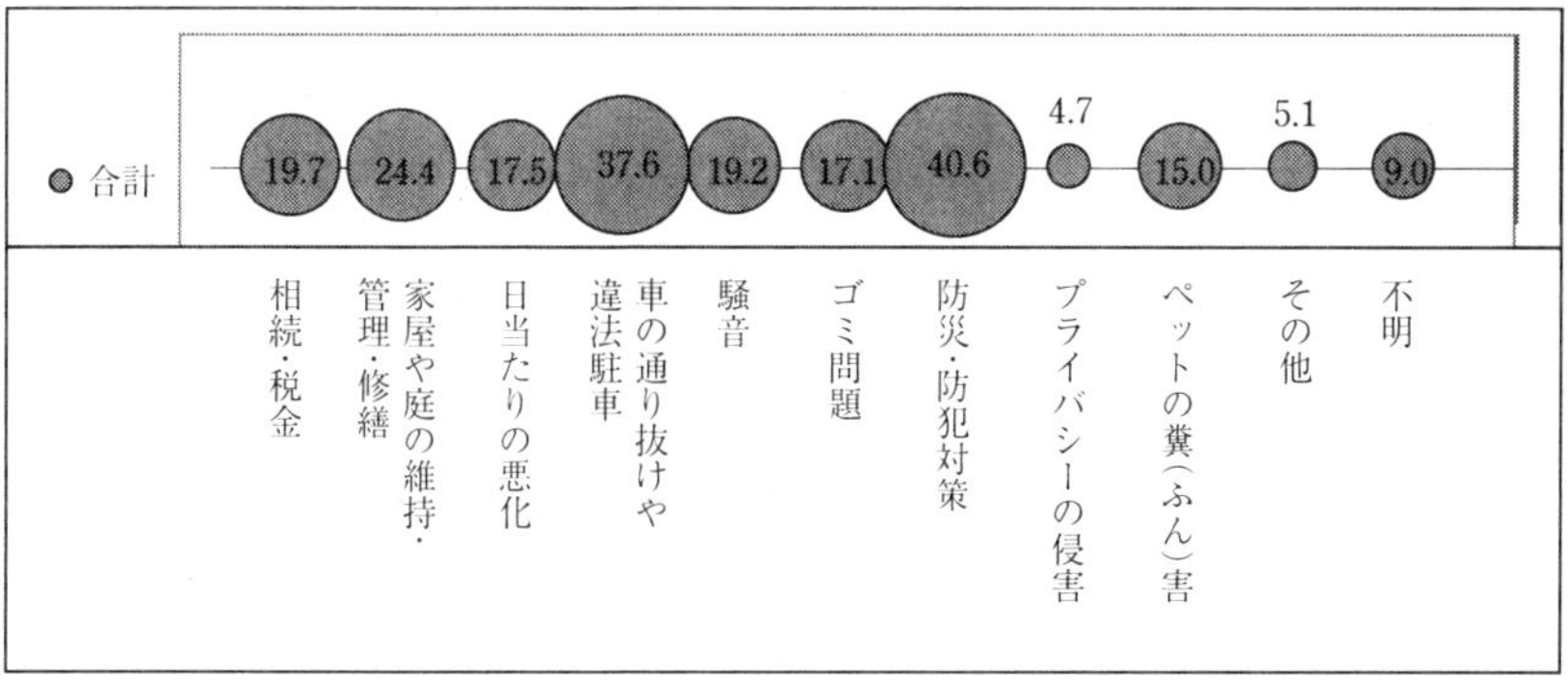

⓬住宅・住環境で抱える問題（MA）

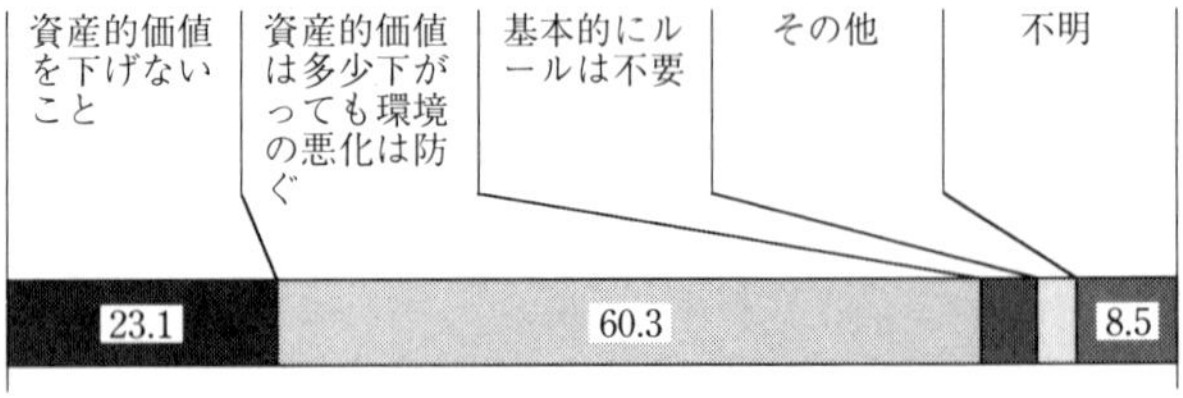

⑬ルールを決めるにあたっての留意点

るうえでの留意点として、資産的価値が多少下がっても、環境を悪化させぬようにする者（六〇%）が、資産的価値を下げることがないとする者（二三%）や基本的にルールは不要であるとする者（五%）を大きく上回る結果となった。

これら一連の町並み保存や居住環境改善に対して、住民が知恵を出し合う場を設けることに八割以上の住民が賛同し、これを受けて「考える会」が設立されたのである。

(3) 活動の到達点

「考える会」発足以来、世話人会で議論を重ね、町並み保存地区の全住民を対象として会報「文化のみち便り」を月一回のペースで発行し、会員の増加と啓発に努めてきている。その活動成果の一つに「まちづくり憲章」を二〇〇五年二月に制定したことがあげられる。

その憲章では、「歴史と自然が調和した優れた景観を守り育てよう」「個性あふれる心豊かな生活空間としての都市再生を目指そう」をまちづくりの目標として定めた。そして、景観の保全・みどりの維持・安心（防災・防犯、交通）の確保をまちづくりのシンボルとした宣言を打ち出した。「考える会」は、目下、地区内の町内会とも連携しながら活動を展開している。

6 おわりに

地域の歴史・文化を活かして、あるいは掘り起こして、都市再生の起爆剤にしようという動きが全国的に活発になっている。歴史や文化は時間の蓄積の上に築きあげられるものであり、一朝一夕でできあがるものでない。それを視覚化する歴史的町並みも同様であり、そこに都市空間としての付加価値がある。必ずしも法的に規制されていたからでなく、時間経過の中で地域内合意として成立していたものであろう。しかし、そこに生活がある限り、町並みは変貌せざるを得ない。あるものは建物をそのまま活かして用途転換したり、あるものはマンションに建て替えられたりする。これまで築きあげてきた歴史的町並みをどのように継承していくかは、その地域住民の合意レベルとそれを担保する法的手段に依るところが大きい。市民全体（行政を含む）の支えがあってこそ、そこにある付加価値を守れるのではなかろうか。都市再生はこのテーマをより先鋭化していくであろう。

注

（1）敷地の法規制は第二種住居地域、準防火地域、建ぺい率六〇%、容積率二〇〇%である。
（2）藤田哲「名古屋白壁町マンション建築禁止仮処分事件」青年法律家、二〇〇三年六月。
（3）二〇〇三年一〇月に実施。町並み保存地区に居住する世帯に四五八票を配布、記入後、町内会関係者を通じて回収。回収数二三四票、回収率は五一%。

参考文献

江碕公朗「山吹の歩み」『山吹の歩み』刊行会、一九六七年一一月。

日本建築学会東海支部歴史意匠委員会編「東海の近代建築」中日新聞本社、一九八一年五月。

瀬口哲夫・竺覚暁編「近代建築ガイドブック［東海・北陸編］」鹿島出版会、一九八五年七月。

東区歴史編さん会編「東区の歴史」愛知県郷土資料刊行会、一九九六年八月。

名古屋市「文化のみち」基礎調査報告書（文化のみち物語、資料編）、一九九九年三月。

三　大阪・谷町訴訟――空洞化した町内会と行政の寄生関係を問う

矢作　弘

1　「大阪・谷町訴訟」の背景とその意味

(1)　都心回帰

都心で高層マンションの建設ラッシュがおきている。地価が下がり住宅金利も低水準にあるため住宅需要が回復してきたことが、高層マンションブームの背景にある。バブル経済のころに地上げされ、不良債権化していた空き地や、青空駐車場となっていた低未利用地がねらわれている。政府の「都市再生」などマンション建設に対する容積率の規制緩和も、高層、超高層（二〇階建て以上、地表からの高さ六〇メートル以上）マンション建設に追い風となっている。

大阪の都心でも状況は同じである。マンション建設が活発である。手ごろな価格帯のマンション供給が呼び水となって夜間人口に、都心回帰の動きを観察できる（転出の減少による表層的都心回帰か、転入増加による都心回帰かは、ここでは論じない）。「大阪市の推計人口」によると[1]、大阪市の人口は、二〇〇四年五月一日現在で二六三万三〇二九人に回復した。一九九五年一一月に比べて三万一七七人の増加である。この間、一世帯当たり家族数の減少と単身暮らしの増加で、世帯数は人口の増加を大幅に上回って一一万五九七八世帯も増加した。世帯数の増加をもう少し詳しく調べると、都心二区（北、中央）で二万二五五二世帯の増加があった。大阪市全体の世帯数増加の一九・四％を占めている。大阪市の全世帯に占める都心二区の世帯の割合が二〇〇四年五月一日現在、七・一％に過ぎなかったことを考え合わせると、都心二区での著しい世帯数の増加ぶりが浮き彫りとなる。

大阪の都心二区にはJR大阪駅前の梅田界隈や、御堂筋、堺筋のビジネス地区が含まれている。心斎橋などの繁華街もある。戸建て住宅を建てるのが難しい地区であり、都心回帰世帯を吸収しているのは既存の中古マンションか、新築マンションである。不動産経済研究所の調べによると、二〇〇一〜〇三年に、大阪市内で二万八〇一二戸の新築マンションの供給があった[2]。増加した世帯数の多さから判断して、都心二区でも多くの新築マンションの供給があったと考えることができる。

(2) 頻発するマンション紛争と「大阪・谷町訴訟」の今日性

マンション建設が各地で近隣紛争を引きおこしている。都心に建設されるマンションが高層化、超高層化することにともなって日照権や風害を理由として建築差し止め訴訟が頻発している。しかし、建築基準法が日影規制を包括してからは、差し止め訴訟では、原告側に不利な判断が続くようになった[3]。

半面、最近は眺望や景観侵害、料亭街など歴史的まちなみとの空間的な不連続性（建築のコンテクスチャリズムに違反）、地下水脈への悪影響、交通混雑などを問う訴訟が頻繁におきるようになった。東京の「国立景観訴訟」のように、原告側の主張に沿って裁判所が「景観利益」を認める先端的な判決もではじめている[4]。

大都市の都心は、暮らしも、ひとの活動も高密度である。至近の暮らしは、物理的にも、精神的にも、他人に対する配慮を欠けばたちまち緊張関係を嵩じる可能性がある。同じ理由で大規模再開発に対する都心の既住環境は、きわめて脆弱である。そのため都心に建設される超高層マンションをめぐる近隣紛争は多様化し、幾多の問題が重層化して表出することになる。

本稿で扱う「大阪・谷町の超高層マンション建設をめぐる近隣紛争（以下、「大阪・谷町訴訟」と記述する）」は、大阪市中央区のオフィス、商業、そして中層マンションの混在地区でおきている。最近の都心回帰現象に便乗して計画された超高層マンションに対する近隣紛争という面では、ほかのマンション紛争と共通している。したがって日影、風害、交通混雑などが争点のひとつとなっている。

しかし、それだけには終わっていない。むしろ、超高層ビルの建設に反対する住民側原告団の怒り——訴訟に踏み切った直接の理由は、別のところにあった。

「大阪・谷町訴訟」の超高層マンション建設予定地は、以前、市有地であった。「市有地であった土地」に関西電力系のデベロッパーが超高層マンションを建設すること対し、地元から強い反対の声が上がった。ところが大阪市は、地元町内会連合会から「建設に同意」を取り付けたと説明し、その「地元同意」を金科玉条にデベロッパーに対して超高層マンションの開発計画を認める決定をした。しかし「大阪・谷町訴訟」では、まさにその「同意取り付け」の実態が争点となっている。本稿の焦点も、そこにある。

大都市都心の町内会は空洞化している。組織率がきわめて低い。空洞化の傾向は、最近の都心回帰の流れで加速している。新住民は町内会活動から排除される構造となっているところが多く、都心回帰が町内会の組織率の低下につながっている。大阪・谷町界隈の町内会も状況は同じである。その結果、町内会のコミュニティー・ガバナンスは形骸化し、ほぼ崩壊状態にある。その一方で町内会の伝統的なボス政治は温存されたままである。

その空洞化した町内会が、依然として行政当局の末端組織として機能している。行政当局も、町内会活動を金銭的に支援しながら町内会を通してコミュニティーに影響力を行使している。換言すれば、行政当局は、空洞化した町内会のボス支配構造に依存しつつ、一方では「町内会の決定」を尊重し、「コミュニティー・デモクラシーの原則に立って行政を推進しています」という立場をとっている。[5] 大阪市と谷町の地元町内会の関係も同じである。市当局と町内会の間で持続されてきたおんぶに抱っこの寄生的相互依存関係――「大阪・谷町訴訟」では、その旧弊の行政システムがあぶりだされることになる。

一般的に都心の居住区では旧住民と新住民の関係は普段は疎遠だが、ひとたびことがおきると対立関係に発展する。「大阪・谷町訴訟」の場合も、一面では新旧住民の対立の現場となっている。同時に最近は、伝統的な町内会がこれまでのようにリーダーシップを発揮する地元有力者や、住民の尊敬の対象となる名望家を見出せずに地域共同体意識が希薄化し、問題をめぐって旧住民同士が対立する構図も生ずるようになっている。[6] 実際、谷町界隈の町内会でも、新旧と旧々住民対立が輻湊化して表出している。[7]

「大阪・谷町訴訟」は、①都心回帰と超高層マンション開発、②そして地域社会の流動化とアノミー化が進展し、伝統的な町内会組織が新旧住民、旧々住民間の利害調整機能を失っている、③それにもかかわらず、行政が依然として町内会を末端行政組織として利用し、それに依存して紛争処理をしようとしているコミュニティー自治の実態――地方政治過程――が争点となっている。その意味で、きわめて今日的な都市問題裁判である。

2 「大阪・谷町訴訟」までの経過[8]

(1) 超高層マンションの建設地界隈と建設計画概要

問題の超高層マンションの建設場所は、大阪市中央区糸屋町一丁目、北新町、谷町二丁目の三町内会にかかっている。南端の大和川から半岳状に伸びる上町台地のほぼ北端に位置し、大化の改新後の難波遷都のときに宮殿が造られた難波宮跡と、大阪城に近接している。界隈は通称「谷町」と呼ばれ、紳士アパレルメーカー、問屋、縫製関連企業が集積している。谷町の西隣が船場である。この両地区が東京の横山町／東日本橋と並ぶ「繊維の街、大阪」を形成している。

高度経済成長期にアパレル各社が中高層の本社ビルを競って建てるなどして商業ビルが建ち並ぶようになったが、一九八〇年代になると、街の様相にもう一段の変化がはじまった。発展途上国からの追い上げを受けてわが国の繊維産業が構造転換を迫られ、谷町のアパレル産業も業界再編を強いられるようになった。企業・事業の統廃合が進展し、廃業された商業ビルを中高層マンションに建て替えるなど、街構造に大きな変化がおきた。この傾向は一九九〇年代に引き継がれ、最近は「都市再生」のための規制緩和と都心回帰の動きによって街の構造転換に一段と拍車がかかるようになった。

「大阪・谷町訴訟」を引き起こすことになった関西電力の超高層マンションの開発計画も、「都市再生」や都心回帰の流れに便乗したものである。

デベロッパー（マンション業界大手の大京と関西電力の子会社、関電不動産）が地元説明会で配布した計画概要説明書によると、事業の名称は「糸屋町プロジェクト（仮称）[9]」。敷地面積三四一二平方メートルの土地に、延べ床面積四万四三三一平方メートル、高さ一三五・六メートル、地上四〇階、地下二階の鉄筋コンクリートマンションを建てる[10]。全戸分譲タイプで入居予定戸数は二九一戸。都市計画上の用途地域は商業地域で容積率は八〇〇％だが、総合設計制度を使って容積率・隣地斜面緩和措置を受ける。二〇〇五年一二月下旬に完工し、二〇〇六年二月中旬に入居開始の予定である。

(2) 「覚書」の交換

超高層ビルの建設計画地は、市立船場中学校跡地である。都心居住の子連れ世帯が減少したことにともなって生徒数が減り、一九八八年三月、隣の東中学校と統合されて廃校となった。大阪市は北区扇町に施設開発をするために、一九九二年一一年九日、この廃校跡地を関西電力が北区扇町に所有していた土地四四一一平方メートルと交換することになった。その際、当時の大阪市計画局長と関西電力用地部長が署名し、四項目からなる「覚書」を取り交わした。

「大阪・谷町訴訟」で最大の争点となっているのは、その第一項である。

①関西電力は船場中学校跡地の利用計画にあたっては、地域の利便性にも配慮した地域密着型営業所（地域のひとびとが利用できる料理教室などが考えられていたと言う）とする

②上記の利用なくして第三者に転売、または他の用地との交換は行わない

大阪市と関電が換地するにあたってあえて「覚書」を交換したのは、歴史的な事情があってのことである。谷町界隈は明治維新以降、急速に開発された。居住者が増え、子供の数が急増し、一九一〇（明治四三）年当時、学区の中大江小学校は児童数が一七〇〇人を超える超過密校となった。しかし当時の大阪市には、新しい小学校を急造する財政的な余裕がなかった。そこで地域住民が「自分たちの子弟教育のために」という理由で学校建設のための寄付を募り、それを原資に大阪市は廃校となっていた高等小学校の土地・校舎を取得して中大江東尋常小学校に編入した。その後も、地域住民の寄付で隣接地の買い増しがあり、小学校の拡張が続いた。

要するに、件の超高層マンションの建設予定地は、地域住民の寄付金・寄贈によって大阪市が学校用地として取得した土地である。当時の自治体は財政事情が厳しかったために、代わって地域住民が学校開設に必要な資金を寄付したり、土地を寄贈したりするということは、全国的にもそれほど珍しいことではなかった。

戦中、戦後にかけて紆余曲折はあったが、問題の土地が市有地である状態は変わらず、一九五〇年に船場中学校となった。しかし高度成長期の後半には東京一極集中が進行し、大阪の地盤沈下とともに都心人口も激減し、バブル経済のさなか——一九八八年に船場中学は廃校となった。

以上のような歴史的経緯のある土地であったために、大阪市が船場中学校跡地を関電所有の土地と交換する話が持ち上がったときには、地元から強い反発が出た。糸屋町一丁目振興町会は、一九九二年九月四日総会を開き、町内会連合会の中大江連合振興町会長宛に以下の要望書を提出することを決めた。

「地域住民の厚意によって大阪市教育委員会に学校用地として寄贈された歴史的経緯を踏まえ、地元に役に立つ形で使われるべきである」「(換地を容認する条件のひとつとして)この交換された土地は関西電力が永久に保有し関連会社・子会社を含めて他の企業に転売しない確約書を文書にて取り交わされたい」

同年九月二五日には北新町振興町会も、要望書「船場中学跡地問題について」を連合振興町会長宛に提出している。要望の内容は「地元住民の意見を尊重することを条件として交換を受け入れる方向で検討する」「具体的な問題は、先行せず、前もって(地元と)相談を願いたい」というものであった。これらの要望は、連合振興町会長を通して大阪市に伝えられた。

換地とその後の土地利用に関して地元町内会から強い要望を受けた大阪市は、一九九二年一〇月二二日、計画局長名で連合振興町会長宛に回答書を出し、以下の内容を地元に確約した。すなわち、関電との換地にあたっては「大阪市が交換する用地は、地域の利便性に配慮した地域密着型営業所等建設用地として利用するものとする。なお、上記の利用なくして他に転売又は交換することを禁止する」などの条件を付す。

この回答書を踏まえて大阪市は、関電との間で、関電の将来の土地利用を拘束する「覚書」を交換するに至ったのである。

しかし、実際に大阪市と関電との間で「覚書」が交わされたことについては、以降、一切、地元町内会に対して説明がなかった。関電は「覚書」が存在することを隠し続けたまま、子会社の関電不動産が分譲マンションを建設する計画を明らかにし、地元町内会に建設計画に対する同意を求めた。地元、関電との三者協議に参加し、調整役をはたした大阪市も、「覚書」については口を結んだままであった。

しかし、関電は二〇〇二年九月二五日になってようやく「覚書」の存在を認めるに至ったが、その中身については説明を避け続けた。その後、野党系の市議会議員が「覚書」の内容を暴露し、地元町内会が情報公開条例を使って「覚書」の文言をはじめて確認したのである。二〇〇三年九月になってからのことであった。

換地にあたって大阪市と関電は「地元の意向を尊重して当該土地利用を考える」ことを約束したが、「覚書」交換から丸一〇年間、両者とも、暴露されるまで「覚書」の存在を隠匿し続けるなど、地元町内会に対して一貫して不誠実な態度を取り続けたのであった。

超高層マンション建設に反対している町内会は、「大阪市も関電も転売禁止条項の存在を隠匿することにおいて共犯関係にあった」と糾弾している。大阪市と関電の不誠実な対応が地元感情を悪化させ、問題解決をむずかしくさせたことは否めない。

(3) 超高層マンションの建設計画が浮上

超高層マンションの建設計画をめぐる地元説明でも、関電の対応は不誠実であった。

関電は一九九四年五月、約束にしたがって営業所を建設するための地質調査を開始する旨、地元に通告し、協力を要請した。しかし翌年、阪神大震災がおきると関電は変節し、その後は地元説明が大きくぶれ続けることになった。関電は被災した神戸支社などの再建を優先し、谷町に営業所を建設する計画を延期する方針を示した。この方針変更に地元が強く反発すると関電は、改めて建設予定の営業所平面図案などを地元に提示し、プロジェクトを継続する姿勢を見せた。

ところがこの後も関電の方針は、計画凍結と解除の間を一転、二転し続けたのである。痺れを切らした地元からは、遅延が長引くならば「大阪市が跡地を買い戻すべきである」「公共施設を建設すべきである」などの意見が噴出した。結局、関電が営業所建設計画の断念を正式表明したのは二〇〇一年九月一九日になってからで、関電のグループ会社などが分譲マンションを建設する計画を示して地元に協力を求めてきた。

船場中学跡地利用対策委員会では白熱した議論があったが、最終的にはこの代替案を基本的に了承することになった。翌年、中大江東連合振興町会長が「分譲住宅建設」を容認することを前提に「船場中学校跡地の利用に関する意見要望書」を作成し、関係一二町内会長と中大江西、同東連合振興町会長宅を訪ねて同意の署名を集めて回った。しかしその際、分譲マンション建設予定地に隣接している北新町、糸屋町一丁目町内会長は、「分譲住宅建設の中身が不明のままでは署名できない」と捺印を拒否した。あわてた関電は、署名を拒否した町内会長の説得に奔走したが、二町内会長は最後まで捺印しなかった。

関電はこのときも不誠実であった。地元に対して「分譲住宅」が超高層マンションであることを秘匿し続けたのである。北新町、糸屋町一丁目は二〇〇二年九月二五日、町内会員の総意をまとめるために関電幹部を招聘して地元説明会を開催したが、その席で関電側は「四〇階建て（その後、三九階建てに）のうわさがあるが階高は決まっていない」と明言したのであった。[11] それに対して二町内会は足並みを揃えて、「階高が不明なままでは判を押せない」と関電の同意要請を突っぱねた。

ところが一転して同年一〇月一五日に開催された地元説明会で関電は、「先月開催の地元説明会で「四〇階建ては決まっていない」と説明したのは誤りでした。不手際があった」と謝罪したのであった。そして初めて正式に超高層マンションの建設計画（「(仮称）糸屋町プロジェクト」）を明らかにした。わずかに二〇日の間の豹変であった。「地元をだまし続けてきた」と指弾されても、関電には弁解の余地がなかった。

この地元説明会で反対派の二町内会は、関電の超高層マンション計画に対する対案として別の跡地利用提案を準備していた。すなわち、地元が寄贈した土地という歴史的経緯を考慮して「愛日文庫（山片幡桃の蔵書や伊能忠敬の日本地図などを蔵す）のような中大江文庫やコンピューターライブラリーなど、後世に申し送ることのできる文化的、教育的事物を提案します」という文言を含む文書「糸屋町・北新町町会の考え方」を地元説明会で配布したのである。

双方の話し合いは決裂したままであった。結局、北新町、糸屋町一丁目町内会は、連名で大阪市と関電に対して「通知書」を提出し、①「覚書」の転売禁止条項を遵守すべきこと、②「通知」は二町内会の総意であること、を伝えるに至った。

(4) 「覚書」の破棄と訴訟

関電は二〇〇三年四月二一日、「船場中学校跡地の利用計画等の変更について(依頼)」という書面を大阪市計画調整局長宛に提出し、①景気の低迷、関西経済の空洞化、電力小売の部分的自由化などの状況変化があり、地域密着型営業所の建設を断念する②跡地は関電グループによる「分譲マンション」建設とする③第三者転売を禁じた「覚書」を解消したい――という意向を大阪市に伝え、超高層マンション計画の実現に向けて具体的に動きはじめた。

関電の書面提出を受けて船場中学校跡地利用対策委員会が同年五月一九日、急きょ開催された。このときの議事運営は異常であった。実質的に跡地対策委員会開催の根回しをしたのは、大阪市である。八人の対策委員会委員が出席した。事前に議題は知らされていなかったが、跡地対策委員会招集の理由は「覚書」の解消問題であった。「覚書」解消をめぐって同意派と反対派の意見が平行線をたどっている間に、突如、委員以外の傍聴者(谷町二丁目町内会長、これまで対策委員会に顔を見せたこともなかった)が起立して「採決を求めます」と発言する異様な事態がおきた(12)。

北新町と糸屋町一丁目町内会長は「持ち帰って町内会に諮りたい」と採決に反対したが、司会者は傍聴者の発言を引き取って強行採決し、六対二(市は市議会などで八対二と説明している)で「跡地利用対策委員会は覚書破棄に同意した」とした。このときの司会者は大阪市の幹部職員である。反対派町内会の幹部は、「跡地利用対策委員会の招集から議事運営まで実質的に大阪市が取り仕切った」と考えている。

この議決を根拠に大阪市は「地元の同意を取り付けた」と主張し、企画調整局長名で五月三〇日、計画変更案に同意する回答文を関電に送った。この時点で「覚書」の破棄が決まった。関電は二〇〇三年七月二八日、件の土地を関電不動産に転売処分した。

大阪市と関電のやり方に納得できない地元町内会幹部、マンション管理組合理事長らが同年九月二日、関電本社を訪ねて「覚書の趣旨を守りマンション建設中止を求める要望書」を社長宛に提出した。要望書は、問題の土地は「住民子弟の教育のために〝米百表〟の精神で土地や資金を提供した経緯がある。歴史のある学校用地を一企業には渡せない」という運動がおこり大阪市と関電の間で「覚書」を交わすことになった経緯を説明した後、①この土地を転売し「四〇階建てマンション」を建てることは「覚書」の精神に反する②関電も大阪市も、対策委員会の議決によって「覚書」が解消されたと説明しているが、「覚書」交換時の一二町内会の総意とは違うものである（跡地利用対策委員会は町内会の議決機関ではない）——と主張し、「覚書」破棄を決して容認できないと述べている。

この要望書の提出と並行して市議会に陳情するための署名活動が行われ、地域住民、界隈のオフィスに勤務しているひとたちの合計二五四六人の署名を集めた。

以上の経緯の後、「覚書」破棄に納得できない地元住民が二〇〇四年一月一四日、大阪市監査委員に対し「被監査人（大阪市企画調整局長）は覚書破棄によって地元市民の福祉に貢献し得る大阪市の権利を放棄し、大阪市に損害を与えた」と監査請求するに至った。しかし、監査委員は「このような権利は請求の対象となる「財産」にはあたらない」と請求を却下した。

このため地元住民は二〇〇四年四月八日、大阪地裁に超高層マンションの建設工事差し止めを求める仮処分の申し立てをおこした。申し立ての債権者は地域住民を中心に一二二人を数えた。この仮処分の申し立てと並行して二〇〇四年七月一三日、大阪市、関電などを相手取って「覚書破棄の不当性を問い、周辺住環境に大きな実害を及ぼす超高層マンション建設を阻止する」ための裁判をおこした。原告団は地元町内会員と地元の非町内会員の合計二二人で構成された。

3　空洞化する町内会とコミュニティー・デモクラシー

(1)　町内会の実態

大阪市は、市議会の審議を通して「「地元」の同意を得て関電との間の「覚書」を解消することになった」と説明している。関電も超高層マンションの建設計画については、「地元」の理解を得られたと述べている。双方ともに、あらゆる機会に「地元の意向を尊重し」「地元の協力を仰ぎ」と表明し、コミュニティー・デモクラシーの精神に沿って物事を決めてきたことを強調している。

では、「地元」とはなにを指すのだろうか。大阪市、関電の考える「地元」が町内会を意味していることは明瞭である。しかし、大都市にある町内会が空洞化していることは、前述した通りである。著しく組織率が低く、ガバナンス能力を欠如しているのが「地元町内会」の実態である。

関電が超高層マンションを建設する中大江東連合振興町会内にある一二町内会について世帯数と、実際にそれぞれの町内会に加入している会員世帯数を調べたのが❶である。連合振興町会全体の組織率（町内会会員世帯数を実際の世帯数で割る）はおそらく過半に至らず、四七・九％である。もっとも組織率が高かったのは糸屋町一丁目で七三・五％、次いで北新町の六二・五％である。超高層マンション反対派の町内会で組織率が高い。逆に一番低いのは内本町一丁目で一七・四％に過ぎず、五分の四以上の世帯が町内会に加入していない。次いで鎗屋町一丁目が低く、二五・八％の組織率である。

❶中大江東振興連合町会の実態

町会名	実際の世帯数	会員数
南新町	25	16
内本町1丁目	190	33
常盤町1丁目	76	30
内平野町1丁目	54	—
内淡路1丁目	78	38
大手通1丁目	85	40
糸屋町1丁目	34	25
北新町	72	45
徳井町1丁目	95	37
鎗屋町1丁目	124	32
谷町2丁目	70	49
谷町3丁目	93	—
合計	996	478

町内会別の世帯数は二〇〇三年三月に実施された市議会議員選挙有権者台帳を使って推計した。町内会別の会員数は二〇〇四年四月一日現在で、大阪市中央区役所調べ（二〇〇四年六月七日区民企画室聴き取り）。「内平野一丁目と谷町三丁目の会員数は不明だが、連合振興町会の会員数は判明している」というのが区民企画室の説明であった。

なぜ、これほど組織率が低いのだろうか。都心居住者の流動性が高いことが背景にある。従前からの居住者は世代交代にともなって郊外に転出し、町内会から抜ける傾向がある反面、都心回帰の動きに乗ってマンションが建設され、新規に移住するひとが増えている。しかしかれらの場合、なかなか町内会員にはならないし、なれない。

北新町町内会の場合、新住民を新たに町内会員として受け入れる条件は、

①ビル一階の店舗、事務所

②分譲マンションは居住者数に関係なく一棟三票（一棟三世帯扱い）

③賃貸アパートの場合、大家は会員になれるが賃借人世帯は入会できない

これより厳しい入会条件を持っている町内会もある。

したがって内本町一丁目のように分譲マンション、賃貸アパートが林立している町内会の場合は、組織率が極端に低くなる。

町内会を含む地域自治会を、ほかの社会組織と判別する外形的特徴のひとつとして「特定地域の全世帯加入の建前（全世帯加入制または全世帯強制／自動加入制）」がある。しかし実際は、分譲マンション管理組合の中には町内会活動には無関心で加入を拒むところもあるし、前記のように町内会側が会員数＝票数を制限している場

合もある。大きな分譲マンションができると新旧住民の間の数量バランスが崩れ、町内会の権力構造が揺らぐ可能性がある。それを恐れて旧住民支配の町内会側が加入制限を設定しているという側面もある。

こうした歪みと空洞化した実態の町内会が、大阪市と関電の依拠するところの「地元」である。その「地元の意向を尊重」する一方で、行政は機動的で便利な末端行政組織として町内会を都合よく利用し、コミュニティー行政を行っている。たとえば大阪市は二〇〇三年度、中大江東連合振興町会に対して「事業助成金」として三九万三四〇〇円納付している。末端行政組織のための活動費にあたる、と考えることができる。加えて連合町内会長には取りまとめ役としての謝礼金、単位町内会長には市営地下鉄・バスのフリーパスが贈与されていると言う。

(2) 町内会決定の実態

大阪市は地元の同意を得て関電との「覚書」を解消したことになっているが、地元町内会が「「覚書」解消に同意した」といわれる二〇〇三年五月一九日の跡地利用対策委員会と、その後の連合振興町会の動きを追ってみると、町内会政治のボス支配構造とコミュニティー・ガバナンスの空洞化の実態が浮き彫りになってくる。

まず、過去、跡地利用対策委員会で議論されてきたことを、大半の町内会長は情報として一般の町内会員にフィードバックしたことがない。一般の町内会員は、この問題に関してずっと蚊帳の外に置かれてきた（その後、きょう現在まで大方、蚊帳の外に置かれ続けている）。

実際のところ「覚書」破棄に関して町内会総会を開催して町内会員の総意に諮る手続きをとったところは、ごく少数の町内会に過ぎない。町内会長が独断で、あるいは一部の幹部と談合して一方的に決めたのである。あるマンション管理組合理事長の場合、「「覚書」破棄に関して一度たりとも町内会長から話を聞いたことがない。総会も開かれなかった。一切が町内会長の独断専行に過ぎない」と憤慨し、「覚書」破棄の不当性を訴えて訴訟団に加わった。

そもそも五月一九日開催の跡地対策委員会は、下からの積み上げによって意見を集約し、それを踏まえて町内会長が採決に臨むという民主的な段取りにはなっていなかった。もっぱら町内会長、町内会幹部の独断であった。逆に、採決に先立ち、「持ち帰って町内会に諮りたい」という反対派町内会長の動議は無視されたのである。

反対派町内会幹部によると、実質的に跡地利用対策委員会を招集したのは大阪市であり、議事進行役を務めたのは大阪市の幹部職員であったことはすでに述べたところである。大阪市は、一般の町内会員の意向をくみ上げていないボス支配の町内会政治の実態を熟知していたし、五月一九日の跡地利用対策委員会の決定が町内会総会の議を反映したものではなかったことを、当然知っていたはずである。

また、地元のすべての単位町内会長が跡地利用対策委員会の委員となっていたわけではない。この問題のステークホルダーでありながら跡地利用対策委員会に代表を出していない町内会があった。したがって最終的には、跡地利用対策委員会の採択を踏まえてすべての町内会に「覚書」破棄に対する諾否を問う手続きが必要であり、それをもって「地元町内会の総意」とすべきであった。しかしその手続きは取られなかった。舞台回しをした大阪市は、そうした手続き上の欠陥も理解していたはずである。

跡地利用対策委員会の採択が連合町内会の議決を代行し得ないことが明らかになると、今度は町内会ヒエラルキーのトップの椅子に座る中大江東連合振興町会長が大阪市に対して「地元の総意として、「覚書」解消に同意する」旨の文書を提出するに至ったのである。その際、一二町会長の同意印を取り揃えるという最低限の段取りが無視された。このときも連合振興会町会長の独断専行であった。必要な段取りを踏むと「覚書」破棄に反対の町内会が出ることは明らかであったし、地元の「総意」にひびが入るのを恐れ、連合振興町会長が無断専行した可能性がある。そういう実態の「地元の総意」であった。

二〇〇三年五、六月の大阪市議会でこの問題が審議された。北山良三、木下吉信市議会議員が「覚書」破棄に至る経過に関して、①跡地利用対策委員会は「覚書」破棄に対する同意を多数決で決めたが、強引な採決であった②そもそも採決という方法は、地元住民の意見集約の方法としては不適切である③超高層マンションに近隣、あるいは直近の町内会と、距離の離れている町内会とでは被害の度合いに大きな差がある、同じ一票というのでは不平等、非民主的である――などと質問したのに対し、大阪市側は、跡地利用対策委員会の性格、運営の仕方、発議から採択まで一切地元側の判断で行ったことであり、「大阪市は単に説明者として出席したに過ぎず、どうこう言える立場にはいない」と答弁を逃げた。

そして「空地のまま放っておくのは地域の活性化にとってよくない。分譲マンションは地域の活性化にも資するし、人口も増えるし、……そうしたことを総合的に勘案して大阪市も覚書の解消はやむを得ないと判断した」と超高層マンション開発の意義を強調したのであった。採決の結果だけはいただくが、採決に至る経過、地域住民の総意の取りまとめ方、町内会の実態などは、もっぱら地元の問題であって大阪市が関与することではない、という答弁である。町内会の実態を熟知し、大阪市がこの間の舞台回しを先導してきたと看做されているにもかかわらず、この答弁であった。

4 結　語

都市再生と都心回帰の流れのなでマンションが増え、町内会に入らない、あるいは町内会が入会を認めない都心居住者が増加している。それにともなって町内会の組織率が急速に低下している。

町内会は地域にひとつの、地域独占型のコミュニティー組織である。(13) しかも町内会は行政の下部組織として機能し、極めて政治的な地域組織であることは「大阪・谷町訴訟」をめぐる経緯の中でも明らかである。決してお祭りや町内会旅行を企画するなどの親睦会的な存在ではない。地域権力のひとつである。

地方議会議員選挙では、町内会が特定候補の影の後援会となる。町内会幹部が候補者の後を、旗を担いで歩く風習もある。「桃太郎行進」と揶揄されているが、近隣町内会との付き合い上、「嫌だ」とも言い出しにくいという。実際、中大江東連合振興町会は、付き合いの深い地方議会議員に対して当選祝い金を支払っている。この支払いには違法性がある。

「大阪・谷町訴訟」では、第一に、既存の町内会がコミュニティー全体に対するガバナンスを欠落しているにもかかわらず、相変わらずコミュニティー問題に大きな権力を持っている実態、第二に、むしろそうした空洞化した町内会をうまく利用し（意見集約の範囲を地域住民全体に広げると「覚書」破棄の同意取り付けには、はるかに時間がかかる）、関電の超高層マンションの建設を認めるに至った大阪市の姿勢――そのいずれをも含む、旧態依然とした地方政治過程の実相が超高層マンション紛争を通して表出し、裁判でその問題性が問われることになったのである。

市議会などで大阪市は、超高層マンションが建ち並び、居住人口が増えればそれが「都市再生」につながると説明しているが、コミュニティー全住民の自発的な協同行為なくして単に大規模再開発をしても、真の都市再生にはつながらない。コミュニティーに真に責任を持ち、行政の下部組織としてではなく、行政から自律した住民のネットワークの形成が急がれる。三〇〇世帯入居の超高層マンションが建っても、三票の投票権が地元町内会に増えるだけならば、空洞化した町内会の実態とコミュニティー・ガバナンスの乖離は大きくなる一方であり、コミュニティー・デモクラシーは形骸化するばかりである。

注

（1）「大阪市の推計人口」は、国勢調査と住民基本台帳、外国人登録を併用して推計している。
（2）不動産経済研究所「近畿圏のマンション市場動向調査――二〇〇三年のまとめ」。

（3）日置雅春「建て替え、高層化による環境破壊と近隣紛争」『環境と公害』二〇〇四年冬号、第三三巻第三号。
（4）特集「国立から景観問題を考える」『地域開発』二〇〇三年五月号、四六四号。
（5）日高昭夫「「第三層の地方政府」としての地域自治会」『季刊行政管理研究』二〇〇三年九月号、一〇三号は、「市町村と地域自治会との関係は「政府間関係」の視点で見ると理解しやすい。その基本的なパターンは「寄生的相互依存関係」として説明できる。すなわち、市町村が政策・行政課題の実施を地域自治会に「寄生」すると同時に、地域自治会は正統性の源泉と活動資源を市町村に「寄生」する相互依存関係である」と書いているが、地域自治会（本稿では町内会）が空洞化しその正統性に疑義が出ているにもかかわらず、行政の「寄生的依存」の体質が改まらないところに「大阪・谷町訴訟」の原告側の訴えがある。
（6）奥田道大『都市型のコミュニティ』（勁草書房、二〇〇二年）は地域における共同の座標軸を四次元で捉え、その中のひとつとして伝統型地方都市や大都市旧市街地にある町内会組織を「地域共同体」モデルとして描いている。それによると「地域共同体」モデルは、ひとびとが地縁的結びつきと一体感情に裏付けられた内部集団を形成し、特定のひとびと（地元有力者、名望家など）を中心に組織運営されるところに特徴がある。「大都市の中のムラ」と比喩され、「「町内会」と関連組織、地元有力者などリーダー層との状況分析が重要となる」。
奥田は「地域共同体」が解体し現実的有効性を喪失した状態を「伝統的アノミー」と呼び、「地域共同体」に代わるモデルを見出せない過渡的なモデルと定義している。

地域社会の流動性が高まることによってアノミー化すると考えられるが、谷町の事例でも観察されるように、この状態のモデルでは地元有力者のボス的支配は残るがその影響力は形骸化し、ひとたび問題が発生すると「地域共同体」型のときのように磁力のある超越的な取りまとめ役がいないためにたちまち内部対立に発展する可能性が大きくなる。
（7）奥田が「状況分析が重要となる」と指摘している「「町内会」と関連組織、地元有力者などのリーダー層」との関係を、谷町の町内会について言及しておく。
谷町は紳士アパレルメーカーとその関連産業の街だが、丁稚としての下働きとその後の暖簾分けを基本に繊維産業としての街の集積がおきたところである。そして暖簾分けによる業界の地縁組織として谷羊会という集まりが育った。谷羊会の会長は暖簾分け制度の本家か、本家に近い家から選ばれ、その下に家ごとの上下関係――ヒエラルキーが形成されている。暖簾分け制度の外にいるアパレル関連産業（ボタンや生地商など）、米穀商などの食糧品店（住み込み丁稚制度で消費量が多かった）なども谷羊会のヒエラルキーの外にありながら谷羊会の影響下にあった。すなわち、谷羊会の意向に逆らうと、たちまち谷町界隈での商機を失う可能性があった。

奥田が「「町内会」と関連組織」と指摘しているように、谷町では谷羊会と町内会は不離付則の関係にあり、町内会長、連合町内会長の選出ではしばしば谷羊会での序列が重要視されてきた。当然、通常の町内会活動でも、町内会幹部に対して異を唱えることはそのまま谷羊会に対する造反と受け取られる心配があり、町内会員は町内会のボス支配に対して従順になる。そのことによって町内会の政治的統制が取れてきた。

しかし、町内会居住者の流動化とときを同じくして谷町のアパレル産業が空洞化をおこし、谷羊会も脆弱化し、町内会長や連合町内会長にかつてのように人心を掌握できる名望家を選ぶことができなくなっている。谷羊会と町内会の二つの地縁組織がアノミー化した状況にある。

(8) 紛争に至る経過の記述は、大阪市議会議事録（二〇〇三年五月二三日、同年六月二四日）と原告側が大阪地方裁判所に提出した建築禁止等仮処分申立書に依拠している。

(9) 「（仮称）糸屋町プロジェクト」計画概要説明書、事業主大京、関電不動産、設計安井建築設計事務所、施工熊谷組、二〇〇二年一〇月一五日。

(10) 二〇〇四年四月八日に大阪地方裁判所に提出された建築禁止等仮処分申立書は、「大阪城の天守閣は五二・七メートルであるが、本件マンションは、実に一三五・六メートルもあり、大阪城の景観を完全に損なうものとなる」と述べ、超高層ビルの建設にあたっては歴史的建造物の景観を配慮すべきであると主張している。

(11) 関電不動産は二〇〇二年七月一二日、大阪市文化財保護課に三九階建てマンションの建設計画の届け出をしていた。建設予定地が文化財保護法に定められた「周知の遺跡の周辺」にあたるための届け出である。したがってすでに以前に超高層マンション建設の概要は決まっていたことになる。

(12) 「谷町二丁目町内会長（司法書士で法律にくわしい風）は、「覚書」は紳士協定説、締結後一〇年も経っているので時効説——をぶち上げて対策委員会の議論を先導し、採決を迫った。法律に疎い町内会長は反論できずに、「町内会総会に諮りたい」というのがやっとだった」（北新町町内会長の話）。

(13) 前掲（5）。

四　景観保護と司法判断──国立市マンション事件民事控訴審判決

角松生史

「酒蔵の黒塀は、街歩きが流行となったこの二〇年ほどで注目されるようになったものだが、それ以前は、住民である我々にとって当たり前のようにしてある町内の日常景観であった。そして日常に親しんでいるものは、流行により気づかされたり、喪われたりして初めてその重みが実感される。酒蔵の黒塀や、もっと平凡な通り沿いの住宅の眺めも、喪って初めてその重みに気づいたのである」（松原（二〇〇二）五九頁）

「初めから明確なかたちの理念が存在していたのではない。現実の問題がおきてから、初めて裏山の緑、水辺や水路、自然の緑、里山などという価値に目覚めて、それが理念になった。『まちづくり』の理念とは、抽象的でなく具体的で、多くは実践を通じて認識されてくる。ふだんはその価値に気がつかず、いつまでもあるものと思っていたのが、ある日突然に失われそうになってその価値に目覚め、『まちづくり』の理念になったものだ。理念がはっきりすれば、現実の動きを変える具体的な行動として反対運動を起こす。だがそこに止まらずに、ある時点からまちづくりの実践活動に転換していった。理念を一層よく実現し、もっと「まち」全体の将来を考えたいからである。」（田村（一九九九）四九〜五〇頁）

❶国立市マンション紛争をめぐる裁判例一覧（括弧内は裁判長名）

		争点① （条例の適法性）	争点② （既存不適格）	争点③ （差止・撤去又は是正命令）
A 事件 （民事訴訟）	A-1（満田）決定（東京地裁八王子支決 2000.6.6）	—	×	×
	A-2（江美）決定（東京高決 2000.12.22 判時 1767 号 43 頁）	○	○	×
	A-3（宮岡）判決（東京地判 2002.12.18 判時 1829 号 36 頁）	○	×	○
	A-4（大藤）判決（東京高判 2004.10.27 判時 1877 号 40 頁）	—	×	×
B 事件 （法定外抗告訴訟）	B-1（市村）判決（東京地判 2001.12.4 判時 1791 号 3 頁）	—（＊1）	○	○
	B-2（奥山）判決（東京高判 2002.6.7 判時 1815 号 75 頁）	—	×	×
C 事件 （国家賠償訴訟等）	C-1（藤山）判決（東京地判 2002.2.14 判時 1808 号 31 頁）	×（＊2）	—	—

争点①：地区計画・建築条例自体の違法性の有無
争点②：本件マンションに建築基準法 3 条 2 項（既存不適格）が適用されるか
争点③：20m を超える部分の建築差止・撤去，あるいは特定行政庁のその旨の是正命令の要否
「○」＝地域住民の主張を認める
「×」＝M 社ないし特定行政庁側の主張を認める
「－」＝当該争点について特に判断していない
（＊1）　建築条例の適法性が是正命令権限不行使の違法判断の前提とされているが，訴訟上の主要な争点ではない．
（＊2）　地区計画・建築条例の無効確認請求を不適法却下したが，これらは国家賠償法上違法であるとしている．

東京都国立市の大学通り周辺のマンション建設をめぐる紛争とそれをめぐる多数の訴訟(1)❶は大きな社会的注目を集めているが、周辺住民が建築主M社および区分所有者を相手取って高さ二〇メートルを越える部分の撤去を求めた民事訴訟において、二〇〇四年一〇月二七日、東京高等裁判所は、撤去を命じた一審（A-3判決）を覆し、原告の請求を全面的に棄却（A-4判決）した。A-3判決とA-4判決は、結論においてのみならず、「景観権」ないし「景観利益」の法的位置づけや司法権の役割などにおいて、ほぼ正反対とも言える見解をかなり踏み込んだ形で示しているため、両者の判旨を比較検討することは、景観の法的保護のあり方に関する基本考察の素材に資するものであろう。

さて、現今の「都市再生」政策の原型をなした「都市再生のために緊急に取り組むべき制度改革の方向」（二〇〇一年一二月

四日、都市再生本部決定）は、政策項目の二類型として「民間事業者の力の発揮による都市再生の推進」と「地域住民の主体的なまちづくりの取り組みの推進」を掲げる。これらは「従来の『行政』主導の取り組みから、都市再生の重要な担い手としての『民間』の役割に注目」するものとして総括されているが、市場メカニズムの活用と住民参加には補完関係と同時に厳しい緊張関係が見られることは、改めて指摘するまでもない。本稿は、これらの文脈を意識しつつ、A-4判決の判旨から出発して、景観の法的保護のあり方について検討していく。

1　審美的判断は主観的か

「景観は、当該地域の自然、歴史、文化、人々の生活等と密接な関係があり、景観の良否についての判断は、個々人によって異なる優れて主観的で多様性のあるものであり、これを裁判所が判断することは必ずしも適当とは思われない。……良好な景観を享受する利益は、その景観を良好なものとして観望する全ての人々がその感興に応じて共に感得し得るものであり、これを特定の個人が享受する利益として理解すべきものではないというべきである。これは、海や山等の純粋な自然景観であっても、また人の手の加わった景観であっても変わりはない。良好な景観の近隣に土地を所有していても、景観との関わりはそれぞれの生活状況によることであり、また、その景観をどの程度価値あるものと判断するかは、個々人の関心の程度や感性によって左右されるものであって、土地の所有権の有無やその属性とは本来的に関わりないことであり、これをその人個人についての固有の人格的利益として承認することもできない。……良好な景観とされるものは存在するが、景観についての個々人の評価は、上述したとおり極めて多様であり、かつ、主観的であることを免れない性質のものである」（A-4判決）。

審美的判断に関する「主観性」を根拠に景観に関する司法判断の自己抑制を説く議論は、これまでにも少なからぬ裁判例で繰り返されてきた。「良好な景観は何人であってもその好みに従って発見することができ、享受もできるものであって、人格的統一に不可欠と考えられる名誉権や、排他的支配に任せるにふさわしい客観性・普遍性を備えた財産権とはおよそ性質を異にする」(東京地裁八王子支判二〇〇一年一二月一〇日)[2]「いかなる景観が美しいのか、いかなる景観が当該地域にふさわしいのかについては、それを判断する者の主観に負うところが極めて大きく、これを一義的に定めることは、極めて困難であって、事実上不可能といっても過言ではない」(A-1決定)などといった判示が見られる。それにはもちろんそれなりの理由がある。A-4判決も指摘するように、「良好な景観の形成」の促進を掲げて二〇〇四年六月に成立した景観法も、「景観」について特段の定義をおいていない。[3]しかし、司法権が「美」に関わる判断を自制することが、いかなる場合でも可能なわけではない。

まず、これまでの少なからぬ裁判例は、景観—眺望の区別を前提とした上で、(ア)特定の場所からの眺望の重要な価値、(イ)その眺望利益の享受が社会通念上客観的に生活利益として承認されるべきという要件の下に、「眺望利益」の法的保護性を認めている。この要件の認定においては、美的価値に関する判断が不可欠となる。眺望利益の侵害に対する損害賠償を認めた横浜地裁判決も、その前提として「美的満足感」を認定している。[4]

ついで、道路拡幅事業のための日光東照宮所有地の収用の可否が問題となったいわゆる日光太郎杉事件控訴審判決(東京高判一九七三年七月一三日行裁集二四巻六・七号五三三頁)は、当該土地付近の「文化的価値は、長い自然的、時間的推移を経て初めて作り出されるものであり、一たび人為的な作為が加えられれば、人間の創造力のみによつては、二度と元に復することは事実上不可能である……。本件土地の所有権こそ被控訴人の私有に属するとはいえ、その景観的・風致的・宗教的・歴史的諸価値は、国民が等しく共有すべき文化的財産として、将来にわたり、長くその維持、保存が図らるべきもの」という認識を前提に、事業認定を取り消している。ここでも美的なそれを含む「文化的価値」に関する司法判断が下されているのである。また、この事件において裁判所は、「その土地がその事業の用に供されることによつて得らるべき公共の利益」と、「その土地がその事業の用に供されることによつて失なわれる利益（この利益は私的なもののみならず、時としては公共の利益をも含むものである。）」（傍点は引用者）の比較衡量を行っている。この場合、事業認定を訴訟で争っているのは所有者であるが、その際所有者は自らにとっての価値だけでなく公共的な価値をも主張することができる[5]。

つまり、「審美的価値」一般について裁判所が判断を拒絶できるわけではない。どのような紛争におけるどのような法的文脈において、司法判断が求められているのかが問題になるのである。

2　紛争の文脈

安彦一恵は、「一般に景観紛争として念頭に置かれるのは、……『開発か、それとも景観の保護か』というかたちのものだと考えられる。しかし、これとは別に、景観重視の枠内で、『これはよい景観だ』『いや違う、悪い景観だ』という形で紛争が起こっている場合もある」と指摘する。たとえば、京都・鴨川歩道橋をめぐる景観紛争に関する新聞記事に掲載された「日仏親善橋は京の景観破壊」という意見と「国際性の象徴　新しい魅力」という意見には「歴史的美観」と「モダニズム的美観」という「美観の基本タイプ」の対立が見られるとされる（安彦、二〇〇四）。

このような「神々の争い」に対してであれば、司法判断に消極的になることは十分理解できる。しかし、本件紛争は、「美観の基本タイプ」間の対立では必ずしもない。建築主M社が「本件景観の美しさを最大限にアピールし、本件景観を前面に押し出したパンフレットを用いるなどしてマンションを販売」（A-3判決）している事実など[6]は、周辺住民もM社も同じ「タイプ」の美観の下に大学通りの景観を捉えていることを如実に示している。A-3判決は本件マンションによる大学通りの景観の「破壊」を認定するが、A-4判決は両者の「調和」の余地を認める。両判決の相違は、「本件建物の外観が大学通りの景観と重なって視野に入る地域、視点は、……大学通り全体の中では一部」（A-4判決）「谷保駅前の発展の状況いかんによって調和の度合いは変わってくる」（同前）といった判示に示されているように、「許容限度」を超えるかどうかの判断にある。このような点に関する司法判断は、必ずしも「神々の争い」に立ち入ることにはならないであろう。

また、松原隆一郎は、「公権力の『設計主義』」（ハイエク）を批判する観点から、「住吉川景観訴訟」における原告住民側と被告神戸市長側との対立を「景観の『創出』と『断絶』が争点だった」と総括する。「原告は、景観は都市が歴史のうちに自生的に産み出していくものだと理解する。景観は政策的に管理・操作することのできないものだとみなすのである。一方、市側は『積極的に新しい景観を創造すべき』だという。景観は『創造』されるものだと考える」（松原（二〇〇二）七九、八六頁）。この議論が念頭におく対立軸ともまた、本件紛争の文脈は異なる。前述のように、本件マンションは新たな「タイプ」の景観の積極的創出と考えられているわけではないし、住民を民主的に代表する自治体の政策によって景観の変容が推進されている事例でもないのである。

さらにいえば、本件紛争において司法判断が求められたのは、はたして景観の客観的な「審美的価値」そのものであろうか。大学通りの景観の地域住民にとっての意味は、たとえば文化財的価値を有する歴史的景観が国民一般に対して有している学術的・芸術的価値とはやや性質を異にするものであるように思われる。むしろ、当該地域空間の歴史的形成過程と住民の現実の生活空間において、当該景観が「日常生活においてかけがえのない景観」として住民に対して有した価値（松原（二〇〇二）七四〜七五頁）が問われているのではないか。保護されるべきは、景観の「美」それ自体よりもむしろ、それと結びついて紡ぎあげられてきた住民の生活関係なのではないだろうか。居住に伴い形成された生活空間が準不可逆的に破壊されることにむしろ着目する必要があると思われる（角松（二〇〇三、二〇〇三b）参照）。

3　景観形成の「主体」

「良好な景観の形成は、……景観法の定めにもあるとおり、行政が主体となり、地域の自然、歴史、文化等と人々の生活、経済活動等との調和を図りながら、組織的に整備されるべきものであり、住民は、その手続過程において積極的な参画が期待されているものである。……良好な景観の形成及び保全等は、我が国の国土及び地域の自然、歴史、文化、生活環境及び経済活動等と密接な関連があるから、行政が住民参加のもとに、専門的、総合的な見地に立脚して調和のとれた施策を推進することによって行われるべきものである。上記の諸制度（引用者注：景観地区・風致地区・景観協定・建築協定等）を有効に活用することなく、特定の景観の評価について意見を同じくする一部の住民に対し、景観に対する個人としての権利性、利益性を承認することは、かえって社会的に調和のとれた良好な景観の形成及び保全を図る上での妨げになることが危惧されるのである。」（A-4判決）

景観形成の「主体」を「行政」と断じた上で、住民にはそれに「参加」するいわば従属的地位のみを認めるように読めるA-4判決のこの部分は、次のような認識と密接に結びついている。

「景観は、対象としては客観的な存在であっても、これを観望する主体は限定されておらず、その視点も固定的なものではなく、広がりのあるものである。これを大学通りについていえば、大学通りは公道であり、徒歩や車椅子で通行する人、ベンチで休む人、ジョギングする人、自転車で通行する人、自動車で走り抜ける人等、その視点には様々な状況が考えられるし、視点の位置も多様である。通行する目的も、通勤、通学、通院、配達、買物、散歩等、日常の生活の一部であることもあれば、仕事で訪れる人もあり、純粋に散策の目的で訪れる人もあると思われ、通行する範囲、時間、頻度も様々であると考えられる。見る状況が様々であるばかりでなく、見る人自身も移動するに伴ってその視点も移動し、それによってとらえられる景観の風景要素も刻々と変化する。沿道の樹木が並木として知覚されるのは、ある程度の距離を置いて見た場合である。」（同上）

景観に関する視点の複数性・多様性の指摘という限りにおいて、上の判旨は正当であろう。しかしそれは、「審美的判断の主観性」論（I）とあいまって、現に居住する具体的な住民と特定の景観との結びつきを法的に考慮する余地を一切捨象することになる。具体化された特定の内容が公権力によって与えられていない限り、景観に関わる生活関係は法的に「無」として扱われる。

この点で、A-2決定は異なる見方を示していた。

「環境にしても、景観にしても、その中に居住して生活する住民の多数が長い間にわたって維持し、価値が高いものとして共通の認識の確立したものは、先に居住を開始した住民の単なる主観的な思い入れにとどまるものではなく、新たに住民となる者や関係地域において経済活動をする者においても十分に尊重すべきものである」

同決定は、結論的には、これら景観は、「私人間に偶発的に発生する紛争の解決」を掌る司法権よりもむしろ立法・行政の活動によって維持されるべきものだとするのだが、特定の地域の住民の居住に伴って現に形成された生活空間のありようについて、後発の空間利用者に対して一定の尊重を求める姿勢を積極的に打ち出していることが注目される。三辺夏雄は次のように敷衍する。

「ある地域には、それが潜在的であろうと顕在化していようとも、地域住民等による一定の自主的規範が存在すると考えるべきではなかろうか。……そのような規範はもとより法律あるいは条例と同様のいわば正規の法規範ということは決してできないとしても、ある地域への参入に際しては常に参酌されるべきものであり、仮に新たな参入者がその規範に反対する場合には、それ相応の手続を経てそれまでの地域的規範の改廃を求めることが必要とされるべきものであろう。したがって、その手続を無視し、強引に地域に入り込もうとすることは、訴訟の場においても違法との評価が下されることが在ると考えるべきではなかろうか。」（三辺（二〇〇四）二九七〜二九八頁）

本件紛争に関わる他の裁判例にも一定程度読み取りうるこのような考え方[8]を全否定し、先住地域住民の立場を「特定の景観の評価について意見を同じくする一部の住民」に過ぎないものと切り捨てるのがA‐4判決である。同判決によれば、大学通りの景観は、箱根土地株式会社の開発構想、街路樹の植栽等の住民の活動、用途地域指定などによって形成されてきたものであり、「大学通りの沿道の地権者らがその形成、維持に協力したことはあったとしても、専ら地権者らによって自主的に形成、維持されてきたものとは認められない」。景観保護の住民運動についても、用途地域指定について「一種住専運動が効を奏した」ことは認められるが「それぞれの運動の主体となる住民の同一性、継続性は明らかではなく、その成果が専ら一審原告らに帰属すると解すべき根拠も明らかではない」というのが同判決の立場である。

ここに見られるのは第一に、「住民」を極度に抽象化する姿勢である。「主体としての同一性、継続性」が見られない地域住民には法的主体性が認められないという命題から、A‐4判決は、住民運動の歴史と現在の地権者・本件原告との法的連関を切断する。

第二に、行政的規制と「自己規制」とを二律背反的にとらえる見方である。A-4判決によれば、「大学通り両側少なくとも二〇メートルの範囲に存在する建築物が二〇メートル高さの並木を超えない」という実態は、一九七〇年改正以前の建築基準法や（住民運動の成果でもある）一種住専指定による法律上の制限であって、「地権者らの任意の自己犠牲による努力の結果」ではないとされる。確かにA-3判決は、「景観利益」の認定要素として、「特定の地域内において、当該地域内の地権者らによる土地利用の自己規制の継続により、相当の期間、ある特定の人工的な景観が保持され」ることをあげている。しかしここで「自己規制」が挙げられるのは、あくまで本件景観の「共同形成型」（吉田（二〇〇三）六九頁）としての特色を強調するためである。同判決は、一定の範囲の空間利用者の相互依存関係ないし「利害共同体的性格」に着目するのだが、この考え方は「互換的利害関係」に着目して地権者の景観利益を「建築基準法及び建築条例によって保護された法律上の利益」と認めた――つまり行政的規制によって生み出された法関係を前提とする――B-1判決に由来するものである。[10] このような系譜に注目すると、行政的規制とカテゴリカルに区別され、それを上回る「任意の自己犠牲」の有無にのみ過度に注目するA-4判決の判断手法には疑問が残る。A-3判決の「景観利益」はむしろ、行政的規制と二律背反的にはとらえられていない「土地利用に関する地域的ルール」（吉田（二〇〇三）七一頁）「ステイクホルダー（の）不文律の約束事」（矢作（二〇〇三）二六頁）「この地域における独自の自主的規範」（三辺（二〇〇四）二九五頁）を背景にするものと理解すべきではないだろうか。

さて、A-4判決に影響を与えた福井秀夫意見書は、マンション紛争を「『潜在的住民』と『既存住民』との対立」であり、「今まで住んでいる利害当事者と、これからそこに住みたいと考えている利害当事者との調整問題としてとらえるべき」だとする。マンション建設抑制は「狭い区域の既得権者のみのバイアスのかかった政治的判断」に由来するものであり、[11]「国立市の優れた環境・景観の地に、既に財産権を保有している既得権益者を優遇し、もっと住宅に苦しんでいる人々の利害を損ねる」ため望ましくなく、利害調整は基本的に市場にゆだねられるべきであるというのが論者の立場である（福井（二〇〇四）六八、七〇、八五頁）。

このように、A‐4判決や福井（二〇〇四）は、住民の居住に伴って現に形成された生活空間のありようの尊重を否定するのだが、二〇〇四年に成立した景観法はこの点で異なる立場をとっているようである。同法は「良好な景観は、地域の固有の特性と密接に関連するものであることにかんがみ、地域住民の意向を踏まえ、それぞれの地域の個性及び特色の伸長に資するよう、その多様な形成が図られなければならない」（二条③項）として、「地域固有の特性」や「地域住民」の法的認知を試みる。

法制定に先行した国土交通省「美しい国づくり政策大綱」（二〇〇三年七月）は「地域の美しさが地域の歴史、文化、風土などに根ざし、また、美しさに対して多様な捉え方があることを踏まえると、地域の景観の現状やコンセンサスの程度によりこの問題に対する取り組みのあり方が異なってくる。取り組みにあたっては、住民との協働のもと、試行的に良好な景観を形成すること等によって、よりよい方策を検討し、コンセンサスの形成を図ることも重要である」と述べる。(1)「悪い景観（景観阻害要因）と誰もが認めるもの」(2)「優れた景観とだれもが認めるもの」もあるが、多くの地域は、(3)「普通の地域（コンセンサスがないところ）」であり、そこでは「コンセンサスを形成するプロセスを経る住民主体の地道な取り組みが重要である」というのが同大綱の認識である。[12]

前述（II）したように、景観保護にあたり「景観の『美』それ自体よりもむしろ、それと結びついて紡ぎあげられてきた住民の生活関係」を重視すべきだとすれば、景観の「価値」については「現場における生活主体としての居住者」に認知能力の相対的優位性が認められる（角松（二〇〇一）三三〇頁）。住民との協働の存在理由、居住に伴って現に形成された生活空間のありように一定の尊重が求められるべき理由は、まさにその点に求められるのではなかろうか。[13]

ただし、居住者にとっても、空間の「意味」や「価値」は必ずしも所与ではなく、しばしば「発見」されるものである。もちろんそのような意味構造に常にとりまかれつつ居住者は日々の生活を営んでいるのだが、言語化されたものとして立ち現われてくるためには、「発見のプロセス」を伴わざるを得ない。時にそれは、現実の建築案件が登場し、従来の生活空間のありように決定的な変容が加えられる可能性が明らかになった後で初めて生じる（角松（二〇〇三ａ）二〇七頁）。

阿部昌樹は次のように論ずる。「地域社会に大きな変化をもたらすような事態が生じつつあるとき、住民に最低限の時間的余裕があり、また住民相互間に敵対的関係や相互無関心が蔓延していない限りは、その生じつつある事態が自分たちにとって何を意味しているのかについて、住民相互間で会話が取り交わされる」。仮に「保守的かつ受動的な住民運動に端を発するもの」であっても、「それまでは地域の住環境にさしたる関心を抱くことのなかった住民たちが、そうした住民運動に共同して取り組むなかで、地域のあるべき姿について語り合い、その語りを通して、地域の土地利用のルールが立ち上がってくるというプロセスは、住民自治の理念の一つの発現形態としても捉え得る」（阿部（二〇〇二）一四一〜一四二、一六〇頁）とされる。単に価値の「複数性」「多様性」を語るのではなく、それを踏まえた上で、上のような「会話」や「語り合い」の過程において、地域空間に関する共通の価値とルールが「発見」されていく可能性を重視するべきではないだろうか。

なお、そのようにして「発見」された当該地域空間の「意味」が、場合によって「事後的・遡及的に想定されるもの[14]」（安彦（二〇〇四）二五四頁、（二〇〇四ａ））であり、「物語」的性格を帯びることはほとんど不可避的である。阿部は続ける。

「地域社会が一丸となっての共同的実践が創発するためには、そこに暮らす人々が、集合的な歴史の物語を過去から引き継ぎ、未来へと継承する共同の責任を負った、地域社会という『記憶の共同体』の一員として自らを同定するとともに、その『記憶の共同体』における善き隣人として行動すべく動機づけられなければならない。……地域社会の一員としてのアイデンティティを醸成し、善き隣人として振舞おうとする動機付けを強化するのは、地域社会を取り巻く自然環境、地域社会の歴史、そしてその歴史の中での先人達の営為について語る、地域社会の成り立ちについての物語であり、また、そうした自然と歴史とが相まって、今在る地域社会をかけがえのないものとしており、そこに住まう人々は、そこに住まうというまさにそのことによって、その自然と歴史の受益者であるとともに、それらを未来へと継承すべく義務付けられた存在であることを語る、地域社会の歴史的連続性についての物語であろう。」(阿部（二〇〇二）一五九～一六〇)

生活者としての地域住民[15]にとっての特定の空間の「意味」を重視しようとする以上、我々は「物語」化を正面から受け止めざるを得ない。真実性を経由することによる反論可能性（小田中（二〇〇四）八一頁）を十分担保し、実体・手続の両面において日本国憲法の価値原理を十分踏まえた上で（角松（二〇〇一）三三九頁）、特定の物語にのみ排他性を認めない開かれた言説空間を形成することが、地域住民との協働に際して求められているのではないだろうか。

4 「協議」とその「初期条件」

「被告（M社）が、当初から、大学通りの景観の形成と維持に歳月を重ねてきた地域及び住民の軌跡を正当に評価し、行政の指導の意図を真摯に受け止め、周辺住民らとも真面目に協議をし、ねばり強く計画の検討を重ねる意思を有していたならば、ある程度大規模なマンションであっても、大学通りの景観と相当程度調和し、近隣地権者らの景観利益を受忍限度を超えて侵害することのない建物の規模及び形状を模索することは可能であったはずである。それにもかかわらず、（M社）は、公法上の規制に適合している限り協議の必要はないと

の考えに基づいて本件建物の建築を強行したのであり、何ら実質的な被害回避の努力をしなかった」（A－3判決）[16]

「国立市及び住民側は、あくまで大学通りの景観を守る立場から、本件建物の高さを二〇メートル以下に抑制することに腐心する余り一切妥協せず、本件土地が第二種中高層住居専用地域にあることを前提として買い受けた（M社）の立場を配慮する柔軟な姿勢を全く示さなかったものである。こうした状況のもとで、（M社）が採った対応は、高額で取得した本件土地を企業として最大限有効活用し経済的利益を得ようとしたものであって、企業の経済活動としてはやむを得ない側面があったといわざるを得ない。……私企業が合法的に営利を追求するのは企業論理として当然のことであ（る）。……本件建物の建築の過程において、本件地区計画の決定及び本件建築条例の制定がされず、国立市及び本件建物の建築に反対する住民らが、高さ二〇メートル制限のみに拘泥しないで、（M社）と粘り強い協議、交渉を重ねていれば、高さの問題に限らず、本件建物全体の仕様について、住民側の要望を踏まえた（M社）の対応が期待できたのではないかとも考えられる。」（A－4判決）

前述のように、それが直ちに司法判断の絶対的謙抑を命ずるものではないにしても、審美的事項に関わる景観（I）について、事前明示的な基準は作成しにくい。景観保護の存在理由を生活関係との結びつきに求め、住民の認知的先導性に期待するとすればなおさらである（II、III）。このような場合、協議・交渉などの「柔らかい」手法が必然的に重要性を増す。法規制には、各当事者の「交渉力」を調整し、また協議における言説空間のありようを規定する役割が求められるだろう（角松（二〇〇〇）一二～一三頁、角松（二〇〇二））。

右に見たような、M社と地域住民との交渉過程に関するA－3判決とA－4判決の見事なまでの評価の相違はこの点で興味深い。おそらくそれは、協議の「初期条件」に対する理解の相違に由来する。M社が「第二種中高層住居専用地域にあることを前提として買い受けた」ことを出発点とするA-4判決に対し、A-3判決は「建築物の建築等により他者に日照等の被害を与えた場合、公法上の規制さえ遵守していれば不法行為が成立しないというものでない」という認識に立つ。協議・交渉前において、建築主と付近住民のどちらにどれだけ「権利」を配分するかは、言うまでもなく、もっとも重要な「初期条件」に属する。

福井（二〇〇四）七三頁は、コースの定理に依拠しつつ、マンション景観紛争においては、「住民側にマンションの全面的排除権を認めても、マンション側に住民側に対する全面的受忍請求権を認めても、もしその権利がはっきりしていて、事後的な交渉がきわめて容易であるならば、どちらにせよ、マンションの立地に関して最適な結論に達する。もちろん、取引の対価は発生するから、最初にどちらに権利を与えるかによって、どちらが得するか損するかという点は異なってくるが、社会的な利得という観点から見れば、どちらもまったく同じ結論に至る」と論ずる。いわゆる「協議型まちづくり」の制度設計のあり方にも大きい示唆を与えうる議論である。

単体のマンション建設ではなく、総合設計制度などの大規模開発事業についてであるが、大方（二〇〇二）は次のように述べる。

「現状の制度枠組みの下では、確かに、まとまった大規模再開発事業は、時間がかかり、着地点が不透明であり、周辺住民の反対は硬直化し長期化し、したがって事業者にとってリスクの大きいものとなっている。……総合設計制度については、ほぼ設計が固まった（後戻りしにくい）段階で、地元住民への説明会などが行われ、しかも一般に地元住民の反対が予想されることから譲歩のための「削りしろ」をのせた過大な設計案が提示されることが多く、したがって事業者と地元住民の関係は当初から敵対的になりやすい。……周辺住民や広汎な市民にとって真にメリットとなる諸要素を提示できれば、むしろ周辺住民の積極的支持を取り付けることができるはずのものである。したがって、総合設計制度による開発を円滑に進めるためには、割増基準等を機械的に適用する方向ではなく、初期の企画の段階で、積極的に地元住民等との協議を開始し、協調的な関係の中で、真にメリットのある整備要素を見いだした上で、事業者・地元住民双方納得のいく（win-winの）建築計画を策定する、協議型の仕組みに組み替えることが、開発を円滑化するだけでなく、望ましい市街地を形成するためにも、適切な制度改正の方向である。」

右のような現状認識を前提とすれば、土地所有権に対して予め比較的厳しい規制（より少なく権利を配分）した上で「協議」による交渉的再配分を行う方が、かえって「取引費用」も削減され、また「win-winの」建築計画を生み出して社会的便益も増大する可能性も考えられるのではないだろうか[17]。

もっとも福井は、取引費用が大きく事後的交渉が困難な場合、当初の権利配分が事後的にも継続していく可能性が高く[18]、初期配分が重要だとする。最安価損害回避者も判然とせず、事後的交渉の促進も機能しない場合には、費用便益分析を行って、費用対便益比の大きい権利配分を選択すべきであり[19]、そのような初期権利配分を実現すべき役割を担っているのが、「事前予測可能な公法的規制による対応」である（福井（二〇〇一）四二五～四二六頁、同（二〇〇四）八一頁））とされる。

「あるべき姿」という観点からは、首肯するに足る議論[20]である。しかし、「必要最小限規制原則」＝「土地所有権に対しては、公共の利益に対する目前の支障を除くために必要最小限の規制を行うことのみが許される」という考え方によって支配されている[21]わが国の土地利用規制立法の実態（藤田他（二〇〇二））、「積み上げ型」を基本とする都市計画法制――景観法の導入もこの現実を変えるものではない――に照らせば、「公法的規制」の「現実」には疑問の余地がある。そこにはむしろ「費用便益を踏まえた最適権利配分」の実現を困難とする構造的バイアスがありうることを、「初期条件」設定における法規制の役割を考察する際には踏まえるべきではないだろうか。

注

（1） 本件紛争の概略は以下のとおり。景観保全のとりくみで有名な東京都国立市において、同市まちづくりのシンボル的存在の「大学通り」沿いにM社が計画した高さ四四メートルのマンションが大学通り沿いの並木（高さ二〇メートル）と調和せず景観を損なうと考えた附近住民・学校法人などが反対運動を展開する。強制力を有さない景観条例に依拠した行政指導が最終的に決裂したため、市は、住民の要請に応じて本件敷地における建築物の高さを二〇メートルに制限するなどの内容の地区計画を策定し、この高さ制限は、建築条例の改正によって建築基準法上の制限としての効力が生じた。条例施行の時点で、Mが既に「根切り工事・山留め工事」といわれる作業を開始していたため、本件マンションに同条例が適用されるかどうかが、法的争点の一つになっている（参照角松（二〇〇一a）、金子（二〇〇二））。本件に関係する訴訟の主要なものとして、①附近住民等が、景観権ないし景観利益などを主張して、M社（後に本件マンション区分所有者等も加えられる）に対して高さ二〇メートルを超える部分の撤去（当初は建築禁止）を求めた民事差止訴訟・仮処分申立（A事件）②附近住民等が、改正建築条例が本件マンションに適用されることを前提に、特定行政庁を相手取って、高さ二〇メートルを超える部分の除却命令を出さないこと等の違法確認・同命令の義務づけ等を請求した行政事件訴訟（B事件）③M社が、国立市及び国立市長を相手取って、地区計画・建築条例の無効確認および国家賠償訴訟を請求した訴訟（C事件）の三種がある。これらは全て係争中である。後記「国立市マンション紛争をめぐる裁判例一覧」❶参照（以下、裁判例表記は同「一覧」による）。

（2） 判時一七九一号八六頁（以下「景観権一審判決」）。この事件は、国立市住民（M社マンションをめぐる紛争とは別の当事者）が、東京都及び国立市に対して、用途地域規制緩和による「景観権」侵害を理由に損害賠償を請求した訴訟である。本文に引用した一審、控訴審（東京高判二〇〇三年二月二七日）、最高裁（二〇〇三年一一月一一日）、全て請求を退けた。なお国立市との間では一審後和解が成立している。

（3） 理由としては「景観という用語は、既に他の法令上……特段の定義がなく用いられている」こと、また、「良好な景観は地域ごとに異なるものであり、統一的な定義をおくと、結果的に画一的な景観を生むおそれがある」ことがあげられている（景観法制研究会編（二〇〇四）二五～二六頁）。

（4） 横浜地裁横須賀支判一九七九年二月二六日判時九一七号二三頁。淡路（二〇〇三）、岡本（二〇〇二）参照。

（5） 仮想的事例であるが、景観法の成立も、将来的に裁判所に景観の良否に関する判断を迫る可能性がある。景観計画区域（八条）が定められた場合一定の行為は届出・勧告規制（一六条）及び変更命令等（一七条）の対象となるが、仮に例えば建築主によって変更命令の取消訴訟が提起された場合、景観計画自体の適法性、すなわち、「現にある良好な景観を保全する必要」（八条①項一号）「地域の特性にふさわしい良好な景観を形成する必要」（同二号）等の有無が問われざるを得ない局面も想定される。

（6）A-4判決はこの事実を、M社が「本件マンションが大学通りの景観と調和する」と認識していたことの証左とするのだが、当該マンションからの眺望とより広範囲の景観との緊張関係を考えれば、俄かに首肯できない。

（7）本件紛争発生時に景観法は未だ制定されていなかったのだから、この記述はもちろん傍論である。

（8）三辺は、B-1、A-3両判決が「地権者による私的所有権モデルに基づく利害共同体論」にたって、景観利益の享有者を地権者に限り、「住環境の保護に積極的な役割をはたした地権者以外の原告の利益を反射的利益に過ぎないと切り捨てた」のに対し、A-1、A-2決定および景観権一審判決（前掲註2）は「より広い地域住民全体の共同体的認識」にたち「景観の利益を所有権モデルでは捉えきれない集団的利益と認識する」と論ずる（三辺（二〇〇四）二九四頁）。「地権者中心主義」の限界には筆者も共感する（角松（二〇〇三b））ものの、全面的には賛同できない。生活空間の急激な変容は、不特定多数者の生活関係に多様な外部的影響を及ぼすが、B-1、A-3両判決は、かかる不特定多数者の中から、その利益が「個々人の個別的利益」（B-1）として「法的に保護される主体」（A-3）を「抽出」する必要に迫られた。そこで抽出されたのが、「地権者」である。彼らには、自らの利害だけでなく、当該生活空間に関する不特定多数者の利害を代表して、その保全を訴訟上主張する資格が事実上認められる。B-1判決において地権者は、建築条例の規制範囲内の不特定多数の受益者を代表して、当該規制の実効的発動を求めることが認められるし、A-3判決に至っては、わずか三名の地権者の、生命健康に必ずしも関わるわけでもない「景観利益」に着目して建築物の撤去まで命じている。裁判所はここで、地権者以外の利益をも考慮に入れている。これに対して、A-1、A-2決定および景観権裁判一審判決は、そのような代表主体としての「抽出」を一切認めない。その結果、空間に関わる不特定多数者の多様な利害関係は、結局は個別地権者が有する権利の「束」に還元され、当該空間を共有する他の地権者・非地権者に対してそれら権利の行使が相互に及ぼす影響は、法的考察の土俵から放逐されるのである。

（9）吉田はこの語を「既存景観享受型」との対比で用いる。

（10）もっとも両判決の「景観利益」の概念と役割には大きい相違がある（角松、二〇〇三b）。

（11）論者は私法による規律に対する公法的規制の優位性を説くが、他方で「自治体の単位が細分化されすぎていて、生活圏と合っていない」「地元住民の具体的な利害の影響を受けやすい」ことから、自治体による公法的規制にもそもそも消極的な立場をとっていること（福井（二〇〇四）六九～七〇、七三頁）に留意すべきである。

(12) ただし、まさに本件国立市大学通りのように、(2)(3)のどちらに位置づけるべきか微妙な場合もあるだろう。

(13) A-3判決が認めた「景観利益」も、それだけで差止・撤去の根拠となる排他的な既得権として理解されるべきではない。「景観利益」の認定はあくまで「第一段階」なのであって、差止の可否については総合考慮的な受忍限度判断が行われているのである（角松（二〇〇三））。

(14) A-4判決についても、物語の「脱神話化」の試みという好意的理解もできよう。しかし、その行き過ぎが生活空間からの一切の「意味」の剝奪と住民の「従属的地位」論につながっているのである。

(15) 阿部が言うように「地域社会の一員としてのアイデンティティ」自体物語を媒介にして形成されていることを直視することが、「地域住民」の「主体としての同一性、継続性」を否定するA-4判決の評価にあたり重要であろう。

(16) 三辺（二〇〇四）二九〇頁はこの叙述を「いわば〝他人の家庭に土足で踏み込んだ〟ともいうべき非常に強い批判（非難）」と評する。

(17) ただし、福井は、協議型まちづくりには触れず、むしろ「住民参加」と「事後的交渉」との相違を重視する（福井（二〇〇一）四二一頁）。おそらくそれは、初期権利配分に関する法的に終局的な決定——どのような段階を「終局的」とみなすかはしばしば微妙であろうが——を前提とした上での「再配分」のみを専ら念頭におくからであろう。また、本文で述べた「取引費用」概念はいくぶん曖昧であり、今後の課題としたい。

(18) 「継続」するのは、「現実の土地利用状況」ではなく、「権利配分の状態」である。例えば、実際に行使されてはいない建築可能性が「権利」としては継続し、現実の土地利用状況にあわせたダウンゾーニングが困難になることを意味する。

(19) 福井によれば、A-3判決は「初期権利配分を誤っている可能性が高い」。同判決で「景観利益」の主体として認められた原告三名の慰謝料が一人一ヶ月一万円（五十年間で総計一八〇〇万円）であり、判決が命じた撤去によるM社の費用が約五三億円であることから、後者＝「差し止めに伴う被告被害」が、前者＝「差し止めをしないことに伴う原告被害」を大きく上回っている（福井（二〇〇四）七八、八二頁）というのが根拠である。しかし、同判決が「景観利益」の主体を一定範囲の地権者に限定したのは、当該地権者以外の損失が経済的実態として存在しないとする趣旨ではないだろう。むしろ、注(8)で述べたように、当該地権者は、一定の生活空間に対する多様な利害関係者の利害を代表すべき地位を事実上与えられていると見る方が事柄に即していると思われる。だとすれば、費用便益分析の検討範囲を、上記地権者に限定することには疑問が残る。

(20) 但し福井(二〇〇一)四二一頁、同(二〇〇四)八五頁は、費用便益手法として常にヘドニック法のみをあげるが、同手法の有効性や他の手法の可能性について議論の余地があるかもしれない。

(21) 福井(二〇〇四)八一頁は、「もし景観に関して規制を設定するとしても、実証的な基準の下に明確で事前予測可能性の高い公法的規律を、極力事後的交渉を許す前提で地域ルールとして設定すべきである」と述べる。最小限規制原則を一見思わせる記述であるが、議論の一貫性を重視すれば、それは論者の本旨ではないだろう。初期権利配分の「明確性」と「費用対便益の最適性」の要請は論者の議論から導かれるが、「まず土地利用の自由から出発して規制を最小限にとどめるべき」という要請は導かれないのではないだろうか。

参考文献

阿部昌樹(二〇〇二)『ローカルな法秩序』勁草書房。

安彦一恵(二〇〇二)「景観紛争の解決のために」安彦一恵・佐藤康邦編『風景の哲学』ナカニシヤ出版、一六七~一八八頁。

安彦一恵(二〇〇四)「『良い景観』とは何か」松原隆一郎・荒山正彦・佐藤健二・安彦一恵『〈景観〉を再考する』青弓社、二一七~二五六頁。

安彦一恵(二〇〇四a)「景観紛争解決法の構築―一つの倫理学的考察―」二〇〇四年度日本建築学会大会都市計画部門研究協議会資料。

淡路剛久(二〇〇三)「景観権の生成と国立・大学通り判決」『ジュリスト』一二四〇号、六八~七八頁。

大方潤一郎(二〇〇二)「都市再生と都市計画」『都市問題』九三巻三号、一七~三六頁。

岡本詔治(二〇〇二)「景観権と眺望権に関する一事例」『法律時報』七四巻一一号、一〇九~一一三頁。

小田中直樹(二〇〇四)『歴史学ってなんだ?』PHP研究所。

角松生史(二〇〇〇)「分権型社会の地域空間管理」小早川光郎編『分権改革と地域空間管理』ぎょうせい、二一~四三頁。

角松生史(二〇〇一)「自治立法による土地利用規制の再検討」原田純孝編『日本の都市法II　諸相と動態』東京大学出版会、三二一~三五〇頁。

角松生史(二〇〇一a)「建築基準法三条二項の解釈をめぐって」『法政研究』六八巻一号、九七~一二五頁。

角松生史(二〇〇二)「景観保護的まちづくりと法の役割」『都市住宅学』三八号、四八~五七頁。

角松生史（二〇〇三）「地域空間における『景観利益』」『地域政策―あすの三重』No.9、二八～三三頁。

角松生史（二〇〇三a）「『公私協働』の位相と行政法理論への示唆」『公法研究』六五号、二〇〇～二一五頁。

角松生史（二〇〇三b）「地域地権者の『景観利益』」『地方自治判例百選（第三版）』、八〇～八一頁。

金子正史（二〇〇二）「既存不適格建築物論（上）（下）」『自治研究』七八巻一〇号、三～二五頁、一一号、三～二五頁。

景観法制研究会編（二〇〇四）『逐条解説景観法』ぎょうせい。

三辺夏雄（二〇〇四）「地域社会の訴訟参加」三辺・磯部・小早川・髙橋編『法治国家と行政訴訟』有斐閣。

田村明（一九九九）『まちづくりの実践』岩波書店。

福井秀夫（二〇〇一）「権利の配分・裁量の統制とコースの定理」小早川・宇賀編『行政法の発展と変革（上）』有斐閣、四〇三～四三二頁。

福井秀夫（二〇〇四）「景観利益の法と経済分析」『判例タイムス』一一四六号、六七～八六頁。

藤田宙靖・磯部力・小林重敬（編）（二〇〇二）『土地利用規制立法に見られる公共性』土地総合研究所。

松原隆一郎（二〇〇二）『失われた景観』ＰＨＰ研究所。

矢作弘（二〇〇三）「不文律の約束事として守られてきた望ましい都市景観」『地域開発』四六四号。二六～三〇頁。

吉田克己（二〇〇三）「『景観利益』の法的保護」『判例タイムス』一一二〇号、六七～七三頁。


脱稿後、阿部泰隆「景観権は私法的（司法的）に形成されるか（上）（下）」『自治研究』八一巻二号、三～二七頁、三号、三～二七頁に接した。

曽野裕夫氏（北海道大学）、長谷川貴陽史氏（首都大学東京）の本稿草稿に対する有益な教示に感謝申し上げる。

V 東京一極集中「再燃」の実像
――「都心回帰」か「空洞化」か

山田ちづ子

「都市再生の世紀」とも言われる二一世紀も、最初のディケードがはや半ばに差しかかった。二一世紀型モデル構築への的確な方向舵がなお五里霧中にあり、「失われた一〇年」と訣別できないカオス状況が続く中で、東京の都市構造は、歴史的分水嶺とも言うべき転機に向き合っている。本稿では、人口の都心回帰と怒濤のごとき超高層ビル建設ラッシュが論議を呼ぶ「東京一極集中」の実像と新たな位相を、都市を具現する能動的主体にほかならない〝ヒト〟に照準を合わせて炙り出したい。

1　東京集中の再燃？

『住民基本台帳人口移動報告』（総務省）によれば、近年では東京を中心としたいくつかのエリア区分（東京圏、東京都、東京都区部、横浜市など）で、転入超過数の増勢基調が鮮明になっている。例えば、東京都区部では、前世紀末の一九九七年に三四年ぶりに転入超過（八四七四人）に転じ、超過幅は二〇〇二年（五万三一八三人）まで急拡大の一途を辿った。二〇〇四年も四万九七一三人の転入超過である。

しかし、年間三〇～四〇万人に上る東京圏への転入圧力があった高度成長期とは雲泥の差であり、かつての人口増加基調をベースとした集中とは異質のものである。東京都心部の地価の大幅下落、アフォーダブルな分譲マンションの供給増が住替えニーズを顕在化させ、居住選好の多様化・高質化と同調・共振しつつ、都心回帰という現象形態をとっていると見るべきであろう。実際、不動産経済研究所のデータによれば、地価が高騰しきったバブル期やバブル崩壊直後にはほとんどなかった都心部でのマンション供給が、前世紀末ごろからは千代田区、中央区、港区でも数多く見られるようになっている。このようなマンション供給のトレンド変化が、都心に向かう人口移動を誘発している面もある。

今般の東京都区部における転入超過幅の拡大は、転入者がほぼ横ばいで推移しているのに対し、転出者が一〇年以上にわたって減少し続けることによって、両者が逆転したことによる。したがって、都心回帰を、多摩地区や近隣・周辺県からの人口逆流と短絡的に等置するのは、正鵠を射ていない。

『国勢調査報告』（総務省）の人口移動データでも、一九九五年から二〇〇〇年にかけての東京都区部からの転出者の大幅減を確認することができる。一九八五年から一九九〇年にかけては、都区部では二〇万人以上の転出超過であった。しかし、一九九五年から二〇〇〇年にかけては、転入者はほぼ同水準であるのに対し、転出者は約四〇万人も減少し、転入超過に転じている。五年前と同住所に住んでいる人の比率（五歳以上人口に占める比率）は、二〇〇〇年には東京都区部で六一・五％、都心八区（千代田、中央、港、新宿、文京、台東、渋谷、豊島）で五七・〇％、都心三区（千代田、中央、港）で五四・〇％と、全国平均（七一・九％）と比べて、東京都心区居住者ほど居住流動性が高い反面で、現住所以外の当該区域内での移動率は、東京都区部二五・〇％、都心三区三〇・六％、都心八区二七・四％と全国平均（一四・一％）を大きく上回る。すなわち、なべて都心区居住者は、同一区か都区部内で住替える傾向が強いと言えよう。これも都区部からの転出抑制力となっている。

さらに、国土交通省が二〇〇一年に、一九九七年（東京都区部の人口移動が転入超過に転じた年）以降二〇〇一年三月までの都心八区の分譲マンション入居者を対象に実施したアンケート[1]によると、入居者の従前居住地は、全体の約三割が同一区内、約四割が都心八区内であった。都区部内まで広げると約七割に達する。このように、都心マンション需要の大半が都区部内居住者の住替えによって支えられ、それを近隣三県等都区部外からの転入が補完しているが、相対的に少数である。これも、転入の横ばい状態の中での転出抑制と符合する結果である。

転入超過の帰結としての人口増加と年齢構成の推移を確認しよう。都心三区、都心八区、東京都区部ともに、一九九五年から二〇〇〇年にかけて人口減少に歯止めがかかり、増加に転じている。わけても都心三区は、一〇・〇％の激増となっている。都心八区は三・八％増、都区部は二・一％増であることから、都心区の中心部において人口増加が突出していることがわかる。片や就業者数（常住地ベースの就業者）が増加しているのは、二〇歳代から三〇歳代の若年人口の増加率が著しい中央区を含む都心三区のみであり、都心八区、東京都区部では減少が続いている。増加に転じた都心三区では二・一％増と、人口増加率に比して低くなっているほか、都心八区では減少幅が縮小しているが、都区部では拡大しているといった具合に、都区部内でもまだら模様である。一九九〇年代後半以降、東京都区部の人口移動が転入超過に転じ、人口が大幅に増加したことが、一部都心区の就業者数が増加ないし減少幅が縮小したことにつながっている❶。現今の就業者は、人口動態上、労働力人口構造上、

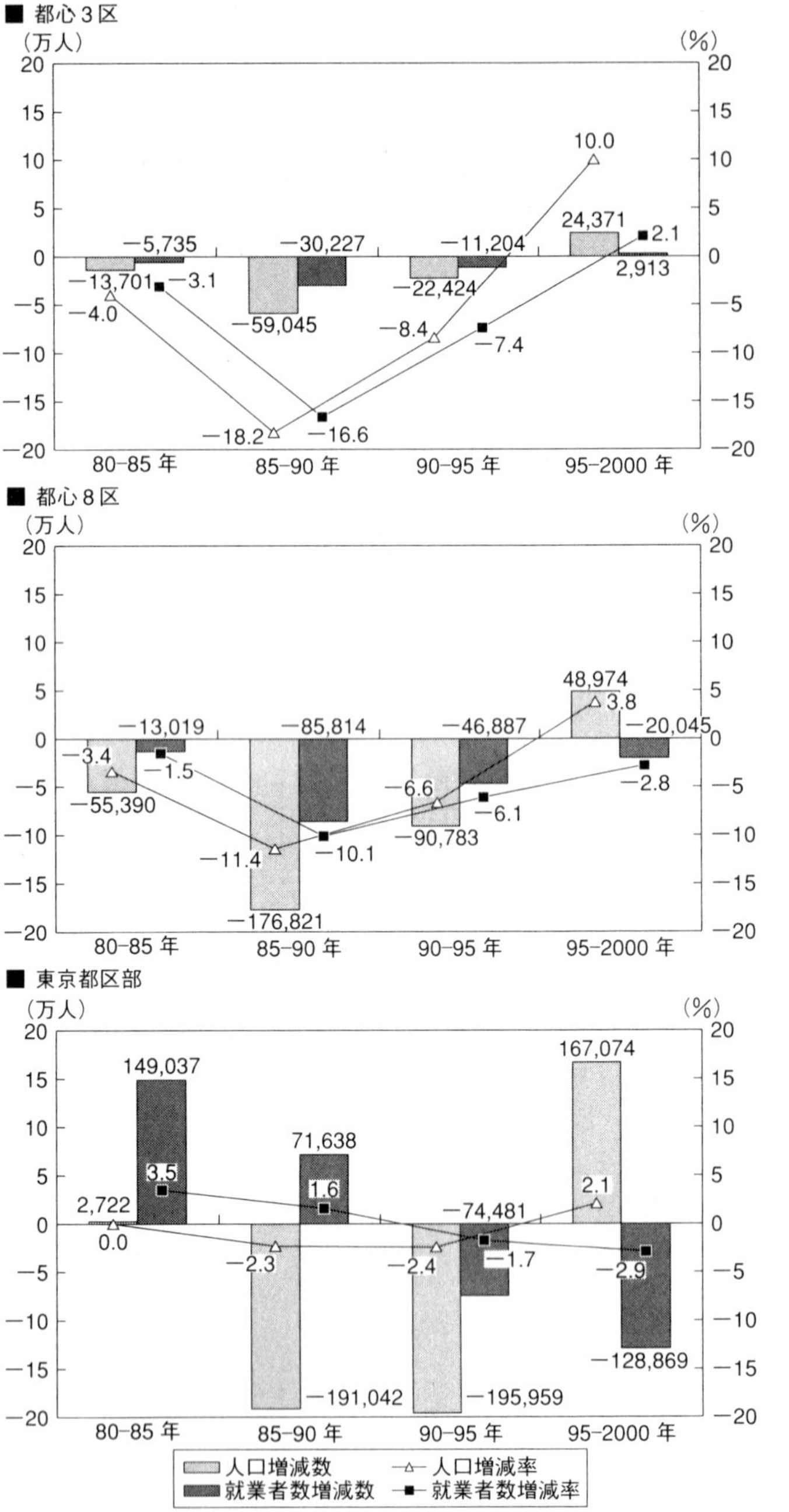

資料：国勢調査報告（総務省）

❶人口および就業者増減数・増減率の推移（1980-2000 年）

あるいは雇用環境上、趨勢的には減少傾向を免れない。これは、従業者（従業地ベースの就業者）についても同様であり、全国ベースでも首都圏でも東京圏でも、二〇〇〇年には就業者・従業者ともに減少に転じている。転入超過が定着したにもかかわらず就業者数が都区部で盛り返せない理由のひとつはこの点にある。

人口増・就業者増の都心にあっても、人口構造はドラスティックには変わるに至っておらず、一五歳未満の年少人口比率の低下と六五歳以上の高齢化率の上昇は、人口減・就業者減地域と同様である。これも転出にブレーキがかかっていることが利いていると考えられる。人口・就業者がともに増加した都心三区と、人口は増加しているものの就業者の減少が続いている都心八区、都区部を比較すると、一九九五年から二〇〇〇年にかけて、就業者数の増加した都心三区では、高齢化率の伸びが目立って鈍化していること、生産年齢人口比率（一五歳以上六五歳未満比率）が一九八五年から二〇〇〇年まで不変であることが確認できる。

2　職住近接型都市構造へのうねり

前出の人口転出入の波動と重ね合わせつつ、首都圏における東京都区部への通勤者数の変化を一瞥しよう。『国勢調査報告』（総務省）によれば、転出超過が続いていた一九九五年には東京都区部への通勤者数がピークに達し三二一・七万人に上った。しかし、一〇年前の一九八五年に比して、当該都県内にある代表的な業務核都市への当該都県からの通勤者数の伸びが、東京都区部への当該都県からの通勤者数の伸びを大きく上回っていた。転入超過に転じた一九九五年から二〇〇〇年にかけては、東京都区部への通勤者数自体が三〇六・一万人へと四・八％減少している。これは、都区部への転入超過が続いていることも一因であるが、首都圏全体でも東京圏でも、就業者・従業者が頭打ちになり、通勤圏のパイ自体が減少してきていることが規定要因になっていると考えられる。

この中で、各業務核都市および各県からの東京都区部への通勤者数も軒並み減少に転じている。減少幅が相対的に大きいのは千葉市と浦和市・大宮市以外の埼玉県である（ともに、一九九五年を一・〇〇とすると〇・九三）。最も小さいのは横浜市・川崎市（同、〇・九九）、次いで立川市・八王子市および浦和市・大宮市である（ともに、同、〇・九八）。

当該都県内にある業務核都市への当該都県からの通勤者数の伸びを見ると、多摩地区から立川市・八王子市への通勤者数、埼玉県内から浦和市・大宮市への通勤者数が微増しているのに対し、神奈川県内から横浜市・川崎市への通勤者数ならびに千葉県内から千葉市への通勤者数が減少しているのが目にとまる。通勤者数については、業務核都市の中では、立川市・八王子市、浦和市・大宮市（二〇〇一年よりさいたま市）の吸引力が相対的に強まっており、二〇〇〇年には、浦和・大宮への埼玉県内からの通勤者、立川・八王子への多摩地区からの通勤者が微増するなど、東京都心への依存度が低下して拠点性が高まり、総じて職住近接化が進んでいると言えよう(2)。

東京都区部内での通勤者（就業者であり同時に従業者）は、一九九五年の四〇二・〇万人から、二〇〇〇年には三九〇・三万人となり、総数の減少は都区部内部とて例外ではない。都区部就業者の都区部内従業比率を見ると、一九九五年の九一・九％（常住する就業者は四三七・二万人）から二〇〇〇年には九二・〇％（常住する就業者は四二四・三万人）と、ほぼ一定であり、この指標に即す限りでは、職住近接化が進んだわけではない。もともと、都区部在住者は、就業機会の多い都区部内で従業するケースが多いため、都区部内に封鎖したスタティックなデータには、職住近接化傾向が現れないものと考えられる。前出の国土交通省による都心八区分譲マンション入居者アンケートによれば、大多数が従前に都区部居住者でありながら、通勤時間の従前・従後比較では、四五分未満が約半数から約八割へと飛躍的に増加し、通勤利便性が向上している。二〇〇〇年に都心三区で就業者数が増加に転じたことを勘案すると、都区部内就業者においては、より勤務先に近い居住地選択を行なっていることが想定され、通勤所要時間の短縮という意味で職住近接化の方向にあると推定される。

3　都心業務集積の変容

(1)　オフィスワーカー激減エリアの拡大

「東京一極集中」は、高次都市機能の東京都心部への圧倒的集積の持続、その担い手の東京都心部への通時的な高密度集中において特徴づけられてきた。代表格であるオフィスワーカーの動向に着目すると、一九九〇年代半ばの激変が看取できる。都区部の人口の転出超過に急ブレーキがかかった一九九〇年から一九九五年の間に、オフィスストックの一貫した増加とは裏腹に、都心三区と都心八区では従業者数ならびにオフィスワーカー数が激減した。都心三区のオフィスワーカー数は七・三％減を喫した。のみならず、オフィスワーカー率（従業者数に占める比率）までが一九九〇年の五七・〇％から一九九五年には五六・一％に低落したのである。東京中心部の基幹的都市機能である業務集積の形成を牽引する〝ヒト〟のファクターに、このような〝マイナス因子〟が検出され、特に、ビジネスエリアとして成熟度が高く業務集積のボリュームと密度も突出している都心部ほど、オフィスワーカー数の減少率ならびにオフィスワーカー率の下落幅が大きくなっていた。首都圏の〝心臓部〟ともいえる東京都心部の業務集積は、このようにバブル崩壊後、短期間に激しい変容を余儀なくされた。

さらに二〇〇〇年には、従業者数、オフィスワーカー数ともに、都心区から周辺区へとさながら〝将棋倒し〟のように、マイナス因子がなだれ打って伝播し、都区部全体、さらには東京都全体でも減少に転じた[3]。都心を震源地に減少エリアが広がり、都心部ほど減少率が大きい❷。オフィスワーカー率は、都心部では下落幅が縮小しているが、都区部全体、東京都全体で初めて低下した。

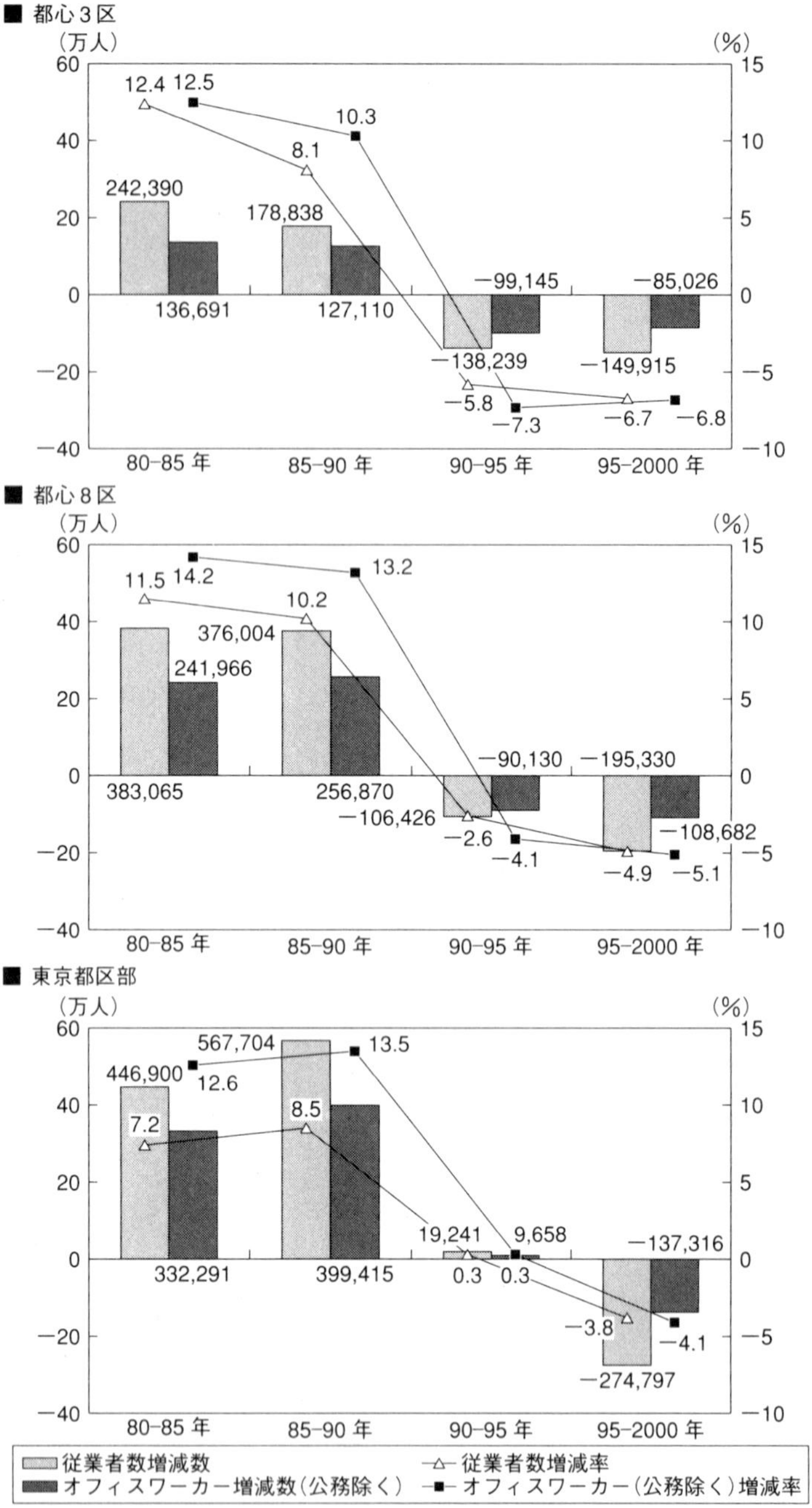

資料：国勢調査報告（総務省）

❷従業者およびオフィスワーカー増減数・増減率の推移（1980-2000 年）

(2) オフィスワーカー数減少・オフィスワーカー率低下の意味

ここで分析対象としているオフィスワーカーは、「国勢調査」の職業大分類の「専門的・技術的職業従事者」、「管理的職業従事者」、「事務従事者」の合計から、産業大分類の「公務」を差し引いたいわば民間オフィスワーカーであり、通常、オフィス床需要推計の変数として用いられるものである。このようなオフィスワーカーは、所有形態（自社所有・賃貸）や規模の大小を問わずあらゆるグレードのオフィスビルで働く企業の勤め人、マンションオフィス等を拠点とする自営業主、在宅就労のテレワーカーなどの多様な雇用形態や就業形態を網羅し、全業種にわたって存在する反面、右の三職業大分類のみに限定されるものである点に留意する必要がある。

生産年齢人口の増加局面にあった一九九五年における都心部でのオフィスワーカー数の減少は、周辺区でのオフィス供給の急増に伴い、一九九〇年代初頭には相対的に賃料の安い地区へのオフィス移転が活発だったことのほか、都心部に立地する金融機関の支店網の統廃合など、各企業がリストラやアウトソーシングによってオフィスワーカーの少数精鋭化を断行したことが背景にあった。減少エリアが二〇〇〇年には都区部全域に拡延したことにより、バブル崩壊後の一過性の現象ではなく、「東京プロブレム」の元凶として指弾されてきた業務機能の一極集中構造に潮目の変化が訪れていることが白日の下に晒された。

そもそも、一定のエリア内でのオフィスワーカー数の減少は次のような場合に起きる。すなわち、他エリアへのオフィス移転、他地区の事業所への転職や他エリアでの創業・起業、同一地区でのオフィスワーカー以外への職種転換、リストラなどの非自発的離職や自発的離職、定年退職等による失業や非労働力化などである。また、東京都心区で顕著なように、オフィスワーカーを包含する全従業者数が減少する中でのオフィスワーカー率低下の背景としては、他の職種に比べてオフィスワーカーの減少幅が大きい場合、オフィスワーカーが同一エリアで他の職種に転換するのではなく他エリアへ流出する場合、もしくは自発的・非自発的に失業したり非労働力人口になったりする場合が想定される。但し、退職者のすべてが直ちに当該エリアのオフィスワーカーでなくなってしまうとは限らない。別のオフィスで働き続けたり、オフィスワーカー以外の職種でオフィス勤務したりする場合もあり得る。これは、定年退職者のみならず、リストラ退職者や自己都合退職者についても同様である。

職業転換のＯＤ（Origin-Destination, 元職業と現職業）については、厚生労働省「雇用動向調査報告」に全国ベースでの職業別の労働移動状況のデータがある。二〇〇二年には七割弱が前職と同一の職種に入職しているが、オフィスワーカーでは相対的にその比率が高く、なかでも専門的・技術的職業従事者においては八割強に上る。一方で、管理的職業従事者は近年、同一職種への転職比率が大きく低下しており、代わって販売やサービスへの職種転換の比率が上昇している。転職市場が職業別に緩やかなセグメントを形成していることが窺えるが、管理的職業従事者については、このセグメントの仕切りが崩れていると言えよう。今後の方向性の展望を精緻化するためには、これらの点に留意しつつ、個人の就業行動に即した職業転換や離就職の動態と併せて従業地の変化、雇用形態や就業スタイルの変動など、労働移動と空間移動を組み合わせた包括的分析が急務である。

ちなみに、米国では、企業のコスト削減と生産性向上の同時達成を目的に、金融サービスを中心とした知識集約型専門・技術職業務の、インド等への「オフショアリング」が一九九〇年代後半以降加速しており、これに起因する「ジョブレス」あるいは「ジョブロス」により、過去一〇年で「七ないし八〇〇〇万平方フィート」(六三〇万ないし七二〇万平方メートル)のオフィス需要が奪われ、二〇一五年までにさらに「五億平方フィート」(約四五〇〇万平方メートル)のオフィススペースが消失するという試算がある。[4] 翻ってわが国では、日本語が非ボーダレス化言語であるがゆえに、オフィス業務の対外「輸出」の急増という形態での、グローバルな水平・垂直分業の促進によるオフィスワーカーの減少やオフィス需要の減退は、将来にわたっても起こりにくいであろう。

(3) 東京都心オフィスワーカーの属性分析

次に、東京都心部におけるオフィスワーカー数の減少とオフィスワーカー率の低下の実像に迫るために、職業大分類および産業大分類データを用いて都心オフィスワーカーの属性を照射してみよう。

まず職業別動向を時系列で追跡すると、一九九〇年から一九九五年にかけては三職種ともに絶対数が減少しており、特に、東京都心部では、同一職種への移動率が総じて高い専門的・技術的職業従事者の減少率が最大であった。

しかし、このような状況は、二〇〇〇年には一変する。オフィスワーカー数の減少が続く中で、専門的・技術的職業従事者は、都心三区で九・六%増、都心八区で八・一%増と、大きくリバウンドしている。これと対照的に、管理的職業従事者が、都心三区で三八・四%減、都心八区で三六・七%減と、四割近くも激減していることが判明した。企業再編における人材戦略の軸足が変動したことを裏付ける数字である。管理職の過剰感は現在では薄ら

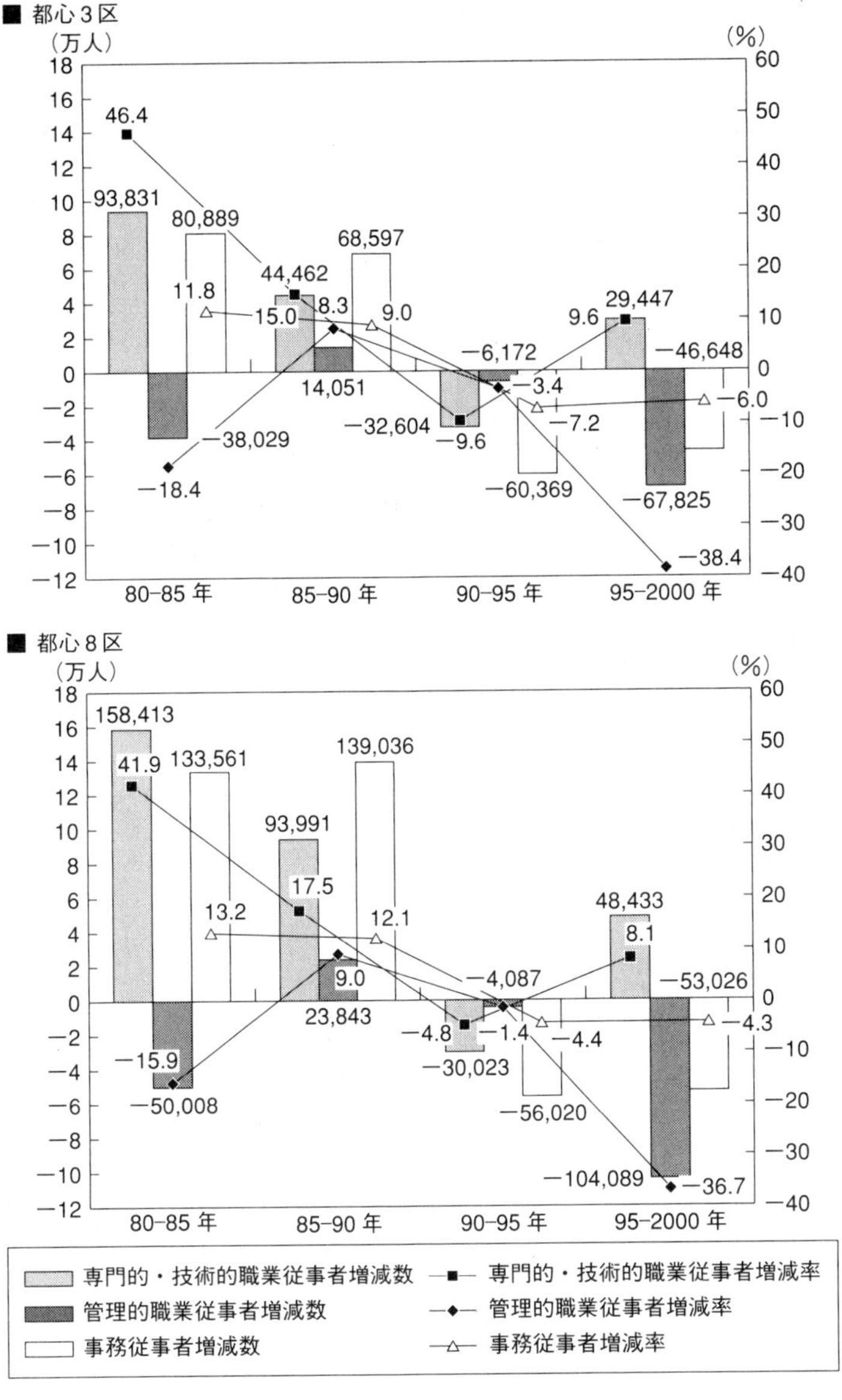

❸職業大分類別オフィスワーカー増減数・増減率の推移（1980-2000 年）

いできていると考えられる。専門職・技術職の増員は、企業が生き残りをかけて「選択と集中」を推し進めていくプロセスで、人材配置の重心を専門性の強化に移していることを窺わせる❸。

さらに、製造業、サービス業、金融・保険業の三業種を抽出して検討の俎上に乗せると、都心三区では一九九〇年から一九九五年にかけて、当時の好調業種を含むサービス業においてすらオフィスワーカー数が減少し、オフィスワーカー率までが低下しており、産業構造の高度化・サービス化の底流変化を象徴的に示していた。金

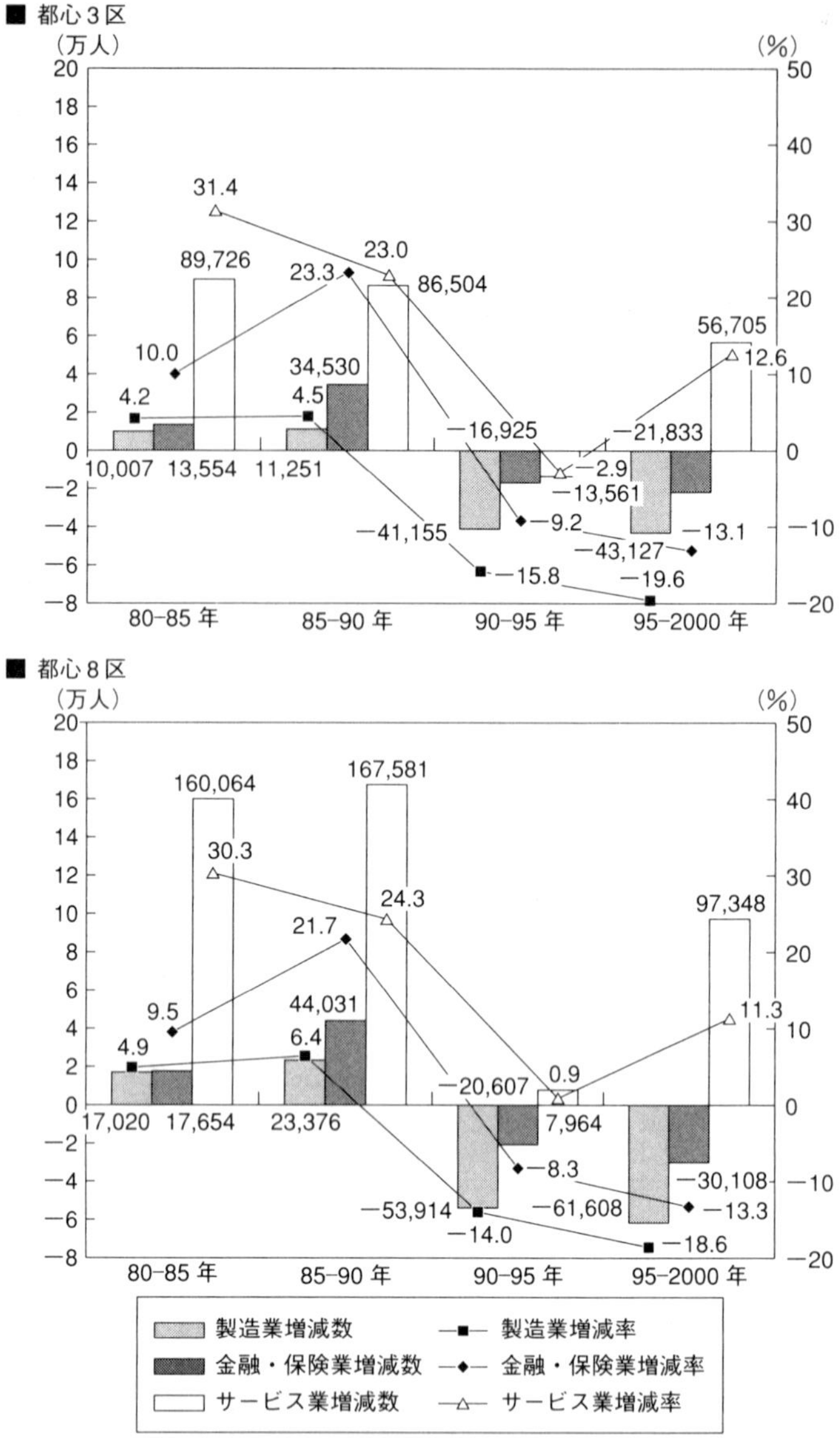

資料：国勢調査報告（総務省）

❹製造業，金融・保険業，サービス業のオフィスワーカー増減数・増減率の推移（1980-2000 年）

融・保険業に関してはバブル期前後の振幅の激しさに瞠目を禁じえなかった。

一九九五年から二〇〇〇年までの変化は、様相が異なる。オフィスワーカー数は、製造業と金融・保険業では減少が続き、減少率も増幅しているのに対し、サービス業では、都心三区が一二・六％増、都心八区が一一・三％増と大幅増に転じている❹。各業種のオフィスワーカー率は、都心三区、都心八区ともに、製造業では低下が続き、金融・保険業ではほぼ横ばいである一方で、サービス業では、都心三区で七一・八％から七三・七％へ、都心八区で七一・二％から七二・七％へと右肩上がりを〝奪還〟している❺。

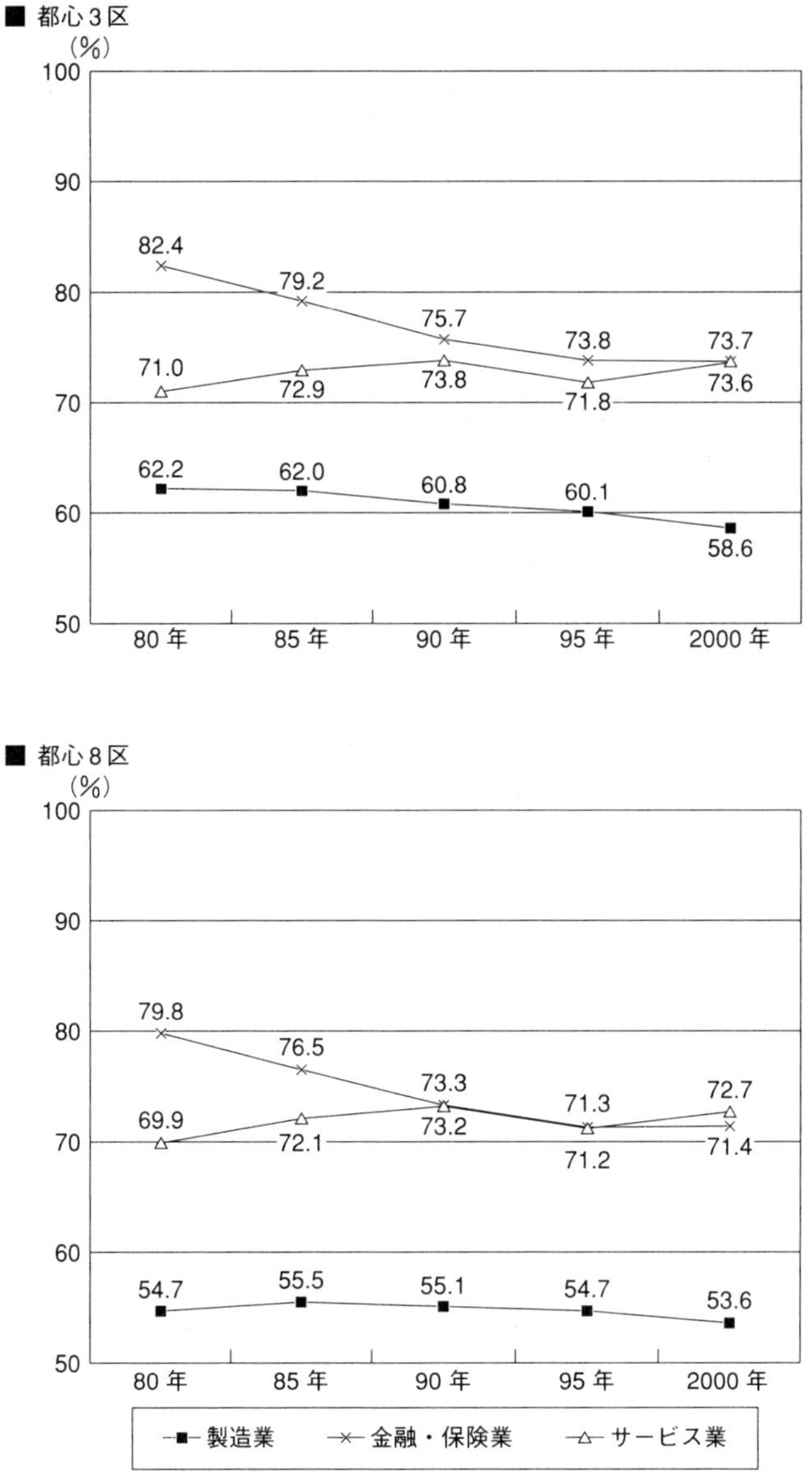

資料：国勢調査報告（総務省）

❺製造業，金融・保険業，サービス業のオフィスワーカー率の推移（1980-2000年）

おそらく、サービス業は興亡が激しく、業種や業態が細分化しながら栄枯盛衰・新旧交代が短サイクル化する過程で、人的資源の再配置上、相対的に知識集約化が進むことによって、オフィスワーカー数、オフィスワーカー率ともに増加・上昇に転じたのであろう。情報系、医療・福祉・保健・介護系、教育系、文化系、生活密着・支援系などサービス業の新たな旗手の興隆によって、業種全体として、傾向が反転したと推定される。このような意味でのサービス業の〝復活〟は、前出の専門職従事者の増大に裏打ちされていると言えよう。

「オフィスワーカー」は通常、オフィス床需要推計のパラメーターとして十把ひとからげに扱われてきた。今後は、オフィスワーカーにおける非正規職員比率の上昇など雇用形態のモザイク化や、フリーターやSOHO（スモールオフィス・ホームオフィス）・テレワークによる自営業者の増加等に加えて、産業分類や職業分類が形骸化し、企業側における業務遂行にかかわる「コスト」と「質」の両面追求の動きが顕著になる中で、オフィスワーカー自体が構造変化を起こし続けることが想定される。労働力人口の先細りが懸念され、女性や高齢者の就業が促進されるに伴い、この傾向は一段と強まるであろう。それと連動して、オフィスワーカーの就業空間が多元化するとともに業務機能、商業機能、居住機能等の融合化が進み、いわゆる「オフィス」と「オフィスワーカー」が必ずしも空間的に合致しない状況の多発が予想される。

4　都心リストラ最前線

(1)　東京都心発の〝地殻変動〟

一九九五年における東京都心部のオフィスワーカー数の減少ならびにオフィスワーカー率の低下は、戦後初めてであった。都心部が先導していた産業構造高度化のメガトレンドは、もはやオフィスワーカー数やオフィスワーカー率の一本調子の上り坂を必ずしも意味しない。産業構造の高度化、サービス経済化の最先端を走る都心企業のオフィスワーカーに、新たなフェーズでの激変の波が押し寄せてきていると見ることができよう。産業構造高度化の極致で、オフィスワーカーの〝空洞化〟という反転現象が起きたのである。今後は、オフィスワーカー自体が間断なく大波をかぶり、激しい新陳代謝を繰り返すであろう。

このような意味で、東京都心の業務機能特化型都市構造は、歴史的分水嶺に達しているのである。都心部発のオフィスワーカー数とオフィスワーカー率の〝ドミノ倒し〟は、タイムラグを伴って、都区部全域からさらに縁辺部へと広がることは必至と見られる。ことほどさように「東京」の「都心」部においては、近未来を予見しうる多元的な先端事象がひしめいている。東京都心部はそれ自体、都市構造再編・淘汰のフロンティアであり、リストラクチャリングの前衛基地なのである。

(2) 最新鋭オフィスビルの都心凝集

都心部の多種多様な都市機能や産業集積のストックは依然として絶大であるものの、上述のようなオフィスワーカー沈下エリアの周辺部への浸潤は、集中の極としての求心力を徐々に低下させている。

一方、最近ではオフィス賃料の下落とともに、オフィスの東京都心部への立地メリットが相対的に高まっているのも事実である。生駒データサービスシステムの定義する「Aクラスビル」（千代田、中央、港、新宿、渋谷の主要五区等における延床面積一万坪以上、一フロア面積二〇〇坪以上、築一一年未満等の要件を満たす高性能・高質オフィスビル）への入居状況は、世上いわゆる「二〇〇三年問題」の前哨戦の幕開けと目された山王パークタワーが竣工オープンした二〇〇〇年ごろまでは、概ね好調に推移した。空室率がジリジリと低下し、業務機能立地の「都心回帰」を先導するかのごとくであった。同時に、オフィス供給の流れは一九九〇年代を通じた周辺区への外延化・滲み出し傾向から明白な「都心回帰」へと、ベクトルの急旋回が始まった。

その後、東京都心部の一等地に立地条件、設備条件ともに優位の最新鋭大型ビルが相次いで竣工し、景気低迷下での大量オフィス供給が物議をかもした「二〇〇三年問題」へと突き進んでいくことになる。その渦中で「Aクラスビル」にも空室が増え、二〇〇三年六月には空室率は八・八％に上昇した。しかし、「二〇〇三年問題」を通過した一二月時点では、六・四％、さらに二〇〇四年三月時点には、四・六％にまで一気に改善している。但し、六か月先までの空室予定物件を加えて集計すると、空室率は一〇％近くに及ぶとされ(5)、早晩従前入居ビルの潜在空室の消化状況が市場の底辺で空室率に跳ね返ってくるのは必定である。

同社のデータによれば、都区部オフィスの二〇〇三年の空室率は六・九％と、二〇〇二年と比較して〇・八ポイント上昇し、新規供給面積の増加量に比して、空室率の上昇幅は予想外に低い(6)が、貸室総面積の圧倒的大きさからすると、量的には大幅増である。加えて、都区部の賃料の平均改定率は、二〇〇二年のマイナス二・七％から二〇〇三年にはマイナス三・八％と弱含みとなっていることも(7)、テナント誘致競争の厳しさを表している。二〇〇四年の空室率は反転したが、「二〇〇三年問題」は必ずしも市場が吸収しきったわけではなく、むしろ潜伏した、と見なすべきであろう。一人当たり床面積の低下傾向(8)もマイナス要因に加わり、問題の真髄がじわじわと露出するのはこれからではなかろうか。

大型ビルの供給は、量的には峠を越えたものの、二〇〇四年以降も続くため、臨戦態勢で波状攻撃を迎え撃たねばならない。東京ＣＢＤ（中心業務地区）の核心部を占める丸の内一帯や日本橋・八重洲など旧来のブランドエリア、六本木防衛庁跡地を擁する赤坂・六本木地区、ＩＴ産業の新拠点として注目され「つくばエクスプレス」が開業予定の秋葉原、新幹線新駅が賑わいを生み関連サービス業の集積が期待される品川および隣接する大崎、その他ウォーターフロント地域などで、汗牛充棟のごときビッグプロジェクトが踵を接して覇を争うことになる。

このような東京中心部での機能再編の連打は、果たして東京新生への〝槌音〟なのか。「二〇〇三年問題」後の東京都心では、供給追随型で業務機能の再集中が加速するのか。それは副都心区、周辺地区、業務核都市など、東京圏、首都圏の主要エリアの業務集積にどのように波及するのか。

東京都心部ではすでに見たようにオフィスワーカーが〝空洞化〟し続け、業務特化型機能集積が大きな〝地殻変動〟を起こしている。一九九〇年代終盤に一段と熾烈化した企業の雇用収縮は、景気に薄日が差した現在では、一部大企業では新卒採用が増え、終身雇用を再評価する動きがあるものの、依然として基本的には持続している。最近では失業率も改善しているが、リストラの手綱が易々と緩められることはありえない。人口動態の面からも、今後女性や高齢者層の労働力率が[illegible]したとしても、オフィスワーカー数の伸びは想定しにくい。東京都心部などに本拠を置く企業では総[illegible]用吸収力が弱まり、特定のオフィス空間を定常的に占有するとは限らないインディペンデント・コン[illegible]務従事者）など、特定の「組織」に帰属しない「自己雇用」勤労者、あるいはマルティプルジョブホルダーなど、弾力的・機動的な雇用形態や就業形態で働く勤労者が相対的に増加するであ[illegible]

[illegible]型供給される最新鋭＝超優良オフィスビルには、値ごろ感のある賃料設定を追い風に、主とし[illegible]ビル入居企業の移転需要が喚起されたが、面的需要を能う限り絞り込みながらの流入である。し[illegible]都鋭＝超優良オフィスビルへの大型移転を果たす企業はテナント総数から見れば大海の一滴にすぎず、[illegible]・オブ・デイトなオフィスビルを含む膨大な東京オフィスマーケットでは、まさに氷山の一角である。最[illegible]鋭＝超優良オフィスビルが活況を呈するほど、「玉突き移転」の連鎖から取り残された老朽既存ビルの「二次空室」、「三次空室」が市場に沈殿してくすぶり続け、「超都心」といえども業務集積のエアポケットが随所に生じている。テナント獲得のための高付加価値リニューアルを敢行したり、コンバージョンや売却により、住宅等の他用途へ転換したりするケースが増える所以である。

超優良オフィスビル間での入居テナントの立地流動性の高まりの中で、東京都心部を主戦場として、一握りの勝ち組とその他大勢との対立図式が重層的な力関係を帯びて縦横無尽に転変する事態が生起するであろう。東京都心部のオフィス需給構造自体が周辺区を巻き込んで空前の激震に見舞われていると言えよう(9)。

5　コンデンスト・コアへのリモデリング

東京都心の大再編を現出している前述のような問題状況は、それ自体、東京の都市構造が都心部へ向かって集約・凝縮運動を起こしつつあることの端的な顕れではなかろうか。「都心回帰」は「再集中」であると同時に「空洞化」でもある。このような二律背反を孕む東京都心への収斂・凝縮メカニズムは以下のとおりだ。

心部の再開発でオフィスやマンションの大量供給が続き、都心部で物理的な集積吸引余力が持続的に創出
人
ィやマンション価格の下落、都心借家の家賃の頭打ち等により、都心が一段と相対優位性を増し、
ータルに
も改めて選ばれ続ける。居住・立地コストおよび生活や業務遂行にかかわる機会費用をト
産年齢人口減少
対的に利便性・効率性・快適性が高い都心が選び取られる。雇用収縮・厳選時代、生
包する〝絞り込まれた〟
して、都心部における集積の単なる「量」的増大ではなく、「空洞化」因子を内
る。
」を形成する。これは、右のオフィスワーカーの「空洞化」傾向とも整合す

③都心部での新規供給分を加えた全都心空間は、〝絞り込まれた〟オフィスワーカー等や企業集積等によって
は全キャパシティを消化しえず、外延化ベクトル＝遠心力は作動しない。すなわち、都心部一帯での完結
性・収斂性の高まりと周辺地域の趨勢的な相対劣位傾向が続く。これは「空洞化」を包含する東京の凝縮で
あり、「東京一極集中」の再来ではない。

④バブル期とは様変わりで、オフィス化による住宅の駆逐もなくなり、大規模オフィス供給の「都心回帰」とまさにセットで、超高層・高級マンションが続々と供給されており、一定の入居者を獲得していることから、人口流出ベクトルが急激に弱くなってきていることは明らかである。常住者についても、東京都心の求心力が強まっているというより、遠心力が弱まっており繋留力が強くなっている。

⑤都心部からの滲み出し、あるいはセカンドベストとしての人や企業の「転出」がほぼ収束し、都心外への「転出」抑止力が働くことにより、都心内での居住・立地選択が続き都心内転居・移転が活発化して、「都心回帰」の表層的現象を演出する。一方で、都心外から都心内への「転入」、都心の吸引力は、必ずしも増大するとは限らない。

⑥大規模複合再開発による超高層高級マンション人気が耳目を引き、それが「都心回帰」を表象しているかに見えるのは、超高層最新鋭オフィスビルについても同様である。しかし、マンション（住宅）にせよオフィスにせよ、自己所有・賃貸を問わず、都心部での近隣転居・移転が主流であり、字義どおりの「都心回帰」ではない。都心内での再配置あるいは最適ロケーションの選択結果としての「都心滞留」と言うべきであろう[10]。

⑦東京都心部に蝟集する多機能融合型の大規模再開発は、東京が都心部へとコンデンスされていることの証左であり、その凝縮の核（コンデンスト・コア）が東京都心である。一種の〝複合型コンバージョン〟として、ビル用地とマンション用地の垣根が崩れて相互乗り入れし、それ自体が東京〝超〟都心の有機的なパーツを醸成する。これは、東京の都市構造の収斂型再構築＝都心集約・凝縮の権化である。

⑧東京の都心集約・凝縮運動のプロセスでは、業務機能や居住機能、その他多様な複合機能が渾然一体をなして、東京都心に相乗的な磁場を形成し、オフィス移転や住替えといったフィルタリングの連鎖の中で、重層的なジェントリフィケーションのダイナミズムを具現しているといえるのではなかろうか[11]。すなわち、大規

模再開発プロジェクトで整備・導入されるあらゆる機能について、施設や設備などの建造物はもとより、常住者、従業者、通学者、来訪者のすべてを包摂する、ハード・ソフト両面でのエリア特性の質的変容が進行する。東京都心における機能再編のパラダイムが、根底から変化していると言えるであろう。

6 〝開かれた〟都市再生への飛翔

それでは、コンデンスト・コア＝都心へと収斂する「東京再生」への舵取りは、地球規模の大競争時代における東京のポジショニングにどのような波紋を投げかけるのであろうか。グランドセントラルとしての東京「超都心」への凝縮運動は、新たな成長軌道への助走なのか、はたまた退潮への序曲なのか。グローバルな「都市再生」の世紀に東京は、今こそ「失われた一〇年」を断ち切って覇を唱えることができるのか。都心の空を覆う摩天楼の林立は、東京の起死回生のシンボルなのか。——以下では、東京の〝都市活力〟の死命を制するこれらの命題への視座を提示したい。

(1) 機能の属人性の高まり——「ホモ・コムニカンス」[12]のアンサンブルとしての都市

従来、面的な都市構造論は、オフィス（業務機能）、住宅（居住機能）、工場（製造機能）、店舗（商業機能）、倉庫（物流機能）などといった、ハードの施設ないしは縦割りの機能別配置で語られることが多かった。しかしながら、近年では、都心部の業務特化エリアにおいても、職・住・遊など多様な機能の横断的な融合・調和と共存によるシナジー効果を狙った総合的な賑わいづくり、従業者、常住者のみならず、域外からの人々の来訪・往来や集いの活発化を目指す、高付加価値創造型の再開発がもはや〝定石〟、〝定番〟である。このような時流に棹さす時、従業地や常住地を問わず、複数の機能を股にかけて雄飛する個人の意義と役割が大きく浮上し、あらゆる機能において固有の「属人性」が飛躍的にクローズアップされるであろう。「ホモ・コムニカンス」としての生身の人間。その一人ひとりが、都市の最もベーシックな構成要素だ。都市再生の主役は、「機能」あるいは「企業」や「世帯」の最小単位である個人なのである。

東京の再編は、このような掛け替えのない個人への機能の属人化とシンクロナイズしつつ、雇用形態や就業行動の多様化、テレワークなど時空を超えたワークスタイルの普及といった複合要因の絡み合いの中で進展するであろう。

私人であれ社会人であれ、老若男女それぞれの他者との交流、有形無形の交歓も含めて、およそ人類の能動的アクションの重層的インテグレーションが都市再生の駆動力となる。あるいは、人間が営むいかなる社会的活動も、自然への直接・間接の働きかけを基底にもつという意味での“zur Natur und zueinander”(対自然かつ人間相互間で)[13]のスパイラル的連鎖と総和(アンサンブル)こそが都市構造にほかならない。

これは個人間アライアンスの絆が網状に張り巡らされる過程と不可分一体である。産業のトリガーであり、その活動の総体が都市を織り成す個人の意識や価値観、行動様式の自己変革・自己刷新の無窮動が、東京新生を牽引する。詰まるところ、雇用形態、就業形態、帰属集団、世帯構造を問わず、多様な属性をもつ個人を結節点とする紐帯の強化、従来型の組織の枠組みを超克する個人相互間の水平的連携・協業こそが都市づくりの原動力であろう。収斂・凝縮する東京の消長を大きく左右するのは、この積層のボリュームと質そのものである。

凝縮する東京にあっても、意気に感じ共感と感動の輪を広げる個人間の連帯は右肩上がりで萎縮することを知らない。人口減少=超高齢化時代を貫通して、都市の活性化にとって、世代やポジションを問わないインタラクティブな人的交流とアライアンスが重要性を増すのである。

(2) 「東京プロブレム」の現在的地平

このような個人単位の時代の訪れを目の当たりにする時、およそ「プロブレム」の属地性が後景に退き、代わって属人的要素が前面に躍り出てきているのが、「東京プロブレム」の現局面ではないかと考えられる。「東京」固有の属地的な問題は今や大幅に後退し、「足元不安」と「将来不安」の昂進に対処するための社会経済システムの抜本的ニューディールといった、対人施策を要する属人的問題へと急傾斜しつつあるのが、「東京プロブレム」の〝現在的地平〟であると言えよう。

凝縮・収斂する東京にあっては、魅力ある企業や施設の立地促進といったハード寄りの発想を超えて、都市の〝超ソフト〟とも言うべき個人に密着する視点が不可欠だ。機能の属人性の変化や空間的な行動半径の動態をくまなく凝視する、いわば〝動体視力〟が、鋭く問われていると言えよう。このような意味で、都市は個人に助太刀するイネーブラー装置でなければならない。その対人イネーブラー装置は、個人の多様な生き方や価値観を侵食せず、就業形態や世帯構造に可能な限り中立的であることが求められよう。

(3) 「集中」と「分散」を超えて――開かれた「プラス・サム」都市連関へ

〝都心回帰〟と〝空洞化〟をモメントとして孕みつつ収斂・凝縮する東京の二一世紀型グランドデザインの構築は、畢竟、ボーダーレス時代の東京およびその構成員たる個人が、グローバルな都市機能連関の中でいかに位置づけられるのか、あるいはいかに積極的に参画するかという、「多軸型国土構造」(「第五次全国総合開発計画」)や「分散型ネットワーク構造」(「第五次首都圏基本計画」)といった国内・圏内完結型のパラダイムを突き破る大テーマに、対峙することでもある。

世界に類を見ない急速な超高齢化を伴いながら人口が急減する二一世紀のわが国においては、人口の転入超過が持続している東京といえども、量的視点に根ざす集中か分散かの二者択一論議は潔く〝初期化〟すべきであろう。業務核都市については、東京都心の業務機能の飽和・過密による分散の受け皿という発想自体を放擲しなければならない。東京の収斂・凝縮運動は、分散対象とされてきた業務機能集積のオーバーフロー自体を消去し、「余剰」自体が望蜀の域に遠のいた。業務核都市は、都市構造的には凝縮・収斂する東京のサテライト的性格を強めるであろう。しかし、上述のような視軸でひとたび、世代、性別、職業、地位、常住地、従業地、圏域、国といった輻輳・重畳するハードルを乗り越える個人活動の動態そのものを都市と捉えるや、「コンデンスト・コア」かサテライトかといった都市構造上の位置づけは二義的問題となる。むしろ、東京依存から脱して、独自の活路を拓く好機とポジティブに受け止めるべきであろう。

エリア内で封鎖・閉塞したハードの機能や施設の量的な集中・分散議論は、好むと好まざるとに拘らずパイが縮小しグローバル化が進展する時代に、もはやアナクロニズムだ。東京都心であれ業務核都市であれ、地方都市であれ、はたまた海外都市であれ、およそ二一世紀の都市再生においては、構成員たる個人の資質や品格が細大漏らさず映し出される都市「質」のレベルこそが究極の要諦となる。個人は都市のアルファでありオメガなのである。

このように考察すると、東京新生へのスプリングボードは、いかなる次元での〝ボーダーフル〟な「ゼロ・サム」論議では断じてなく、あらゆる次元での〝ボーダーレス〟な「プラス・サム」志向である。換言すれば、東京や東京圏、あるいは首都圏、さらには国境を超えて、地球全体をひとつの有機的な都市連関としてとらえる地球規模のパースペクティブであろう。それは、グローバリゼーションとローカリゼーションの相克のただ中で日々自己刷新する一人ひとりの個人が、幾多の障壁や境界を果断に打ち破る不断の営為と葛藤を通じてのみ到達可能な境涯ではなかろうか。これをしも、〝開かれた〟都市再生と言おう。これは取りも直さず、凝縮・収斂する東京が衰退型縮小均衡を回避できるか否かの試金石でもある。

［謝辞］　本稿は、『住信基礎研究所調査季報二〇〇〇年春号、No.三五』（二〇〇〇年三月上旬刊行）所収の拙稿「東京一極集中の『失われた一〇年』」を、データ更新して、再編・加筆したものである。旧稿に対しては公表後、複数の識者の方々から貴重なコメントを頂戴した。本稿執筆へのインセンティブとなったことに改めて謝意を表するとともに、このような形で再び原稿化することを許諾した住信基礎研究所に感謝する。

注

（1）『平成一三年版首都圏白書』（国土交通省、平成一三年六月）一八ページ。有効回答数は四九五四。同じく国土交通省が平成二〇〇三年二月に実施した、都心部および臨海部の一九九九年一月から二〇〇一年一二月までの分譲マンション入居世帯を対象としたアンケート結果（有効回答数二三一〇）でも、ほぼ同様の結果が出ている。『平成一五年版首都圏白書』（国土交通省、平成一五年六月）二五～二九ページ。なお、『平成一五年度東京都住宅白書』（東京都、平成一六年三月）では、「都心居住の第二幕」を特集テーマに各種データを検証している。

（2）『平成一六年版首都圏白書』（国土交通省、平成一六年六月）は、同様に国勢調査データに依拠しつつ、業務核都市を含む「広域連携拠点」間ならびに東京都区部との間の通勤・通学の最新動向について、東京近傍都市では東京都区部への依存傾向が弱まり、首都圏外縁部の都市では東京や近傍都市との結びつきが強まることによって、分散型ネットワーク構造への転換が進展している、と分析する。同書三二～三三ページ。

（3）松村徹「東京オフィス市場の『二〇一〇年問題』」（ニッセイ基礎研究所、アトラクターズラボ、二〇〇二年六月）は、団塊世代の大量定年退職により、二〇一〇年の都区部のオフィスワーカーは、推計でピークの二〇〇〇年よりも五％（約一七万人）減少し、三七〇万平方メートルのオフィス需要が消失する、と警告している。『日本縮小』（朝日新聞社経済部編、二〇〇四年四月）六六ページをも参照。『国勢調査報告』の実績値では二〇〇〇年時点で、東京都区部のオフィスワーカー数（公務除く）は、一九九五年比で四・一％減、一九九〇年比でも三・八％減となった。

（4）M. Leanne Lachman, The New Exports : Office Jobs, Urban Land Institute and Paul Milstein Center for Real Estate Issue Paper, June 2004, pp. 1-12. 著者は、地球規模での人材置換の帰結としてもたらされる米国内での業務・雇用喪失について、新規業務の創出による早期補充・回復の可能性を仄めかしてはいるものの、代替業務の具体像は「特定し難い」と結論している。

(5)『生駒オフィスマーケットレポート』(生駒データサービスシステム、二〇〇四年、冬号vol.二八号)、一二ページ、同春号vol.二九号、一二ページ。

(6)『生駒オフィスマーケットレポート』(生駒データサービスシステム、二〇〇四年、冬号vol.二八号)、三ページ。

(7)『生駒オフィスマーケットレポート』(生駒データサービスシステム、二〇〇四年、春号vol.二九号)、三ページ。

(8)松村徹「大型ビルが牽引するフロア利用効率の改善—二〇〇三年問題の陰で進んだオフィス改善—」(ニッセイ基礎研究所、二〇〇四年三月)参照。論拠として東京ビルヂング協会と森ビルの独自集計データが掲載されている。

(9)生駒データサービスシステムと森ビルは、「二〇〇三年問題」を総括し、当面は東京都心部での大規模最新鋭オフィスの需要が極めて堅調であること、開発地域一帯のグレードと魅力を高めるエリアマネジメントこそが成否のカギとなることを異口同音に強調している。生駒データサービスシステム「東京オフィスマーケット『二〇〇三年問題』のインパクトについて検証—東京オフィスマーケットにおける需要特性の変化—」二〇〇四年四月、www.ikoma-data.co.jp、森ビル株式会社「東京二三区の大規模オフィスビル市場動向調査」二〇〇四年四月、www.mori.co.jpを参照。また、『Mizuho Securities Real Estate Market Report』(みずほ証券投資戦略部)No.七一(二〇〇四年二月)二四〜二六ページ、No.七八(二〇〇四年五月)一八〜二四ページをも参照。

(10)前掲国土交通省の都心マンション入居者アンケート結果、『東京都市白書二〇〇二』(東京都、二〇〇二年七月)一六二〜一六四ページ等を参照。

(11)「ジェントリフィケーション」は、米国の研究者によれば、主として大都市圏における居住機能の再配置と居住者の属性変化に起因する地域特性の根本的な変質を意味し、都市発展の原動力ともなりうる様々な要因同士が、複合的に衝突しあうプロセスそのものであると定義される。「フィルタリング」は、まさにこの「ジェントリフィケーション」のただ中で住替え・居住選択行動によって生じる、住宅ストックのハード面での質的向上プロセスを意味すると考えられる。Maureen Kennedy, Paul Leonard, Dealing with Neighborhood Change: A Primer on Gentrification and Policy Choices, A Discussion Paper Prepared for The Brookings Institution Center on Urban and Metropolitan Policy, April 2001を参照。

(12)今村仁司『交易する人間』(講談社選書メチエ、二〇〇〇年三月)は、「ホモ・コムニカンス」を人間学理論の基軸概念としてクローズアップしている。

(13)かのカール・マルクスが、「疎外論」で有名な『経済学・哲学草稿』と同時期(一八四四年)に著した『ミル評註』で多用する成句。「否定性の弁証法」が貫徹する固有の「対象化」概念を形づくるライトモチーフである。マルクスにとって「対象化」とは、人間と自然との「絶えざる交流過程」であると同時に、人間相互間の「ゲゼルシャフト的交通」であった。マルクスは、諸個体のこうした「対象化」活動が、共時的・通時的に連なって「歴史の全運動」を担い、「人類の発展行程を産出」していくと観じた。Karl Marx, Ökonomisch-philosophische Manuskripte, Reclam（Beilage Glossen zu James Mill）を参照。

［執筆者紹介］（掲載順）

北《きた》沢《ざわ》　猛《たける》　東京大学大学院工学系研究科助教授，横浜市参与．1953年生まれ．東京大学工学部卒．元横浜市都市デザイン室長．工学博士．『都市のデザインマネジメント』（編著）学芸出版社，2002年

藤《ふじ》井《い》さやか　日本学術振興会・特別研究員PD．1974年生まれ．東京大学大学院工学系研究科博士課程単位取得退学．論文「マンション紛争の構造と既成市街地更新コントロール手法に関する研究」2005年（東京大学）

小《こ》長《なが》谷《や》一之《かずゆき》　大阪市立大学大学院創造都市研究科教授．1959年生まれ．東京大学大学院理学系研究科修了．主著『都市経済再生のまちづくり』古今書院，2005年

リム・ボン　立命館大学産業社会学部教授．1959年生まれ．京都大学大学院工学研究科博士課程修了，工学博士．論文「ウルトラモダニズム―都市再生の指標―」（京都市国際コンペ1等受賞，1998年）

弘本《ひろもと》由《ゆ》香《か》里《り》　大阪ガス㈱エネルギー・文化研究所客員研究員．1961年生まれ．筑波大学芸術専門学群卒．主著『大阪新・長屋暮らしのすすめ』（共著）創元社，2004年

手《て》嶋《じま》尚《なお》人《と》　東京家政大学造形表現学科助教授．1961年生まれ．東京芸術大学大学院美術研究科博士後期課程満期退学．業績：コーポラティブハウス「コーハウス喜多見」建築コーディネート

杉《すぎ》山《やま》　昇《のぼる》　NPO都市住宅とまちづくり研究会理事長．1948年生まれ．東北大学法学部卒．業績：神田須田町二丁目共同建替え事業

関《せき》　真《ま》弓《ゆみ》　NPO都市住宅とまちづくり研究会事務局長．1975年生まれ．東京都立大学大学院工学研究科修士課程修了．業績：COMS HOUSE建設事業

大《おお》崎《さき》　元《はじめ》　㈲建築工房匠屋共同主宰．1957年生まれ．名古屋工業大学大学院修士課程修了．主著「寄せ場型地域―山谷，釜ヶ崎―における野宿生活者への居住支援」（共著）住宅総合研究財団，2004年

窪《くぼ》田《た》亜《あ》矢《や》　工学院大学建築都市デザイン学科助教授．1968年生まれ．東京大学大学院工学系研究科博士課程修了．主著『界隈が活きるニューヨークのまちづくり』学芸出版社，2002年

井《い》澤《ざわ》知《とも》旦《かず》　㈱都市研究所スペーシア代表取締役．1952年生まれ．三重大学大学院博士後期課程修了．博士（工学）．業績：名古屋市の久屋大通オープンカフェの実施・運営

角《かど》松《まつ》生《なる》史《ふみ》　九州大学大学院法学研究院助教授．1963年生まれ．東京大学大学院法学政治学研究科博士課程単位取得退学．論文「『公私協働』の位相と行政法理論への示唆―都市再生関連諸法をめぐって―」『公法研究』65号，2003年10月

山《やま》田《だ》ちづ子《こ》　㈶日本住宅総合センター研究部上席主任研究員

[編著者紹介]

矢作《やはぎ》　弘《ひろし》

大阪市立大学大学院創造都市研究科教授．1947年生まれ．横浜市立大学卒．日本経済新聞社を経て現職．社会環境科学博士．主著『都市はよみがえるか』岩波書店，1997年，『産業遺産とまちづくり』学芸出版社，2004年

小泉《こいずみ》 秀樹《ひでき》

東京大学大学院工学系研究科都市工学専攻助教授．1964年生まれ．東京理科大学卒，東京大学大学院博士課程修了．東京理科大学助手，東京大学講師を経て現職．博士(工学)．主著『スマート・グロース』(西浦定継と共編)学芸出版社，2003年

シリーズ都市再生 *1*

成長主義を超えて――大都市はいま

2005年5月10日　第1刷発行

定価(本体3200円＋税)

編著者　矢作　弘
　　　　小泉秀樹

発行者　栗原哲也

発行所　株式会社日本経済評論社

〒101-0051 東京都千代田区神田神保町3-2
電話 03-3230-1661　FAX 03-3265-2993
振替 00130-3-157198

装丁＊奥定泰之　シナノ印刷・根本製本

落丁本・乱丁本はお取替えいたします　Printed in Japan

ISBN4-8188-1752-X